高 等 职 业 教 育 教 材

仪器分析

曾娅莉　尹　利　阮建兵　主编

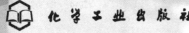
化学工业出版社
·北京·

内 容 简 介

本书根据检验检测一线仪器分析岗位人才培养与用人的要求，全面、准确地阐述光谱、色谱、质谱分析和电化学分析的基本知识、仪器结构、操作及应用，理论与实践教学一体化。每章有学习目标、思维导图形式的小结、目标检验，穿插知识链接与课堂互动，供学生学习与拓展。

本书主要供高职高专院校化工、生物、药学、食品类专业学生使用，也可作为其他检测类专业教学用书，还可作为企业员工自学、参考或培训用书。

图书在版编目（CIP）数据

仪器分析 / 曾娅莉，尹利，阮建兵主编. —北京：
化学工业出版社，2022.11（2025.2重印）
　　ISBN 978-7-122-42256-9

Ⅰ. ①仪… Ⅱ. ①曾… ②尹… ③阮… Ⅲ. ①仪器分
析-高等职业教育-教材 Ⅳ. ①O657

中国版本图书馆 CIP 数据核字（2022）第 177187 号

责任编辑：甘九林　杨　菁　徐一丹　　　　　　文字编辑：杨凤轩　师明远
责任校对：宋　玮　　　　　　　　　　　　　　装帧设计：张　辉

出版发行：化学工业出版社（北京市东城区青年湖南街 13 号　邮政编码 100011）
印　　装：三河市双峰印刷装订有限公司
787mm×1092mm　1/16　印张 14¼　字数 352 千字　2025 年 2 月北京第 1 版第 4 次印刷

购书咨询：010-64518888　　　　　　　　　　售后服务：010-64518899
网　　址：http://www.cip.com.cn
凡购买本书，如有缺损质量问题，本社销售中心负责调换。

定　　价：42.80 元

编写人员名单

主　　编：曾娅莉　尹　利　阮建兵

副 主 编：黄思勇　李从军　余　莹

编写人员：曾娅莉　尹　利　阮建兵　黄思勇

　　　　　李从军　余　莹　徐　超

前　言

　　随着科技的发展，仪器分析新技术、新设备不断出现，其内涵和外延非常丰富，已成为研究各种化学理论以及解决化工产品、药品、食品、生物制品的分析、检验等许多实际问题必不可少的技术手段。仪器分析的重要地位日渐显著，仪器分析课程也成为了化学、生物及相关专业的必修课程之一。

　　本书内容包含光学分析法、色谱分析法、质谱分析法和电化学分析法，根据化工、生物、制药、食品等领域仪器分析岗位人才培养的要求，以各类仪器分析项目为主线，全面、准确地阐述每种仪器分析方法的基本知识、仪器结构、操作技能及应用，理论与实践教学一体化，符合行业的发展和科技进步的需求。本书充分结合现代职业教育教学规律，积极开展实训项目、教学模式的改革与创新，在内容选取上，坚持培养目标与用人要求相结合、继承和创新相结合，紧贴新课改、吸收新经验、融入新技能，努力使教材内容与岗位工作任务有效衔接，实现仪器分析技能训练与职业能力之间的有效对接，符合教育部职业教育改革的要求。

　　本书由长江职业学院曾娅莉、湖北生物科技职业学院尹利、武汉软件工程职业学院阮建兵担任主编，恩施职业技术学院黄思勇、湖北生物科技职业学院李从军、武汉软件工程职业学院徐超、湖北工业职业技术学院余莹等人参编。曾娅莉编写第一章、第二章、第五章，阮建兵编写第八章，尹利编写第四章，黄思勇编写第三章、第七章，李从军编写第六章，徐超编写第九章，余莹编写第十章。全书由曾娅莉、尹利、阮建兵共同修改，曾娅莉统稿。

　　在本书编写过程中，得到了各校领导和专家的鼎力支持，在此一并致以诚挚的感谢。由于编者水平有限，加上仪器分析发展迅速，书中存在不足之处在所难免，敬请专家、读者批评指正。

编者

2022 年 8 月

⊕ 目　录

第一章　概述

第二章　紫外-可见分光光度法

第三章　荧光分析法

第四章　原子吸收分光光度法

第五章　红外分光光度法

第六章　经典液相色谱分离技术

第七章　气相色谱法

第八章　高效液相色谱法

第九章　质谱分析法

第十章　电化学分析法

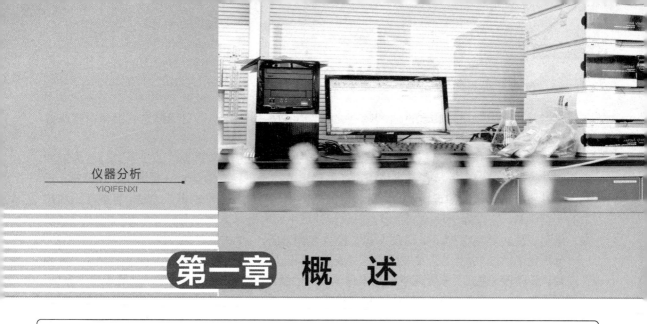

仪器分析
YIQIFENXI

第一章 概 述

【学习目标】

知识目标:

归纳仪器分析的特点和类型,阐述仪器分析的发展,概括现代仪器分析技术的应用。

能力目标:

学会查阅相关仪器分析方法的技术规范。

第一节 仪器分析的特点和分类

【案例导入】

现在许多家长非常关注孩子的微量元素检测,给孩子补钙、补锌。事实上每个年龄段的人群微量元素水平都不同,不宜将微量元素的检测作为普查项目,一般孩子多注意饮食均衡就不会出现微量元素缺乏。只有当人体出现营养不良、发育迟缓、多动、贫血、免疫功能紊乱及胃肠道的不适症状时,或长期接触重金属的职业人群,才需要考虑到正规的医院进行微量元素检测。那么,微量元素究竟怎么检测呢?当然要借助于一些精密仪器对各类样本进行分析,也就是仪器分析的应用。

一、仪器分析的产生

仪器分析是以物质的物理性质和物理化学性质为基础，利用特定的精密仪器来对物质进行分析的方法。

在人类或生物体的生命活动中存在着各种微量或痕量的化学物质，无一不影响着人们的生活，有些甚至对生命体起着毒害作用，需要对相关物质进行有效分析。要进行各种分析，自然需要具备分析化学的知识。分析化学是研究物质化学组成和含量的分析方法、有关理论和技术的一门学科，它作为一种检测手段，在科学领域中起着非常重要的作用，广泛应用于科学研究、医药卫生、环境保护、生物技术和学校教育等方面。

分析化学经过 19 世纪的发展已经基本成熟，不再是各种分析方法的简单堆砌，已经上升到了理论认识阶段，建立了分析化学的基本理论。20 世纪 40 年代以前，分析化学就等于化学分析，一般用于常量或半微量分析。20 世纪 40 年代后，一方面由于生产和科学技术发展的需要，另一方面由于物理学、电子学和精密仪器制造技术的发展，分析化学发生了革命性的变革，仪器分析就在化学分析的基础上逐步发展起来，并逐渐占据了重要地位，一般用于微量或痕量分析。仪器分析充分体现了学科交叉、科学与技术高度结合，其发展极为迅速，应用前景极为广阔。

仪器分析对样品或供试品进行定性或定量分析，能直接或间接地表征物质的各种特性的实验现象，通过传感器、放大器、转化器等转变成人可以直接感受的关于物质成分、含量等信息，为各类研究、生产等活动提供灵敏、快捷的检测方法和准确结果，保证各类活动的顺利进行。

二、仪器分析的特点

1.操作简便、分析速度快

仪器分析自动化程度高，一般配备有自动记录装置和计算机程序控制，操作起来非常简便，并且利用微机处理数据，使仪器分析工作时间大大缩短，一般在几秒或几分钟内就可完成一项分析工作。同时，由于实现了自动化，有些方法比如气相色谱法、高效液相色谱法等可以一次分析测定多个组分或者多样品自动进样，适合批量试样分析和在线分析。

2.样品用量少、灵敏度高

仪器分析样品用量只有微升级和微克级，甚至更低，其绝对灵敏度可达 1×10^{-9}，甚至到 1×10^{-12}，远高于化学分析，非常适合于微量物质或痕量物质、甚至超痕量物质的分析。

3.选择性好、准确度高

许多电子仪器由于对某些物理或物理化学性质的测试有较高的分辨能力，可以通过选择或调整测试条件，使在测定过程中共存的组分相互之间不产生干扰。选择性较好、复杂的样品不需要经过经典的物理方法或者化学方法进行前处理，可直接进行分离分析。化学分析法对高含量组分测定的相对误差一般在 0.2% 以内，但对低含量组分测定的相对误差很大，大多数仪器分析法对低含量组分测定的相对误差为 1%～5%，这对微量及痕量分析而言，已经能完全满足分析中的误差要求。

4.应用范围广

仪器分析的方法种类繁多，内容十分广泛，方法、功能各不相同，不仅用于定性分析和定量分析，还可用于结构分析、表面分析和价态分析等。在对物质的分析方面，除了对成品进行分析外，还可用于产品生产过程中的质量分析等。有些仪器分析方法还可以在不破坏样品的情况下进行多种分析，在活体组织分析、考古分析等方面具有十分重要的意义。仪器分析由于各种分析方法比较独立，原理各不相同，既可以自成体系、单独应用，也可以和其他方法配合使用。

但是，仪器分析也有其局限性。精密仪器是计算机、电子技术、新材料等科学技术综合应用的产物，多数精密仪器结构复杂、技术含量高，对于操作人员和维护保养人员的要求也高，而且价格昂贵，使用环境要求也高，在应用普及上比较困难。另外，仪器分析通常都要用对照品对仪器进行校正，或者物质定量分析中需要用对照品、标准品进行方法验证，有些品种在应用精密仪器分析之前往往需要用化学方法对样品做一些前处理，比如溶解、沉淀、萃取、过滤、消解等，以排除共存组分所产生的干扰。由此可见，仪器分析虽然从分析化学中逐渐独立，但是和化学分析方法不能分割，是相互配合、相辅相成的。

三、仪器分析的分类

现代仪器的种类繁多，分析测试方法也有很多，所利用物质的物理性质或物理化学性质是多种多样的。一般来说，这些方法都有相对独立的分析原理以及理论基础，可以根据分析原理的不同，将仪器分析法分为光学分析法、色谱分析法、质谱分析法等。

1. 光学分析法

光学分析法是基于电磁辐射能量和待测物质相互作用后所产生的辐射信号与物质组成及结构的关系所建立起来的分析方法，光学分析法又分为光谱法和非光谱法。

非光谱法是利用物质与电磁辐射的相互作用测定电磁辐射的反射、折射、干涉、衍射和偏振等基本性质变化的分析方法，可以分为折射法、旋光法、X 射线衍射法、散射浊度法等。

光谱法是以利用物质与电磁辐射作用引起物质内部发生能级跃迁而产生吸收、发射或散射等为基础，根据光谱中的波长特征和强度特征等进行分析的方法。光谱分析是现代仪器分析中应用非常广泛的一类分析方法，实际应用中根据物质分子或原子内不同能级间跃迁所需要的能量和不同波长光的能量相互匹配的关系，建立了一系列的光谱分析方法。按照光和物质相互作用方式不同又可以分为吸收光谱分析法、发射光谱分析法、散射光谱分析法、干涉法等。其中吸收光谱分析法的常用方法根据作用方式和分析光谱区域的不同可以分为紫外-可见分光光度法、红外分光光度法、原子吸收分光光度法和核磁共振波谱法等。发射光谱分析可分为原子发射光谱分析法、原子荧光分析法、分子荧光分析法、分子磷光分析法等。

2. 色谱分析法

色谱分析法又称层析法、色层法、层离法。它是利用样品中各组分在互不相溶的两相（固定相和流动相）中的吸附能力或溶解度、分配系数、分子排阻、离子交换等性质的差异而建立的分离分析方法。

色谱分析法的分类比较复杂。根据流动相的物理状态的不同，可以分为气相色谱法、液相色谱法和超临界流体色谱法。用气体作流动相的色谱分析法称为气相色谱法；以液体为流动相的色谱分析法称为液相色谱法；用超临界流体作为流动相的色谱分析法称为超临界流体色谱法。按分离原理可分为吸附色谱法、分配色谱法、离子交换色谱法和凝胶色谱法等。按色谱操作终止的方法可分为展开色谱法和洗脱色谱法。色谱法在化工、石油、生物化学、医药卫生、环境保护、食品检验、法医检验、农业等各个领域都有广泛的应用，目前常用的主要有薄层色谱法、凝胶色谱法、气相色谱法和高效液相色谱法等。

3. 质谱分析法

质谱分析法（质谱法）是将被测样品转化为运动的气态离子，再利用电场和磁场将运动的离子（带电荷的原子、分子或分子碎片等）按它们的质荷比（该离子的相对质量与所带单位电荷的数值之比）的大小分离后进行检测的方法。

质谱法使试样中各组分电离生成不同质荷比的离子，经加速电场的作用，形成离子束后进入质量分析器，在电场和磁场作用下发生质量的分离，具有同一质荷比而速度不同的离子聚焦在同一点上，不同质荷比的离子聚焦在不同的点上，将它们分别聚焦而得到质谱图，从而确定其质量。质谱法还可以进行有效的定性分析，但对复杂有机化合物分析就无能为力了。

4. 电化学分析法

电化学分析法是根据电化学原理和物质在溶液中的电化学性质及其变化来进行分析的一类分析方法。通常是将待测的样品溶液与适当的电极构成化学电池，通过测量电池的某些参数的变化等对物质进行分析。根据测量参数的不同可以分为：电导分析法、电位分析法、库仑分析法、电泳分析法、极谱与伏安分析法等。

5. 热分析法

热分析法是在程序控制温度下，准确记录物质理化性质随温度变化的关系，研究其受热过程中所发生的物理变化或化学变化以及伴随发生的温度、能量或重量改变的方法。热分析法广泛应用于物质的多晶型、物相转化、结晶水、结晶溶剂、热分解以及物质的纯度、相容性和稳定性等研究。最常用的热分析法有差热分析法、热重法、微商热重法、差示扫描量热法等。

第二节　仪器分析的发展和应用

一、仪器分析的发展

仪器分析作为分析化学的一部分，从其问世以来，不断丰富着分析化学的内涵，并且使得分析化学发生了根本性的变化。随着科学技术的不断发展和社会的不断进步，分析化学将面临更为广泛和更加深刻的变革。仪器分析新方法、新技术的不断开发和应用，以及精密仪器的不断更新换代，都是分析化学变革的内容。仪器分析也正是在分析化学的发展变革中发展起来的。

仪器分析的发展经历了三个发展阶段，实现了三次变革。

第一阶段始于16世纪，当时天平的出现使得分析化学具有了科学的内涵；到20世纪初期，溶液中四大反应平衡理论形成了分析化学的理论基础，分析化学实现了第一次变革，从一门操作技术变成了一门科学。此时，分析化学中化学分析占据主要地位，分析仪器种类少、精度低。

第二阶段是仪器分析的大发展时期。20世纪40年代以后，由于生产和科学技术发展的需要，同时物理学的革命使人们的认识进一步深化，一系列重大科学发现为仪器分析的建立和发展奠定了基础，分析化学发生了第二次变革。但当时仪器分析自动化程度较低，在分析应用方面，化学分析与仪器分析并重。

第三阶段是以计算机应用为标志的分析化学第三次变革。20世纪80年代初，生命科学、环境科学和新材料科学的发展对仪器分析提出了更高的要求，生物学和信息科学的引入、计算机控制的分析数据采集与数据分析处理，实现了仪器分析过程的快速、连续和智能化，分析化学进入了一个崭新的境界。其采用的手段是在综合光学、电学、热分析和电磁等现象的基础上结合了数学、计算机和生物等方面的新科技、新技术、新成就，对物质进行更深层次分析，尽可能获得全面的信息，进一步认识自然、改造自然。

现代仪器分析的任务已经不只限于鉴定物质的组成和测定其含量，而是要对物质的形态、结构以及化学和生物活性进行追踪、无损和在线监测等，其技术正向着智能化、数字化方向发展，发展趋势主要体现在：

1. 高通量分析

即在单位时间内可以分析测试大量的样品。分析是分离和测定的结合，要实现高通量分析需要解决的问题就是复杂体系的分离和提高分析方法的选择性。迄今为止，人们认识的化合物已经有一千多万种，而且随着科技的发展，不断有新的化合物被发现，复杂的多组分体系的分离和测定成为了仪器分析所面临的艰巨任务。现代仪器分析中，液相色谱、气相色谱、超临界流体色谱和毛细管电泳等色谱分离分析得到了很大的发展，当前研究工作主要是提高选择性，比如对各种选择性试剂、离子交换剂、表面活性剂或吸附剂等的研究，希望通过各类试剂的作用来实现仪器分析方法更高的选择性。

2. 提高灵敏度

灵敏度是被测组分的浓度或者含量变化一个单位所引起的测量信号的变化，一般认为灵敏度表示的是被测组分的最低检测限。分析方法灵敏度的提高是各种分析方法长期以来一直追求的目标。当今，许多新的现代科学技术引入仪器分析中，都与提高分析方法的灵敏度有关。如激光技术的引入，促进了激光拉曼光谱、激光诱导荧光光谱等方法的开展，大大提高了分析方法的灵敏度。又比如有机显色剂、各种增效试剂的应用，使吸收光谱、荧光光谱、色谱分析方法的灵敏度得到了大幅度的提升，许多新的微量、痕量分析方法不断出现。

3. 仪器智能化、微型化

随着计算机技术、微制造技术、纳米技术和新功能材料等高新技术的发展，仪器分析和其他的科学技术一样，迈入了智能化和自动化的阶段。随着人类认识自然从宏观方面向微观方面的延伸，精密仪器的应用也深入到了微观世界，比如电子显微技术、激光微探针质谱技术成为了微区分析的重要手段。同时随着电子学、光学、工程学等向微型化发展，精密仪器也正沿着大型落地式→台式→移动式→便携式→手持式的方向发展，越来越小型化。

4. 联用技术

联用技术是指将两种或两种以上的分析技术联用，或将不同分析功能的仪器联用，让它们相互补充，完成更为复杂或要求更高的工作任务。现代分析的发展不再局限于将待测组分从混合物中分离出来，还需要提供更多、更详细的化学信息，比如有机物的分子精细结构、空间排列等信息，因此仪器分析方法的联用成为了当前仪器分析的重要发展方向。目前较为常用的是将分离方法和检测方法联用，汇集各自的优点，弥补不足，可以更好地完成试样的分析任务。比如液-质联用，以液相色谱进行分离，用质谱作为检测系统，它充分体现了色谱和质谱的优势互补，将色谱方法的高分离能力与质谱方法的高灵敏度、能提供物质结构信息的优点进行了完美的结合，在诸多领域得到了广泛的应用。

5. 在线、非破坏性的实时分析

当今，许多利用物质的物理性质或物理化学性质进行的分析都已经发展成为在线的实时分析，从样品的采集到数据的输出，可以实现不破坏样品，这对于产品生产过程中间控制、生命过程分析具有非常重要的意义。

二、仪器分析的应用

仪器分析是现代分析的重要组成部分，它充分体现学科交叉、科学与技术高度结合，在农业、工业、国防、生命科学、环境、材料、食品、药品等方面都是非常重要的研究手段。

1.在工业分析中的应用

仪器分析在工业原料、中间体、成品分析方面发挥着无法代替的作用，气相色谱、高效液相色谱用于工业产品的分离分析，红外分光光度法、紫外-可见分光光度法在定性分析和定量分析中得到广泛应用。

食品工业中，食品安全一直是受人关注的，它直接关系每个人的生活，可以利用食品微生物自动化仪器检测食品被细菌污染的程度以及卫生质量；利用原子吸收光谱法检测食品中营养成分、重金属的含量；利用气相色谱法检测农药和兽药的残留等；利用高效液相色谱法检测食品中的甜味剂、防腐剂、食用色素等食品添加剂以及抗生素、霉菌毒素等污染物质；如果食品中有多种农药残留，可以采用液-质联用或气-质联用技术，同时测定多种农药的残留。

石油工业中，仪器分析方法提高了油品分析的速度和准确度：质谱法用于汽油、煤油、柴油的类型组成分析；原子发射光谱和原子吸收分光光度法用于无机元素的分析；气-质联用技术用于石油的烃类组成分析。

制药工业中，需要对药物进行结构分析、成分分析，我国的传统中药要想国际化，需要对其进行组分的分离分析，广泛采用仪器分析方法。在现行的《中华人民共和国药典》（简称《中国药典》）中，各种仪器分析方法得到了广泛的应用：红外分光光度法被大量应用于化学原料药的鉴别；紫外-可见分光光度法既用于药物的定性分析，也用于药物的定量分析；《中国药典》一部和二部中有半数以上药物的含量测定采用了高效液相色谱法。

2.在环境分析中的应用

环境污染对人类的生存和发展造成不利影响，尤其是随着科学技术水平的发展和人民生活水平的提高，环境污染也在加剧，环境污染问题越来越成为世界各国的共同课题。

环境中污染物的含量通常较低，一些有害化合物的含量一般都在 $10^{-9} \sim 10^{-6}$ 数量级，现代仪器分析选择性好、检出限低，适用于痕量或超痕量的分析，满足了环境分析对象含量低的要求。比如水质污染是人们关注的问题，水质污染中工业污染是主要的污染源，汞污染就是因为工业上的汞流失所致，目前利用荧光分析的原理制备汞测定仪来测定工业废水中的汞。生化需氧量（BOD）测定仪、化学需氧量（COD）测定仪和总需氧量（TOD）测定仪广泛应用于自来水管网水质自动监测预警、工业行业水质自动监测，以及地表水和地下水的自动监测等。

3.在科学研究中的应用

仪器分析是一种分析测试方法，同时它也是进行科学研究的手段，例如在现代生物医学研究中破解谜题。我国环境科学工作者利用中子活化分析技术和荧光光谱成功破解了百年前光绪皇帝的死因——砷中毒；在农林科学研究中揭示土壤成分，火焰光度分析法测定土壤中的全钾、速效钾和缓效钾可以很快得到分析结果。现代分析技术为各项科学研究提供基础，同时又在科学技术的发展中不断改进。

在 20 世纪早期，经典的分析技术主要为了适应产品分析、保证产品质量、满足生产流程安全高效的要求，在现代产业生产服务中不断发展提高。随着现代科学技术的发展，仪器分析新方法、新技术、新仪器层出不穷，其应用范围已经大大拓展，渗透到工业、农业等多个方面，尤其在生物、环保、医学、药学等有关人类生存发展领域的应用日新月异，甚至发展进入到了寻常百姓的生活中。总而言之，随着现代经济的快速发展、科学技术水平的不断提高，仪器分析还将得到更为广泛的应用，在各领域的重要性将更加显著。

【本章小结】

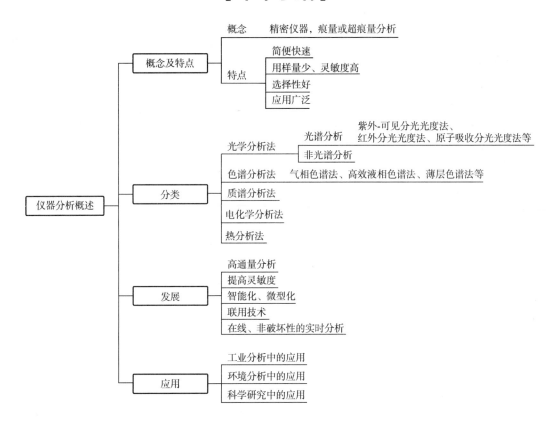

【目标检验】

一、填空

1. 仪器分析是以物质的_____性质和_____性质为基础,利用特定的_____来对物质进行分析的方法。仪器分析对样品进行_____或_____分析,能直接或间接地表征物质的各种特性。

2. 根据分析原理的不同,将仪器分析法分为_____、_____、_____、质谱法和其他仪器分析法等。

二、选择(请根据题目选择最佳答案)

1. 下列不属于仪器分析的特点的是( )。

A. 简便快速   B. 灵敏度高

C. 选择性好   D. 适用于常量分析

2. 下列不属于光谱分析的是( )。

A. 紫外-可见分光光度法   B. 旋光法

C. 红外分光光度法   D. 原子吸收分光光度法

3. 电化学分析法在物质分析中常用电位法,其测定参数为( )。

A. 电导率   B. 电流

C. 电极电位   D. 电量

4. 仪器分析是利用精密仪器测定相关数据进行分析的方法，常用于对物质进行（   ）。

A. 常量分析   B. 微量分析

C. 痕量分析   D. 超痕量分析

5. 色谱分析按分离原理可分为（   ）等。

A. 吸附色谱   B. 分配色谱

C. 离子交换色谱   D. 凝胶色谱

E. 气相色谱

三、简答

1. 简述仪器分析的概念。

2. 简述仪器分析的分类及特点。

第二章 紫外-可见分光光度法

【学习目标】

知识目标：

认识紫外-可见分光光度法的基本原理；理解朗伯-比尔定律的物理意义；总结紫外-可见分光光度法的定性和定量分析应用。

能力目标：

会辨认紫外-可见吸收光谱；能说出紫外-可见分光光度计的构造和基本部件，会按照仪器使用说明书或标准操作规程操作分光光度计；会进行分光光度计的日常保养和维护。

在现代仪器分析中，根据物质与辐射能之间的相互作用建立起来的分析方法，称为光学分析法。光学分析法根据物质与辐射能作用的性质不同，分为光谱分析法和非光谱分析法两类。

利用物质受到辐射线照射引起电磁波的传播方向、传播速度等物理性质发生变化而建立的分析方法称为非光谱分析法，例如旋光分析法、折射分析法、衍射分析法等。

当辐射能作用于物质时，物质内部发生能级跃迁，通过精密仪器记录由能级跃迁所产生的辐射能强度随波长（或者其他变化单位）的变化，得到的图谱称为光谱。依据物质的光谱进行定性、定量和结构分析的方法称为光谱分析法。光谱分析法根据与辐射能作用的物质是分子还是原子，分为分子光谱法和原子光谱；按照电磁辐射源的波长不同可以分为紫外光谱法、可见光谱法、红外光谱法等，本章介绍紫外-可见光谱法。

第一节 分光光度法基本原理

光谱分析中不同电磁波区段的分析方法、所用仪器及测定技术有很大区别，但都与光的本质有着密切关系。

一、光的本质

从 γ 射线直至无线电波都是电磁辐射，也称为电磁波，它们在性质上相同，只是波长或频率不同，即能量不同。所以，光从本质上来讲就是电磁辐射的一部分，具有波粒二象性，即波动性和粒子性。描述光的波动性常用波长 λ、频率 ν、波数 σ 等来表示，波长与波数互为倒数，其关系式为：$\sigma = 1/\lambda$。

所有的电磁波在性质上是完全相同的，它们之间的区别在于波长或频率不同。按照波长或者频率将电磁波进行分类，可以分为 γ 射线、X 射线、紫外线、红外线、微波、无线电波等。表 2-1 标明了各类电磁波的波长和引起分子跃迁的类型，由于各区电磁波与物质相互作用的机理不同，由此建立了各种不同的光谱分析方法。

表 2-1　电磁波谱分区表

辐射区段	波长	跃迁类型	分析方法
γ 射线	$5 \times 10^{-3} \sim 0.14$nm	原子核	
X 射线	$10^{-3} \sim 10$nm	内层电子	X 射线衍射
远紫外	$10 \sim 200$nm	内层电子	真空紫外吸收法
近紫外	$190 \sim 400$nm	外层电子	紫外分光光度法
可见	$400 \sim 760$nm	外层电子	可见分光光度法
红外	$0.75 \sim 1000 \mu m$	分子振动-转动	红外光谱法、拉曼光谱法
微波	$0.1 \sim 100$mm	分子转动	微波光谱法
无线电波	$1 \sim 1000$dm	电子自转、核自旋	核磁共振波谱法

二、光谱分析法

电磁辐射源与物质作用时，会与物质之间产生能量交换，根据物质与辐射能的转换方向，光谱分析法可以分为吸收光谱法和发射光谱法两大类。

1.吸收光谱法

用具有连续光谱的光源照射样品，其原子或分子选择性地吸收某些具有适宜能量的光子后，由基态跃迁至激发态，在相应波长位置出现吸收线或吸收带，所形成的光谱就是吸收光谱。利用物质的吸收光谱进行定性、定量和结构分析的方法称为吸收光谱法。由于测定样品的吸光度或发光强度随波长（或相应单位）变化的仪器一般都是用分光光度计，因此吸收光谱法又称为分光光度法。

2.发射光谱法

原子或分子受到辐射激发跃迁到激发态后，电子由激发态回到基态时，以辐射的方式释放能量，产生的光谱称为发射光谱。利用物质的发射光谱进行定性或定量分析的方法称为发射光谱法。

三、光的吸收定律

波长范围 $200 \sim 760$nm 属于紫外-可见光区，紫外-可见分光光度法就是根据物质分子对这一范围的电磁辐射的吸收特性建立起来的分析方法，适用于微量和痕量组分的分析。

自然界有许多化合物的溶液在光照下呈现出不同颜色，比如硫酸铜溶液呈蓝色，高锰酸钾溶液呈紫红色，三氯化铁溶液呈黄色，不同物质呈现出不同的颜色与物质对不同波长的光产生选择性的吸收有关。

从图 2-1 可以看出，不同浓度下硫酸铜溶液颜色色调是一致的，但是颜色深浅不一，这说明物质对光的吸收不仅仅有选择性，而且吸收的程度还与物质溶液的浓度有关。

（一）透光率与吸光度

1.透光率

假设一束平行单色光通过均匀的溶液时，光的一部分被吸收，一部分透过溶液，一部分被器皿表面反射，光的强度发生变化（图 2-2）。当入射光 I_0 一定时，溶液吸收光的强度 I_a 越大，则溶液透过光的强度 I_t 就越小，反之亦然。因此，用 $\dfrac{I_t}{I_0}$ 的比值表示光线透过溶液的强度，称为透光率（或透光度），用符号 T 表示，其数值常用百分数表示，即

$$T = \frac{I_t}{I_0} \times 100\% \qquad (2\text{-}1)$$

图 2-1　不同浓度的硫酸铜溶液

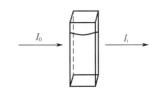

图 2-2　光通过溶液

【知识链接】

　　单色光是指单一波长（或频率）的光，不能产生色散，是复色光的组成部分。复色光是由单色光复合而成的光，又称"复合光"，包含多种频率的光。

　　一般的光源都是由不同波长的单色光所混合而成的复色光，自然界中的太阳光和人工制造的日光灯、白炽灯等所发出的光都是复色光。复色光经棱镜色散后形成的由红到紫的七色光中的每种色光并非真正意义上的单色光，它们都有相当宽的波长（或频率）范围，比如其中的红光波长范围为 0.622~0.77μm。

2.吸光度

溶液的透光率越大，表示溶液对光的吸收越少；反之，透光率越小，则溶液对光的吸收越大。用吸光度表示物质对光的吸收程度，用符号 A 表示。

3.吸光度与透光率的关系

透光率 T 的倒数 $\dfrac{1}{T}$ 反映了物质对光的吸收程度，在实际应用中，用透光率倒数的对数 $\lg\dfrac{1}{T}$ 作为吸光度。

$$A = \lg\frac{1}{T} \quad \text{或} \quad A = -\lg T \qquad (2\text{-}2)$$

（二）朗伯-比尔定律

1.光的吸收定律

溶液对光的吸收除了与物质本身结构、性质有关外，还与入射光波长、溶液浓度、液层厚度、溶液温度等有关系。

1760 年，朗伯（Lambert）研究发现，在温度一定的情况下，用一定波长的单色光通过固定浓度的溶液时，溶液的吸光度与光透过溶液的液层厚度成正比。

1852 年，比尔（Beer）参考了布给尔（Bouguer）在 1729 年和朗伯（Lambert）在 1760 年发表的文章，进行研究后提出，在温度一定的情况下，用一定波长的单色光通过固定厚度的溶液时，溶液的吸光度与溶液浓度成正比。

综合朗伯和比尔的研究得出，当一束平行的单色光通过均匀、无散射现象的溶液时，在单色光的强度、溶液温度等条件不变的情况下，溶液对光的吸收程度与溶液的浓度和液层厚度的乘积成正比。数学表达式为：

$$A = KcL \tag{2-3}$$

式中　A——吸光度；

　　　K——吸光系数；

　　　c——溶液的浓度；

　　　L——液层的厚度。

溶液中如果有多种吸光物质共存，在某一波长下测定出来的吸光度为各吸光物质在该波长下的吸光度的和，这个特性称为吸光度的加和性。吸光度的加和性是对多组分物质进行光度分析的理论基础。

2.吸收系数

在光的吸收定律中，K 为吸光系数，也称吸收系数，即 $K = \dfrac{A}{cL}$，当溶液浓度单位不同时，K 的意义和表示方法也不同。吸收系数常用的表示方法有两种：

（1）百分吸收系数（又称比吸光系数）　用符号 $E_{1cm}^{1\%}$ 表示，其意义是浓度为 1g/100mL 的溶液，液层厚度为 1cm 时的吸光度，其单位是 mL/（g·cm）。

$$E_{1cm}^{1\%} = \frac{A}{cL} \tag{2-4}$$

（2）摩尔吸收系数　用符号 ε 表示，其意义是溶液浓度为 1mol/L 的溶液，液层厚度为 1cm 时的吸光度，其单位是 L/（mol·cm）。

$$\varepsilon = \frac{A}{cL} \tag{2-5}$$

（3）ε 与 $E_{1cm}^{1\%}$ 的关系

$$\varepsilon = E_{1cm}^{1\%} \frac{M}{10} \tag{2-6}$$

式中　M——吸光物质的摩尔质量。

吸收系数在一定条件下是一常数，它与入射光的波长、物质的性质、溶剂、温度及仪器的质量等因素有关。它的数值越大，表明有色溶液对光越容易吸收，测定的灵敏度就越高。一般 ε 值在 10^3 以上，即可进行分光光度测定。因此，吸收系数是定性和定量分析的重要依据。

示例 2-1：有一浓度为 2.5×10^{-4} mol/L 的高锰酸钾溶液在 525nm 的摩尔吸收系数为 3200L/（mol·cm），在吸收池的厚度为 1cm 时，计算其吸光度及透光率各为多少？

解：　　　　　$A = \varepsilon cL$

$$A = 3200 \times 2.5 \times 10^{-4} \times 1$$
$$= 0.800$$
$$A = -\lg T = 0.800$$
$$T = 15.8\%$$

示例 2-2：氯霉素（$M = 323.15\mathrm{g/mol}$）的水溶液在 278nm 处有最大吸收，用氯霉素纯品配制成为 100mL 含 2.00mg 氯霉素的溶液，置于 1cm 吸收池，在 278nm 波长处测得吸光度为 0.614，试求其 ε 和 $E_{1cm}^{1\%}$。

解：
$$E_{1cm}^{1\%} = \frac{A}{cL}$$
$$= \frac{0.614}{2.00 \times 10^{-3} \times 1}$$
$$= 307[\mathrm{mL/(g \cdot cm)}]$$
$$\varepsilon = E_{1cm}^{1\%} \times \frac{M}{10}$$
$$= 307 \times \frac{323.15}{10}$$
$$= 9921[\mathrm{L/(mol \cdot cm)}]$$

3. 减小朗伯-比尔定律应用中的测量偏离

光的吸收定律不仅适用于有色溶液，也适用于无色溶液及气体和固体的非散射均匀体系；不仅适用于可见光区的单色光，也适用于紫外和红外光区的单色光。但应注意，此定律仅适用于单色光和一定范围的低浓度溶液。

（1）溶液浓度　溶液浓度过大时，透光性质发生变化，从而使溶液对光的吸收程度与溶液浓度不成正比关系，一般溶液浓度以测得的吸光度值在 0.2～0.8 之间为宜，在此区间吸光度与浓度之间的线性关系较好。

（2）测量波长　定量分析是以朗伯-比尔定律为基础，而朗伯-比尔定律是以单色光作为入射光为前提。光束不单一会导致运用朗伯-比尔定律时出现偏差，实验证明，选择最大吸收波长处、谱带窄的光，能够保证测定有较高的灵敏度，而且从吸收曲线上可以看到在最大吸收波长处曲线相对平坦，吸光系数变化不大。因此，在定量分析时多选择最大吸收波长处进行测定，以减小对朗伯-比尔定律的偏离影响。

（3）空白校正　测量吸光度，实际上是针对透光率的测定。当入射光通过待测溶液时，溶剂、吸收池也会对光产生一定的吸收，还有光的散射、反射等都会使得透光率减小，造成吸光度偏大；杂散光的存在又会导致透光率增大，吸光度减小。为了消除这些影响，在进行定量分析时，常用空白校正。空白溶液是指不含被测物质的溶液。空白校正时采用光学性质相同、光路长度相同的吸收池装入空白溶液（或参比溶液）做参比，调节仪器使通过参比吸收池的透光率为 100% 或吸光度为 0，然后再将装有待测溶液的吸收池移入光路中测定吸光度或透光率，通过对比的方式减少测量偏差。

四、紫外-可见吸收光谱曲线

紫外-可见吸收光谱曲线又称吸收曲线。在紫外-可见光区，将不同波长的单色光依次通过一定浓度的溶液，测量每一波长下溶液对各种单色光的吸收程度（吸光度 A），然后以波长（λ）为横坐标，以吸光度（A）为纵坐标作图，得到的曲线称为吸收光谱曲线，如图 2-3 所示。

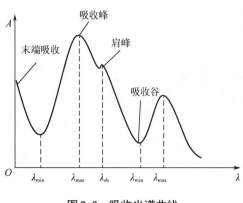

图2-3 吸收光谱曲线

吸收曲线上比左右相邻处都高的一处称为吸收峰,其对应的波长(曲线最高峰所处的波长)称为最大吸收波长,用 λ_{max} 表示;吸收曲线上比左右相邻处都低的一处称为吸收谷,其对应的波长称为最小吸收波长,用 λ_{min} 表示;在吸收曲线短波长端所呈现的强吸收而不呈峰形的部分,称为末端吸收;有时在吸收峰旁边有一个小的曲折,形状像肩的弱吸收峰,称为肩峰,用 λ_{sh} 表示。

物质吸收不同波长的光的特性只与溶液中物质的结构有关,而与溶液的浓度无关。不同的物质,结构不同,所得的吸收光谱曲线各不相同。在分光光度法中,最大吸收波长、最小吸收波长和肩峰等,都属于特征吸收数据,可以将吸收光谱曲线作为定性的依据。在最大吸收波长处,物质的吸收强度较大,灵敏度较高,一般可作为定量分析中的测定选择波长。

课堂互动

请你指出图中最大吸收、最小吸收所处的位置。

五、紫外-可见吸收光谱中一些常用术语

紫外-可见吸收光谱反映分子的电子结构特征,光谱研究为物质结构研究提供了重要信息,在进行分析中有一些常用术语。

1.生色团

有机化合物分子结构中含有不饱和基团,如乙烯基 —C=C—、羰基 —C=O、亚硝基—NO₂、偶氮基—N=N—、乙炔基—C≡C—、腈基—C≡N 等,能在紫外-可见光区产生特征的吸收,这类不饱和基团称为生色团。

2.助色团

有一些含有杂原子的基团(如—OH、—NH₂、—OR、—SH、—NHR、—X 等),它们本身对紫外-可见光区的光没有吸收,但当它们与生色团或饱和烃相连时,能使生色团或饱和烃的吸收峰向长波方向移动,且吸收强度增加,这样的基团称为助色团。

3.红移与蓝(紫)移、增色效应与减色效应

有机化合物的结构发生变化,比如引入取代基或者发生共轭或者改变溶剂等,会使物质的最大吸收波长 λ_{max} 和吸收强度发生变化。

λ_{max} 向长波长方向移动称为红移,向短波长方向移动称为蓝移(或紫移)。吸收强度增大的现象称为增色效应,吸收强度减小的现象则称为减色效应,如图2-4所示。

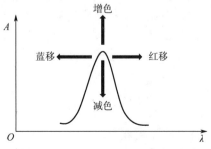

图2-4 红移与蓝移、增色与减色效应

六、紫外-可见分光光度法的特点

1. 灵敏度高

紫外-可见分光光度法适用于微量物质的分析，组分可以被测出的浓度低至 $10^{-7}\sim$ $10^{-5}mol/L$，相当于含 0.00001%～0.001% 的被测组分。

2. 有一定的准确度

一般紫外-可见分光光度法定量测量的相对误差为 2%～5%。对常量组分，其准确度不如容量分析法，但对微量组分，容量分析法是无法分析的，而紫外-可见分光光度法则能满足要求。

3. 操作简便，测定快速

紫外-可见分光光度法的仪器设备不复杂，操作简便。对于共存物质的干扰，如果采用灵敏度高、选择性好的显色剂显色后分析，或者采用适宜的掩蔽剂消除干扰，有的样品可不经分离直接测定。完成一个样品的测定一般只需要几分钟到十几分钟，有的甚至更短。

4. 应用范围广

几乎所有的无机离子和许多有机化合物均可直接或间接地用紫外-可见分光光度法测定。因此，紫外-可见分光光度法已经发展成为化工、食品、医药卫生、环境检测、生物分析等方面应用的一种不可缺少的测试手段。

第二节　紫外-可见分光光度计

在紫外-可见光区可任意选择不同波长来测定溶液吸光度的分析仪器称为紫外-可见分光光度计。若只能在可见光区使用，只能测定有色溶液的仪器，则称为可见分光光度计。

分光光度计作为一种商品，类型有很多，但无论哪种类型，其基本构造都是相似的，通常由五大部分组成：光源、单色器、吸收池、检测器和信号处理及显示（读数）器，其结构如图 2-5 所示。

光源 → 单色器 → 吸收池 → 检测器 → 信号处理及显示器

图 2-5　分光光度计结构

一、紫外-可见分光光度计主要组成及功能

（一）光源

紫外-可见分光光度计要求有能发射强度足够而且稳定的、具有连续光谱且发光面积小的光源。紫外光区和可见光区通常分别用氢灯（或氘灯）和钨灯（或卤钨灯）作为光源。

1. 氢灯或氘灯

紫外光区的光源一般用氢灯或氘灯（图 2-6），使用波长 200～360nm。由于玻璃吸收紫外线，因此灯泡必须具有石英窗或用石英灯管。氘灯比氢灯贵，但发光强度和灯的使用寿命比氢灯增加 2～3

图 2-6　氘灯——紫外光源

倍，现在仪器多用氘灯。

图2-7 钨灯——可见光源

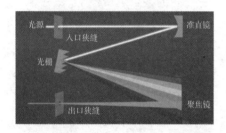

图2-8 单色器分光示意图

图2-9 石英吸收池

课堂互动

维生素 B_1 在 246nm 波长处有最大吸收，现需要对其进行含量测定，应该选择哪种材料的吸收池（比色皿）；高锰酸钾在 525nm 波长处有最大吸收，测定时可以选择哪种材料的吸收池？

2.钨灯或卤钨灯

可见光区的光源一般用钨灯（图2-7）或卤钨灯，钨灯光源是固体炽热发光，又称为白炽灯，其发射波长范围在 320～1000nm，使用波长 360～1000nm。卤钨灯的发光强度比钨灯高，灯泡内含碘或溴的低压蒸气，可以延长钨丝的寿命，现在仪器多用卤钨灯。

（二）单色器

单色器的作用是从来自光源的连续光谱中分离出所需要的单色光，如图2-8所示，它是紫外-可见分光光度计的关键部件，通常置于吸收池之前。

光源经过准直镜变成平行光，投射到色散元件上。常用的色散原件有棱镜和衍射光栅。棱镜是利用不同波长的光在棱镜内折射率的不同，将复合光色散为单色光。衍射光栅（简称光栅）是利用光学中的单缝衍射和双缝干涉的现象进行色散的。经过色散元件色散后的各种不同波长的光经过准直镜（聚焦镜）聚集于出口狭缝面上，形成按波长排列的光谱。转动色散元件的方位，可使所需波长的光从出口狭缝中分出。

（三）吸收池

吸收池又称为比色皿，是盛装空白溶液（参比溶液）和样品溶液的器皿，一般为开口的长方体，其底部及相对两侧为毛玻璃，另外相对两侧为透光面，透光面材料有玻璃和石英两种。玻璃吸收池用于可见光区的测定，紫外光区的测定必须使用石英吸收池，石英吸收池也可用于可见光区。吸收池的厚度有 0.5cm、1cm、2cm、4cm 等不同规格，如图 2-9 所示，其中以 1cm 的吸收池最为常用。

为了保证吸光度测量的准确性，要求同一测量使用的吸收池具有相同的透光特性和光程长度。吸收池一般在使用前要进行配套检查，要求配套的吸收池的透光率之差应该小于 0.5%，否则应该进行校正。

（四）检测器

紫外-可见分光光度计的检测器一般常用光电效应检测器。它对通过吸收池的光作出响应，将接收的光辐射信号转换为相应的电信号。常用的检测器有光电池、光电管和光电倍增管等。

1.光电池

光电池结构如图 2-10 所示，它是一种光敏半导体，受到光照产生电流，在一定范围内电流与光强度成正比，用微电流计可以测量电流。光电池价格低廉、耐用，但不适用于弱光，只能用于谱带宽度较大的低级仪器。

2.光电管

光电管是由一个金属丝阳极和一个半圆筒形的光敏阴极组成的真空二极管（或内充少量惰性气体），阴极表面镀有光敏材料，当被足够能量的光照射时，能发射出电子。当两极间有电位差时，发射出的电子就向阳极流动产生电流。光电管产生的电流很小，经过放大即可被检出。

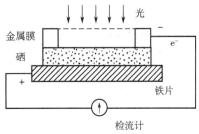

图 2-10 光电池

3.光电倍增管

光电倍增管的原理和光电管类似，区别仅在于光电倍增管在光敏阴极和阳极之间加上了几个倍增极（一般是 9 个）。阴极遇光发射电子，电子经过倍增极大大增加后，被阳极收集，产生较强的电流，大大提高了仪器测量的灵敏度。

4.光二极管阵列检测器

光二极管阵列是在晶体硅上紧密排列着一系列光二极管检测管，当光透过晶体硅时，二极管输出的电信号强度与光强度成正比。每个二极管相当于 1 个单色器的出口狭缝，两个二极管中心距离的波长单位就是采样间隔，二极管数目越多，分辨率越高。光二极管阵列检测器由多个二极管同时并行采集数据，能快速采集光谱。

（五）信号处理及显示器

光电管输出的电信号很弱，需要经过放大再进行测定，并且通过一些数学运算后转换成吸光度、透光率或溶液的浓度、吸收系数等显示出来。显示器（图 2-11）的作用就是将分析处理后的有关数据显示或记录下来。

图 2-11 显示器

二、紫外-可见分光光度计的类型

目前，国际上对紫外-可见分光光度计的分类通常根据仪器结构进行，分为单光束、双光束、双波长等几类。

1.单光束分光光度计

从图 2-12 可以看出，从光源发出的光，经过狭缝后到照射在检测器上时始终只有一束光。空白溶液透光率的调节和样品溶液透光率（吸光度）的测定，是在同一位置用同一束单色光先后进行的。这类仪器结构简单、价格低，适用于进行定量分析，但是测定结果受光源强度影响较大，要求有发光强度稳定的光源。

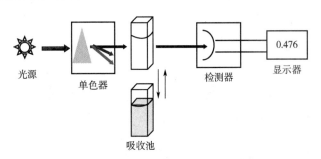

图 2-12 单光束分光光度计光路示意图

2.双光束分光光度计

从图2-13可以看出，从光源发出的光，被单色器分离，分离出的单色光经处理分成两束强度相等的光，分别照射空白溶液和样品溶液，得到的是经过对比后的吸光度，自动消除了由于光源强度变化的影响。

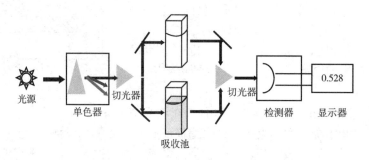

图2-13 双光束分光光度计光路示意图

3.双波长分光光度计

双波长分光光度计具备两个单色器。光源发出的光分成两束后，分别经过两个单色器，得到两束具有不同波长（λ_1 和 λ_2）的单色光，借助切光器，两个不同波长下的光交替照射到溶液，由检测器显示出在两个不同波长下的透光率的差 ΔT 或吸光度的差 ΔA。

由 $\Delta A = A_{\lambda_1} - A_{\lambda_2} = k_1 cL - k_2 cL = (k_1 - k_2) cL$ 可知，ΔA 与溶液浓度成正比，这是双波长分光光度法进行定量分析的理论依据。这种方法只需要供试品溶液在不同波长下测定，可以消除参比溶液组成不同、吸收池不同等所造成的误差，提高了测量的准确度，尤其适合混合物的定量分析，不足之处是这类仪器价格较高。

第三节 仪器使用及维护

—— 课堂互动 ——

放置于仪器中的干燥剂呈现什么状态时，应该更换干燥剂或将干燥剂进行脱水处理后再用？

紫外-可见分光光度计的改进很快，近年来仪器的质量、功能和自动化程度都有了很大提高，型号有很多，在仪器使用操作上略有不同，基本步骤大致相同。

一、溶液吸光度测量操作步骤

1.开机

打开样品室盖，如图2-14所示。取出干燥剂，如图2-15所示。

打开电源开关，接通电源，选择测量所需波长，预热30min，如图2-16所示。

2.洗涤装样

用纯化水清洗吸收池（手持毛面），如图2-17所示。用空白溶液润洗吸收池，装样到吸收池的3/4处，如图2-18所示。用滤纸吸干吸收池外部所沾的液体，如图2-19所示。用擦镜纸沿吸收池透光面向一个方向擦净，如图 2-20 所示。

图2-14 打开样品室盖

图2-15 取出干燥剂

图2-16 选择波长

图2-17 清洗吸收池

图2-18 空白溶液

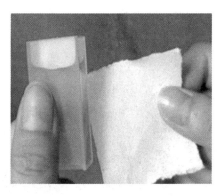
图2-19 吸干表面溶液

图2-20 用擦镜纸擦

将吸收池的透光面对准光路放入吸收池架，如图 2-21 所示。相同的方法用待测样品润洗吸收池、装样、擦净吸收池，并放入吸收池架中，如图 2-22 所示。

3.调零

轻缓盖上样品室盖，拉动拉杆（图 2-23），将装有空白溶液的吸收池置于光路中。按设置键（SET），再按上下键选择吸光度（A）模式（图 2-24），确认；按调零键（ZERO），使得屏幕显示"0.000"，如图 2-25 所示。

图2-21　透光面置于光路中

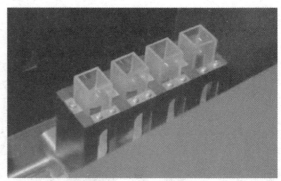

图2-22　置于吸收池架中

图2-23　拉动拉杆

图2-24　选择吸光度

图2-25　调节零点

4.测量

拉动拉杆，将装有样品溶液的吸收池依次拉入光路，屏幕显示样品溶液的吸光度，如图2-26所示，记录数据。

5.关机

测量完毕，将吸收池清洗干净，擦净晾干，放回吸收池盒，将干燥剂放回紫外-可见分光光度计样品室内，如图2-27所示，盖上样品室盖。关闭电源开关，拔下插头，仪器罩上仪器罩，如图2-28所示。

图2-26　测量

图2-27　干燥剂放回样品室

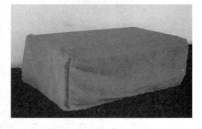

图2-28　罩上仪器罩

本操作仅为测量吸光度的操作。有些类型的仪器还具有光度扫描等功能，具体操作根据仪器使用说明书或操作规程进行。

二、仪器使用的注意事项

① 仪器使用前需开机预热30min，保证仪器稳定。

② 开关样品室盖时，动作要轻缓。

③ 注意不要在仪器上方倾倒液体，以免溢出的液体污染、损坏仪器。

④ 使用的吸收池必须洁净，并注意配对使用。拿取吸收池时，手指应拿毛玻璃面的两侧，盛装溶液以装入池体的 2/3～4/5 为度，使用挥发性溶液时应加盖，透光面要用擦镜纸沿一个方向（一般由上而下）擦净，吸收池外表应无溶剂残留。吸收池使用后用纯化水洗净、晾干、防尘保存。

⑤ 在使用不同型号的仪器前，必须仔细阅读使用说明书，熟悉操作步骤。

三、仪器的日常维护、常见故障诊断及排除方法

（一）仪器的技术参数

仪器的技术参数是衡量仪器性能的主要指标，主要针对光学性能参数，一般包含以下几个方面：

1. 波长范围

指仪器能够测量的波长范围，一般为 190～800nm。

2. 波长准确度

指波长的实测值与理论值之差，即显示的波长与单色光的实际波长之间的误差，可能为正，也可能为负，越接近于 0 越好。一般波长准确度为 ±0.5nm 的紫外-可见分光光度计可满足绝大部分的测试要求。

3. 波长重复性

指重复使用同一波长进行分析时，单色光实际波长的变动值。对仪器要求波长重复性要好。

测试波长用的标准物质要求具有特征吸收峰，特征吸收峰对应的波长是比较稳定的。使用需要测试的紫外-可见分光光度计对标准物质连续扫描三次，分别检出吸光度峰值对应的波长。三次峰值波长的平均值，作为波长的实测值，与标准物质的理论峰值的波长值相减，其差值就是波长准确度。而三次峰值波长中最大值与最小值之差，即波长重复性。

4. 杂散光

杂散光总体来说就是指不应该有的光。杂散光是紫外-可见分光光度计的关键技术指标，是仪器分析误差的主要来源，直接限制了被分析测试样品浓度的上限。当一台紫外-可见分光光度计的杂散光一定时，被分析的试样浓度越大，其分析误差就越大，如图 2-29 所示。通常以测光信号较弱的波长处（比如 220nm、340nm 处）杂散光的强度百分比为指标，一般要求不超过 0.5%。

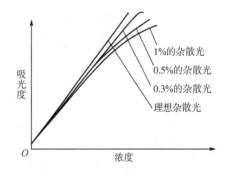

图 2-29　杂散光对吸光度-浓度曲线的影响

5. 光度准确度

光度准确度是指实际测得的吸光度值与真实值之差。该偏差越小说明测量的数据越准确可靠，或者说光度准确度越高。光度准确度主要有吸光度准确度和透射比准确度两种表示方法。绝大多数分光光度计制造厂商都向使用者提供仪器的吸光度准确度或吸光度误差，操作人员只要知道使用仪器的光度准确度，再根据当时测试试样的吸光度数据，就可以查得所测试数据由于仪器引起的相对误差，从而判断自己分析测试数据的可靠性。

（二）仪器的日常维护

仪器操作人员要懂得仪器的日常维护，经常对仪器进行维护和测试，以保证仪器在最佳状

态下工作。

1. 对电源的要求

紫外-可见分光光度计对电源的要求较高，在电源电压稳定性极差的情况下，若不用或使用性能不好的交流电稳压器，在分析测试时，肉眼就可以很明显地看出电源电压大幅度的波动。因此必须配有性能好的稳压器。

2. 对环境的要求

环境因素包括电磁场、温度、尘埃、震动等。

电磁场的干扰是影响紫外-可见分光光度计稳定性的重要因素，一般来讲，安装紫外-可见分光光度计的房间，应该远离电磁场。

温度和湿度可以引起机械部件的锈蚀，使金属镜面的光洁度下降，引起仪器机械部件的误差或性能下降；造成光学部件如光栅、反射镜、聚焦镜等的铝膜锈蚀，产生干扰，甚至仪器停止工作，从而影响仪器寿命。因此，在日常维护中，应配置恒温恒湿设备，如果长期不使用，应该定期开机运行一段时间。

环境中的尘埃和腐蚀性气体沾污光学元件使光学元件的反射率降低，亦可以影响机械系统的灵活性，降低各种限位开关、按键、光电耦合器的可靠性，从而影响紫外-可见分光光度计的灵敏度，也会使分析测试的误差增大。因此，安装紫外-可见分光光度计的房间，必须定期清洁，保障仪器室内卫生条件，防尘。

课堂互动

紫外-可见分光光度计为什么要放干燥剂？为什么要罩仪器罩？

对环境要求很高的紫外-可见分光光度计，价格昂贵、技术指标很高，为保证其性能，还应为安放仪器的工作台作防震基础。

此外，紫外-可见分光光度计应该安装在太阳不能直接晒到的地方，以免光线太强，影响仪器的使用寿命。

（三）仪器的日常保养

紫外-可见分光光度计是精密的光学仪器。因此，仪器使用者除经常做好清洁卫生工作外，还应注意以下几点。

1. 经常开机

如果仪器不是经常使用，最好每周开机 1～2h。仪器运行时可以发热去潮湿，减少光学元件和电子元件受潮湿的影响；同时开机运行可保持各机械零件不生锈，以保证仪器的正常运转。

2. 校验仪器的技术指标

一般对仪器的一些技术指标每半年检查一次，其检查方法参照仪器说明书等相关资料。一旦发现技术指标存在问题，马上通知仪器生产企业的维修工程师来维修。仪器出现问题，一定要及时维修，不能"带病"工作。"带病"工作的仪器除了分析测试的数据不可靠外，还容易造成仪器的进一步损坏。

（四）仪器的校正和检定

仪器由于受到外界因素的影响，某些性能会发生改变。因此，除了定期进行维护保养以外，还应该在测定之前对仪器的重要性能指标进行检查与校正。

1. 波长

由于环境因素对机械部分的影响，仪器的波长经常会略有变动，应于测定前校正测定波长。常用汞灯中的较强谱线237.83nm、253.65nm、275.28nm、296.73nm、313.16nm、334.15nm、365.02nm、404.66nm、435.83nm、546.07nm与576.96nm，或用仪器自身光源的486.02nm与656.10nm谱线进行校正。仪器波长的允许误差为：紫外光区±1nm，500nm附近±2nm。

2.吸收池匹配检查

将仪器使用的同一规格的吸收池中装入纯化水或空白溶液，在220nm（石英吸收池）、440nm（玻璃吸收池）波长处，将一只吸收池的透光率调至100%，测量其他吸收池的透光率，要求两者透光率的差不超过0.5%，即为相互匹配的吸收池。

3.光度准确度校正

可用重铬酸钾的硫酸溶液检定。取在120℃干燥至恒重的基准重铬酸钾约60mg，精密称定，用0.005mol/L硫酸溶液溶解并稀释至1000mL，在规定的波长处测定并计算其吸收系数，并与规定的吸收系数比较，应符合表2-2中的规定。

表2-2 光度准确度校正参数

波长/nm	235（最小）	257（最大）	313（最小）	350（最大）
$E_{1cm}^{1\%}$ 的规定值/[mL/（g·cm）]	124.5	144.0	48.6	106.6
$E_{1cm}^{1\%}$ 的许可范围/[mL/（g·cm）]	123.0~126.0	142.8~146.2	47.0~50.3	105.5~108.5

4.杂散光检查

按表2-3所列的试剂和浓度，配制成水溶液，置1cm石英吸收池中，在规定的波长处测定透光率，应符合表2-3中的规定。

表2-3 杂散光检查校正参数

试剂	浓度/（g/100mL）	测定波长/nm	透光率/%
碘化钠	1.00	220	<0.8
亚硝酸钠	5.00	340	<0.8

（五）吸收池的沾污问题

吸收池沾污会严重影响分析测试的误差，在日常的分析工作中，必须加以重视。

1.被沾污的判断

判断吸收池是否被沾污，一般有以下方法：

（1）肉眼观察 肉眼观察吸收池的透光面，检查其透光面上有无污点或沾污痕迹。

（2）查看怪峰 在仪器没有故障的情况下，如果吸收池装入溶液后测定时出现一些怪峰，基本上可以判断吸收池被沾污。

（3）检查试样 如果分析测试数据不稳或不准，检查仪器使用记录，查看近期是否曾用来分析过特浓或黏附力很强的试样，如果有，则可能导致吸收池被沾污。

2.沾污问题的处理

吸收池被沾污一般采取下述方法

课堂互动

日常生活中污渍是如何去除的？那么吸收池沾污又该如何除去污渍呢？

解决：

（1）擦洗清除　一般先用水冲洗，对附着力强的沾污可用高级擦镜纸、软的黄鼠狼毛笔等柔软的物质擦洗清除。应特别注意的是，不能用易掉毛的工具（如劣质棉花）擦拭吸收池的透光面，防止细毛残留影响测试数据；也不能用硬的金属棒、木棒或毛刷擦拭吸收池透光面，防止损坏吸收池。

（2）洗液清洗　如果吸收池被有机物沾污，可用盐酸-乙醇（1∶2）混合溶液洗涤，还可以用洗液清洗，但要注意的是，不能长时间用洗液浸泡，以防吸收池损坏。

（3）超声清洗　可用玻璃仪器清洗超声波超声清洗半小时，一般能解决问题。但是要特别注意，超声仪器功率不能大，否则会损坏吸收池。

第四节　应用与实例

【知识链接】

　　从1918年美国国家标准局制成了第一台紫外-可见分光光度计以来，紫外-可见分光光度计经不断改进，又出现自动记录、打印、数字显示、微机控制等各种类型的仪器，使得仪器的灵敏度和准确度不断提高，应用范围不断扩大。目前，紫外-可见分光光度计已是世界上使用最多、覆盖面最广的一种分析仪器，无论在物理学、化学、生物学、医学、材料学等科学研究领域，还是在化学化工、生命科学、环境检测、农业、食品药品、地质石油等多个行业都得到了非常广泛的应用。

一、定性分析

利用紫外-可见分光光度法对有机化合物进行定性鉴别的主要依据是有机化合物具有特征的吸收光谱曲线和相应的特征吸收数据，比如吸收光谱曲线的形状、吸收峰数目及吸收峰所处的波长、吸收强度等。结构相同的化合物具有相同的吸收光谱，但相同的化合物却不一定是同一个化合物，因为紫外吸收的谱带比较简单，曲线的形状变化不多，在成千上万的有机化合物中，不同的化合物可能有比较相似甚至相同的紫外吸收光谱。在进行定性鉴别时，一般采用对比的方式进行，如果图谱或特征数据完全相同，则可能是同种化合物，如果存在明显区别，则一定不是同种化合物。

1.对比吸收光谱数据

按各品种项下的规定，测定供试品溶液的特征吸收数据。最常用于鉴别的光谱特征数据是吸收峰所在的波长（即最大吸收波长λ_{max}）。如果一个化合物中有几个吸收峰，或存在吸收谷、肩峰，则吸收谷所在的波长（最小吸收波长λ_{min}）、肩峰所在的波长（λ_{sh}）都可以作为判断的依据。

（1）分析方法一　按各品种项下规定的方法配制供试品溶液，用紫外-可见分光光度计进行扫描，绘制光谱曲线，得出相应的波长数据，与规定值进行比较。

示例 2-3：布洛芬的鉴别。

取本品，加 0.4%氢氧化钠溶液制成每毫升中约含 0.25mg 的溶液，按照紫外-可见分光光度法测定，在 265nm 与 273nm 的波长处有最大吸收，在 245nm 与 271nm 的波长处有最小吸收，在 259nm 的波长处有一肩峰。

具有不同或相同吸收基团的不同化合物，可能有相同的 λ_{max} 值，但不同有机化合物具有相同的 λ_{max} 值和相同的分子量这种情况是比较少的，因此有机化合物的 $E_{1cm}^{1\%}$ 值常有明显差异，所以吸收系数也用于化合物的定性分析。

（2）分析方法二　按各品种项下规定的方法配制供试品溶液，在规定的波长处测定吸光度，并根据朗伯-比尔定律计算吸收系数，应符合规定范围。样品一般平行测定 2 份，同一台仪器测定的 2 份样品的相对平均偏差应不超过 0.5%，否则应重新测定。

示例 2-4：甲氧苄啶吸收系数。

取本品，精密称定，加稀醋酸溶解并定量稀释制成每毫升中约含 100μg 的溶液，再加水定量稀释制成每毫升中约含 20μg 的溶液。按照紫外-可见分光光度法测定，在 271nm 的波长处测定吸光度，吸收系数（$E_{1cm}^{1\%}$）为 198～210mL/（g·cm）。

2. 对比吸光度的比值

对于不止一个吸收峰的化合物，可以采用在不同吸收峰处测得的吸光度的比值作为鉴别的依据。

示例 2-5：维生素 B_{12} 的鉴别。

取本品，精密称定，加水溶解并定量稀释制成每毫升中约含 25μg 的溶液，按照紫外-可见分光光度法测定，在 278nm、361nm 与 550nm 波长处有最大吸收。361nm 波长处的吸光度与 278nm 波长处的吸光度的比值应为 1.70～1.88。361nm 波长处的吸光度与 550nm 波长处的吸光度的比值应为 3.15～3.45。

3. 对比吸收光谱的一致性

根据特征吸收数据和吸光度的比值进行定性分析时，不能发现吸收光谱曲线中其他部分的区别，比如峰的宽窄、形态等。必要时，可以将样品与已知标准物质配制成相同浓度的溶液，在同一条件下分别描绘吸收光谱曲线，从峰位、峰强、峰形等多方面进行对比，核对吸收光谱的一致性。也可以描绘样品的吸收光谱曲线，与文献等收载的标准图谱进行对比。只有在光谱曲线完全一致的情况下才有可能是同一物质，如果吸收光谱曲线存在明显差异，则样品与标准物质不是同种物质。

二、纯度检查

可以根据化合物与杂质在紫外-可见光区吸收性质上的差异，利用紫外-可见分光光度法检查化合物中杂质的有无或限度。

1. 杂质有无

如果化合物在紫外-可见光区的某一波长下没有明显吸收，而所含有的杂质在该波长下有较强的吸收，那么含有少量杂质就可用光谱检查出来。例如，环己烷、乙醇中若含有少量杂质苯，苯在 256nm 波长处有吸收，而环己烷、乙醇在此波长下无吸收，只要乙醇中含苯量不低于 10μg/g，就能用紫外-可见分光光度法检出。

如果化合物在紫外-可见光区的某一波长下有较强的吸收，而含有的杂质在该波长下无吸收或吸收很小，那么杂质的存在就会使得样品溶液在该波长处的吸光度降低；若含有的杂质在该波长下有很强的吸收,那么杂质的存在就会使样品溶液在该波长处的吸光度增大,这些都可以作为化合物中检查杂质是否存在的方法。

2.杂质的限量检查

化合物中存在杂质,在纯度要求上常常会控制其中杂质允许存在的最大量,称之为杂质限量。对化合物中的杂质进行限量检查,以判断是否超出限量。通常选择测定化合物中存在的杂质的吸光度,具体要求:一定浓度的供试品溶液在规定波长处测定的吸光度不得超过某定值,来控制其中杂质在一定限量范围之内。

示例2-6:肾上腺素的酮体检查。

取本品,加盐酸溶液(9→2000)制成每毫升中含2.0mg的溶液,按照紫外-可见分光光度法,在310nm的波长处测定,吸光度不得过0.05。

课堂互动

在310nm处产生吸收的是肾上腺素还是酮体杂质?

三、定量分析

根据朗伯-比尔定律,物质在一定波长下的吸光度与浓度之间有线性关系。定量分析就是利用紫外-可见分光光度计测定吸光度,再根据朗伯-比尔定律进行数据处理。本节内容主要讨论根据物质对光的吸收强度与溶液浓度成正比来进行单组分溶液的分析。

1.吸收系数法

将化合物样品加入溶剂配制供试品溶液,在规定波长下测定吸光度,根据该样品在规定条件下给出的吸收系数计算被测物质的浓度或含量。采用吸收系数法应对仪器进行校正后测定。

$$c = \frac{A}{E_{1cm}^{1\%}L} \qquad (2\text{-}7)$$

式中　$E_{1cm}^{1\%}$——百分吸收系数;

　　A——吸光度;

　　L——光路长度;

　　c——被测物质的浓度,g/100mL。

在实际应用时,可以进行简单换算后得到式(2-8):

$$c = \frac{A \times 1\%}{E_{1cm}^{1\%}L} \qquad (2\text{-}8)$$

利用式(2-8)计算出来的浓度的单位为g/mL,在应用上更为方便。

当用1cm吸收池时,计算式可简化为式(2-9):

$$c = \frac{A \times 1\%}{E_{1cm}^{1\%}} \qquad (2\text{-}9)$$

示例2-7:称得对乙酰氨基酚($C_8H_9NO_2$)0.04100g,按质量标准规定用适当溶剂配成250mL溶液,再取5mL稀释为100mL(稀释倍数用D表示),用紫外-可见分光光度计进行测定。稀释液用1cm的吸收池,在257nm波长处的吸光度为0.580,按$C_8H_9NO_2$的吸收系数($E_{1cm}^{1\%}$)为715mL/(g·cm)计算其含量。

解：

$$对乙酰氨基酚的含量 = \frac{\dfrac{A \times 1\%}{E_{1cm}^{1\%}}DV}{m_s} \times 100\%$$

$$= \frac{\dfrac{0.580 \times 1\%}{715} \times \dfrac{100}{5} \times 250}{0.04100} \times 100\%$$

$$= 98.93\%$$

若单独计算浓度，则为：

$$c = \frac{A \times 1\%}{E_{1cm}^{1\%}}$$

$$= \frac{0.580 \times 1\%}{715}$$

$$= 8.112 \times 10^{-6}(\text{g/mL})$$

> ——— 课堂互动 ———
>
> 维生素 B_{12} 配成水溶液，置于 1cm 吸收池中，在 361nm 波长处测得吸光度为 0.612，已知维生素 B_{12} 在该波长下的吸收系数（$E_{1cm}^{1\%}$）为 207mL/（g·cm），求该溶液的浓度。

2. 对照法

又称为对照品比较法，在相同条件下配制供试品溶液和对照品溶液，在规定波长处分别测定供试品溶液和对照品溶液的吸光度，因为是同种物质采用同一仪器在相同波长下进行测定，所以吸收系数相同，则有

$$\frac{A_X}{A_R} = \frac{c_X}{c_R} \tag{2-10}$$

式中　A_X——供试品溶液的吸光度；

　　　A_R——对照品溶液的吸光度；

　　　c_X——供试品溶液的浓度；

　　　c_R——对照品溶液的浓度。

其中，吸光度的值是通过仪器测得的，对照品因为是标准物质，其浓度可以根据配制过程计算得到，只有一个未知量 c_X，可以将式（2-10）进行转换得到式（2-11），计算供试品溶液的浓度：

$$c_X = c_R \frac{A_X}{A_R} \tag{2-11}$$

对照法可以消除仪器不同产生的误差，但是必须有标准物质作为对照，标准物质一般由国家有关部门提供。为了减小误差，一般要求供试品溶液和对照品溶液浓度相互接近。

示例 2-8：维生素 B_{12} 注射液的测定。精密量取该注射液 2.50mL，加水稀释至 10.00mL，作为供试品溶液；另精密称取维生素 B_{12} 对照品 0.02500g，加水溶解稀释成 1000mL 作为对照品溶液，将这两种溶液分别置于 1cm 吸收池中，在 361nm 波长处测得吸光度为 0.509 和 0.518，求该注射液的浓度。

解：

$$c_{\text{注射液}} = c_R \frac{A_X}{A_R} \times \frac{10.00}{2.50}$$

$$= \frac{0.02500}{1000} \times \frac{0.509}{0.518} \times \frac{10.00}{2.50}$$

$$= 9.826 \times 10^{-5}(\text{g/mL})$$

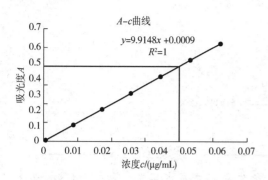

图 2-30　标准曲线法求样品溶液浓度

3.标准曲线法

标准曲线法又称为校正曲线法、工作曲线法。用标准物质配制一系列不同浓度的标准溶液，以不含被测组分的空白溶液作为参比，在相同条件下测定系列标准溶液的吸光度,绘制吸光度-浓度曲线,如图 2-30 所示,此曲线称为标准曲线或工作曲线。

得到标准曲线后,再在相同条件下测定样品溶液的吸光度,从标准曲线上找到与其吸光度对应的浓度,此浓度就是样品溶液的浓度。

标准曲线法求样品溶液浓度中需要注意以下事项:

① 建立标准曲线时,要确保标准溶液符合朗伯-比尔定律的浓度线性范围,只有在线性范围之内的测量数据才准确可靠。朗伯-比尔定律通常只适用于物质的稀溶液,在高浓度下,吸光粒子相互靠近,会影响单个粒子的吸光能力,导致该定律的偏移。一般溶液浓度的范围以该溶液测得的吸光度在 0.2~0.8 之间,线性范围较好。

② 系列标准溶液的浓度范围应该包含样品溶液浓度的可能范围。

③ 可以利用计算机对 $A\text{-}c$ 曲线进行处理,得到该直线的回归方程,将样品溶液的吸光度代入方程,即可求得样品溶液的浓度。

示例 2-9:配制一系列浓度的标准溶液:0.00μg/mL、0.02μg/mL、0.04μg/mL、0.08μg/mL、0.12μg/mL、0.16μg/mL、0.20μg/mL,分别测得吸光度为 0.000、0.065、0.128、0.258、0.391、0.519、0.648,供试品溶液测得吸光度为 0.456,请绘制标准曲线并求出供试品溶液的浓度。

解:利用电脑 Excel 表格功能进行作图,得到回归方程如下:

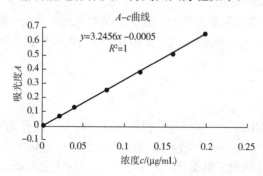

从图中可以得到 $A = 3.2456c - 0.0005$。

当 $A = 0.456$ 时

$c = (0.456 + 0.0005) \div 3.2456$

$= 0.1407$（μg/mL）

有些组分自身在紫外-可见光区的吸收较弱甚至没有吸收,或者其最大吸收波长处的吸收受到外界的干扰时,可以加入适当的试剂与待测组分发生反应,生成有色物质或颜色加深,在紫外-可见光区有特征吸收,通过测定反应产物的吸光度,间接求出组分的含量,这种方法称为比色法。因为加入试剂的目的是显色,所以加入的试剂称为显色剂,该反应称为显色反应。分析中常常根据所加入试剂的不同来细分比色法,比如酸性染料比色法、四氮唑盐比色法、茚三酮比色法等。

示例 2-10：酸性染料比色法测定硫酸阿托品注射液的含量。

精密量取本品适量（约相当于硫酸阿托品 2.5mg），置于 50mL 容量瓶中，用水稀释至刻度，摇匀，作为供试品溶液；另取硫酸阿托品对照品约 25mg，精密称定，置于 25mL 容量瓶中，加水溶解并稀释至刻度，摇匀，精密量取 5mL，置于 100mL 容量瓶中，用水稀释至刻度，摇匀，作为对照品溶液。精密量取供试品溶液与对照品溶液各 2mL，分别置于预先精密加入三氯甲烷 10mL 的分液漏斗中，各加溴甲酚绿溶液（取溴甲酚绿 50mg 与邻苯二甲酸氢钾 1.021g，加 0.2mol/L 氢氧化钠溶液 6.0mL 使其溶解，再用水稀释至 100mL，摇匀，必要时滤过）2.0mL，振摇提取 1min 后，静置使其分层，分别取澄清的三氯甲烷液，按照紫外-可见分光光度法，在 420nm 的波长处分别测定吸光度，计算，并将结果乘以 1.027，即得。

【本章小结】

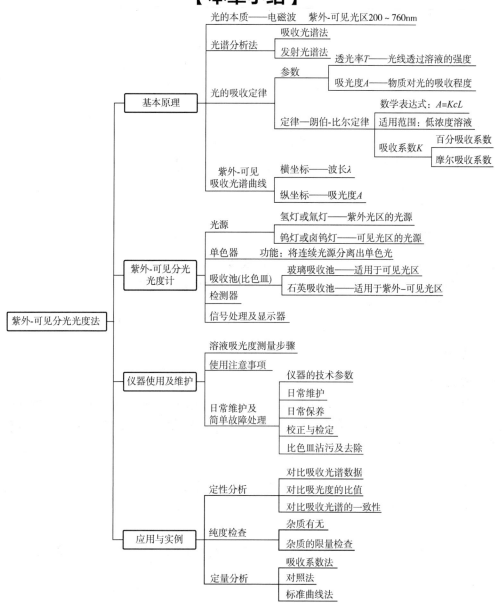

【实践项目】

实训2-1　布洛芬的紫外-可见分光光度法鉴别

一、实训目的

1. 学会吸收曲线的绘制，了解分光光度法的基本原理。
2. 掌握布洛芬的紫外-可见分光光度法的鉴别方法。
3. 学会分光光度计的正确使用，了解其工作原理。

二、基本原理

1. 紫外吸收

布洛芬分子中有苯环共轭结构，在265nm与273nm的波长处有最大吸收，在245nm与271nm的波长处有最小吸收，在259nm的波长处有一肩峰。可以用紫外-可见分光光度法进行分析。

2. 鉴别原理

本实验采用对比最大吸收波长、最小吸收波长等特征吸收数据的一致性。按布洛芬质量标准，将供试品用规定的溶剂配成一定浓度的供试液，按照紫外-可见分光光度法，测定其最大吸收波长和最小吸收波长、肩峰波长，然后与质量标准中规定的波长对比，如果在规定范围内，表示该项鉴别符合规定。

三、仪器与试剂

仪器：分析天平（感量0.1mg）、烧杯、玻璃棒、容量瓶（100mL、50mL）、量筒、胶头滴管、漏斗、滤纸、移液管（5mL）、紫外-可见分光光度计。

试剂：0.4%氢氧化钠溶液，布洛芬。

0.4%氢氧化钠溶液：取氢氧化钠0.4g，加水溶解成100mL，即得。

四、操作步骤

1. 供试液的配制

取布洛芬约0.25g，精密称定，置于100mL容量瓶中，加0.4%氢氧化钠溶液溶解并稀释至刻度，摇匀；过滤，精密量取滤液5mL，置于50mL容量瓶中，加0.4%氢氧化钠溶液溶解并稀释至刻度，摇匀即得（每毫升中约含0.25mg的溶液）。

2. 描绘光谱图

以0.4%氢氧化钠溶液为空白溶液，按照紫外-可见分光光度计操作规程或使用说明书进行操作，扫描、记录光谱图。

3. 对比特征吸收

在光谱图上找到最大吸收、最小吸收、肩峰吸收处的波长，与标准值进行对比。

五、检验记录及报告

记录：品名＿＿＿＿＿＿＿＿，批号＿＿＿＿＿＿＿＿，规格＿＿＿＿＿＿

来源＿＿＿＿＿＿＿＿＿＿＿＿＿＿＿＿，取样质量＿＿＿＿＿＿

分光光度计型号＿＿＿＿＿＿＿＿＿＿＿＿，吸收池厚＿＿＿＿＿

最大吸收波长＿＿＿＿＿＿，最小吸收波长＿＿＿＿＿＿，肩峰＿＿＿＿＿

或附图：

结论：

或者用表格形式

（示例）

×××厂检验记录

编号：20200511

品名	布洛芬	批号	20200418	批量	10kg
规格	1000g/包	来源	×××厂	取样日期	2020 年 5 月 12 日
检验项目	鉴别	效期	3 年	报告日期	2020 年 5 月 14 日
检验依据					

【鉴别】

　　布洛芬 0.2512g，置于 100mL 容量瓶中，加 0.4%氢氧化钠溶液溶解并稀释至刻度，摇匀；过滤，精密量取滤液 5mL，置于 50mL 容量瓶中，加 0.4%氢氧化钠溶液稀释至刻度，摇匀即得（每毫升中约含 0.25mg 的溶液）。

　　以 0.4%氢氧化钠溶液为空白，按照紫外-可见分光光度法测定，记录光谱图（附图）。

　　结果：最大吸收波长为 265nm，273nm；最小吸收波长为 245nm，271nm；肩峰波长为 259nm；与标准值都相符。

　　结论：符合规定。

检验员：　　　　　　　　　　　　　　　复核员：

六、思考与讨论

1. 本实验中对吸收池有何要求？

2. 使用吸收池时需要注意哪些事项？

七、学习效果评价

技能评分

测试项目	分项测试指标	技术要求	分值	得分
准备工作	溶液的配制	会查阅配制方法，设计配制方案 试剂规格选择恰当	15 5	

续表

测试项目	分项测试指标	技术要求	分值	得分
实训操作	各类仪器的操作	天平的使用应符合要求	15	
		移液管的使用应符合要求	10	
		容量瓶的使用应符合要求	10	
		吸收池洗涤装液应符合要求	10	
		紫外-可见分光光度计操作规范	20	
数据记录与分析	检验记录	随时记录并符合要求	5	
	数据分析及结论	正确处理检测数据	5	
		结论正确	5	

实训2-2 紫外-可见分光光度法测定高锰酸钾含量

一、实训目的

1. 熟悉紫外-可见分光光度计的使用方法。
2. 学会紫外吸收光谱标准曲线（工作曲线）绘制方法。
3. 学会运用标准曲线法处理实验数据。

二、基本原理

根据朗伯-比尔定律 $A = KcL$，当入射光波长 λ 及光路长度 L 一定时，在一定浓度范围内，有色物质的吸光度 A 与该物质的浓度 c 成正比。绘制以吸光度 A 为纵坐标、浓度 c 为横坐标的标准曲线后，只要测出供试液的吸光度，就可以从标准曲线查得对应的浓度值，即供试液的浓度。也可应用相关的回归分析软件，将数据输入电脑，得到吸光度 A 与浓度 c 的回归方程，将供试液的吸光度代入回归方程，即可求得供试液的浓度。

三、仪器与试剂

仪器：分析天平（感量 0.1mg）、烧杯、玻璃棒、容量瓶（1000mL、25mL）、量筒、胶头滴管、刻度吸管（5mL）、移液管（5mL）、紫外-可见分光光度计。

试剂：高锰酸钾（$KMnO_4$）、纯化水。

四、操作步骤

1. 标准溶液的配制

准确称取基准高锰酸钾 0.125g（范围 0.1246～0.1254g），在小烧杯中溶解后，定量移入 1000mL 容量瓶中，用纯化水稀释至刻度，摇匀，则此溶液每毫升含高锰酸钾 0.125mg。

2. 系列标准溶液的配制

取 6 只 25mL 的容量瓶，编号为 0～5 号，分别精密加入 $KMnO_4$ 标准溶液 0.00mL、1.00mL、2.00mL、3.00mL、4.00mL 和 5.00mL，用纯化水稀释至刻度线，摇匀。

3.绘制标准曲线

以纯化水为参比溶液，在 525nm 波长处，依次测定 0～5 号标准溶液的吸光度 A，记录。以浓度为横坐标、吸光度为纵坐标绘制标准曲线。

4.样品溶液的稀释与测定

取 2 只 25mL 容量瓶，分别准确移取 5.00mL 样品溶液置于容量瓶中，用纯化水稀释至刻度，摇匀即得供试液 1、供试液 2。以纯化水为参比溶液，在 525nm 波长处分别测定吸光度 A，记录。

五、检验记录及报告

系列标准溶液：

项目	0	1	2	3	4	5
浓度/（μg/mL）	0.0	5.0	10.0	15.0	20.0	25.0
吸光度 A						

供试液：

项目	供试液 1	供试液 2
吸光度 A		
浓度/（μg/mL）		

绘制标准曲线（利用计算机进行处理，并得出回归方程）：

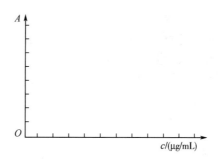

数据处理：

结论：样品溶液的浓度为

检验员：　　　　　　　　　　　　　　　　　　　　复核员：

六、思考与讨论

1.标准曲线和吸收曲线有什么不同？

2. 标准曲线法用于测定物质含量时应该注意哪些事项？

七、学习效果评价

技能评分

测试项目	分项测试指标	技术要求	分值	得分
准备工作	溶液的配制	仪器、试剂规格选择恰当	5	
实训操作	各类仪器的操作	天平的使用应符合要求	15	
		移液管的使用应符合要求	10	
		容量瓶的使用应符合要求	10	
		吸收池洗涤装液应符合要求	10	
		紫外-可见分光光度计操作规范	20	
数据记录与分析	检验记录	随时记录并符合要求	5	
	数据分析及结论	标准曲线绘制正确	10	
		样品溶液浓度计算正确	10	
		结论正确	5	

实训2-3　邻二氮菲显色法测定自来水中铁的含量

一、实训目的

1. 掌握物质的紫外-可见光谱曲线的绘制，巩固紫外-可见分光光度法的原理。
2. 掌握显色后用紫外-可见分光光度法测定物质含量的方法。
3. 学会运用标准曲线法处理实验数据。
4. 巩固紫外-可见分光光度计的正确使用方法，了解分光光度计的维护常识。

二、基本原理

1. 显色原理

自来水中含有微量铁，在紫外-可见光区的吸收较弱甚至没有吸收，加入适当的试剂（显色剂有邻二氮菲及其衍生物、磺基水杨酸、硫氰酸盐等），与微量铁发生反应，本实训内容选择邻二氮菲（又称邻菲罗啉），在 pH 2～9 的溶液中，Fe^{2+} 与邻二氮菲（phen）生成稳定的橘红色配合物 $[Fe(phen)_3]^{2+}$，此配合物对可见光有吸收，摩尔吸光系数为 $\varepsilon = 1.1 \times 10^4\ \text{L/(mol·cm)}$，吸光程度与溶液的酸度无关且稳定。测定配合物的吸光度就可以间接测定铁含量。

三价铁离子 Fe^{3+} 与邻二氮菲（phen）也可以生成配合物，呈淡蓝色，但稳定性不如亚铁离子所产生的配合物，因此在实际应用中，在加入显色剂之前，应用盐酸羟胺（$NH_2OH \cdot HCl$）将 Fe^{3+} 还原为 Fe^{2+}。

$$2Fe^{3+} + 2NH_2OH \cdot HCl \longrightarrow 2Fe^{2+} + N_2 + 2H_2O + 4H^+ + 2Cl^-$$

此方法选择性高、灵敏度高、稳定性好、干扰少。

2. 标准曲线法求含量原理

根据朗伯-比尔定律 $A = KcL$，当入射光波长 λ 及光路长度 L 一定时，在一定浓度范围内，有色物质的吸光度 A 与该物质的浓度 c 成正比。绘制以吸光度 A 为纵坐标、浓度 c 为横坐标的标准曲线后，只要测出供试液的吸光度，就可以从标准曲线查得对应的浓度值，即供试液的浓度。也可应用相关的回归分析软件，将数据输入电脑，得到吸光度 A 与浓度 c 的回归方程，将供试液的吸光度代入回归方程，即可求得供试液的浓度。

三、仪器与试剂

仪器：分析天平（感量 0.1mg）、烧杯、玻璃棒、容量瓶（50mL）、量筒、胶头滴管、刻度吸管（10mL）、移液管（10mL）、紫外-可见分光光度计。

试剂：标准铁溶液（10μg/mL）、0.15%邻二氮菲溶液，10%盐酸羟胺溶液（临用前配制）、1.0mol/L 醋酸钠溶液、纯化水。

标准铁溶液（10μg/mL）：称取硫酸铁铵[$NH_4Fe(SO_4)_2 \cdot 12H_2O$]0.863g，置于 1000mL 容量瓶中，加水溶解后，加硫酸 2.5mL，用水稀释至刻度，摇匀，作为贮备液。

临用前，精密量取贮备液 10mL，置于 100mL 容量瓶中，加水稀释至刻度，即得（每毫升相当于 10μg 的 Fe）。

四、操作步骤

1. 系列标准溶液的配制

取 7 个 50mL 容量瓶，编号 1～7 号，用刻度吸管分别移取标准铁溶液 0.00mL、1.00mL、2.00mL、4.00mL、6.00mL、8.00mL、10.00mL，分别置于各容量瓶中，分别加入 10%盐酸羟胺溶液 1mL、1.0mol/L 醋酸钠溶液 5mL、0.15%邻二氮菲溶液 2mL，用纯化水稀释至刻度，摇匀。

2. 样品溶液的配制

取两只 50mL 容量瓶，分别准确移取 10.00mL 自来水（样品）置于 50mL 容量瓶中，与系列标准溶液进行平行操作显色。

3. 吸收曲线的绘制

选用 1cm 吸收池，以 1 号溶液为空白，取 5 号容量瓶溶液，按照紫外-可见分光光度计操作规程或使用说明书进行扫描，记录光谱图（吸收曲线）。在光谱图中选择最大吸收波长。

4. 标准曲线的绘制

选用 1cm 吸收池，以 1 号溶液为空白，在最大吸收波长处，依次测定 1～7 号系列标准溶液的吸光度 A，记录。绘制标准曲线，得回归方程。

5. 样品液的测定

选用 1cm 吸收池，以 1 号溶液为空白，在最大吸收波长处，测定样品溶液的吸光度 A，记录。（此步操作与系列标准溶液的显色、测定同时进行）

五、检验记录及报告

记录：分光光度计型号_____，吸收池厚_____
最大吸收波长_____
或附图：

系列标准溶液：

项目	1	2	3	4	5	6	7
吸取体积	0.00	1.00	2.00	4.00	6.00	8.00	10.00
浓度/（μg/mL）	0.00	0.20	0.40	0.80	1.20	1.60	2.00
吸光度 A							

样品溶液：

项目	样品1	样品2
吸光度 A		
浓度/（μg/mL）		

绘制标准曲线（利用计算机进行处理，并得出回归方程）：

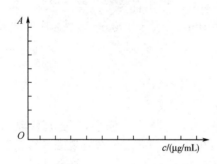

数据处理：

结论：自来水中铁的浓度为

检验员：　　　　　　　　　　　　　　　　　　复核员：

六、思考与讨论

1. 本实验中哪些试剂应准确加入，哪些不必严格准确加入？为什么？

2. 加入盐酸羟胺的目的是什么？

3.空白溶液为什么用 1 号标准溶液，不用纯化水？

4.思考一下，在结束工作中用到了哪些仪器维护的知识？

七、学习效果评价

技能评分

测试项目	分项测试指标	技术要求	分值	得分
准备工作	溶液的配制	会查阅配制方法，设计配制方案	15	
		试剂规格选择恰当	5	
实训操作	各类仪器的操作	天平的使用应符合要求	15	
		移液管的使用应符合要求	10	
		容量瓶的使用应符合要求	10	
		吸收池洗涤装液应符合要求	10	
		紫外-可见分光光度计操作规范	20	
数据记录与分析	检验记录	随时记录并符合要求	5	
	数据分析及结论	正确处理检测数据	5	
		结论正确	5	

【目标检验】

一、填空

1.吸光度用符号_____表示，透光率用符号_____表示，吸光度与透光率的数学关系式是_____。

2.紫外-可见分光光度计的种类、型号很多，其基本结构主要由_____、_____、_____、_____、_____部件组成。

3.在有机化合物中，由于取代基的变更或溶剂的改变，使得化合物吸收带的最大吸收波长发生移动，向长波方向移动称为_____，向短波方向移动称为_____。

4.物质的吸收光谱是以_____为横坐标，以_____为纵坐标作图得到的曲线；而标准曲线（工作曲线）则是以_____为横坐标，以_____为纵坐标作图得到的曲线。

5.单色光是指_____，λ_{max} 是指_____，λ_{min} 是指_____，含量测定时一般选择_____波长处进行测量。

二、选择（请根据题目选择最佳答案）

1.用于衡量物质吸光能力的参数是（　　）。

A.吸光度　　　　　　　　　　B.摩尔吸光系数

C.透光度　　　　　　　　　　D.桑得尔系数

2.吸光度与透光率的关系用数学式子表达，正确的是（　　）。

A. $A = T/M$

B. $A = -\lg T$

C. $A = TM$

D. $A = \lg T$

3. 下列不是紫外-可见分光光度计的组成部分的是（　　　）。

A. 光源

B. 吸收池

C. 光栅

D. 分离柱

4. 紫外-可见分光光度计在可见光区所采用的光源通常为（　　　）。

A. 氘灯

B. 氢灯

C. 钨灯

D. 荧光灯

5. 符合光的吸收定律的溶液稀释时，其最大吸收峰波长位置（　　　）。

A. 向长波移动

B. 向短波移动

C. 不移动

6. 光学分析法中，使用到电磁波谱，其中可见光的波长范围为（　　　）。

A. 10～400nm

B. 400～760nm

C. 0.75～2.5μm

D. 0.1～100cm

7. 紫外-可见分光光度法测定的波长范围是（　　　）。

A. 200～760nm

B. 400～760nm

C. 760～1000nm

D. 1000～1200nm

8. 在紫外-可见分光光度法分析中，透光强度（I_t）与入射强度（I_0）之比称为（　　　）。

A. 吸光度

B. 透光率

C. 吸光系数

D. 光密度

9. 透光率是100%时，吸光度 A 应为（　　　）。

A. 1

B. 0

C. 0.1

D. 10

10. 若待测试液在测定波长处有吸收，而显色剂等无吸收，则可用（　　　）作参比。

A. 纯水

B. 自来水

C. 试剂空白

D. 无水乙醇

三、简答

1. 简述紫外-可见分光光度计的主要部件及其作用。

2. 简述朗伯-比尔定律。

3. 测量吸光度时为什么要做空白校正？什么是空白？

四、计算

1. 精密称得维生素 B_1 纯品 0.1253g，先配成 100mL 溶液，再从该溶液中精密量取 1mL，置于 100mL 容量瓶中，加溶剂稀释至刻度后，在 246nm 波长处测得吸光度为 0.526，试求其百分吸收系数。

2. 有一浓度为 1.55×10^{-4} mol/L 的高锰酸钾溶液在 525nm 的摩尔吸收系数为 3200L/（mol·cm），当吸收池的厚度为 1cm 时，计算其吸光度为多少？

3. 称得对乙酰氨基酚 0.04112g，按规定用溶剂配成 250mL 溶液，再取 5mL 稀释为 100mL，用紫外-可见分光光度计进行测定。稀释液用 1cm 的吸收池，在 257nm 波长处的吸光度为 0.581，按百分吸收系数（$E_{1cm}^{1\%}$）715mL/（g·cm）计算，求样品的含量。

4. 维生素 B_{12} 样品 0.2512g，按规定用溶剂配成 100mL 溶液，再取 1mL 稀释为 100mL，用紫外-可见分光光度计进行测定。稀释液用 1cm 的吸收池，在 361nm 波长处的吸光度为 0.485，按百分吸收系数（$E_{1cm}^{1\%}$）207mL/（g·cm）计算，求样品的含量。

5. 精密称得高锰酸钾纯品0.2037g置于100mL容量瓶中，加水溶解至刻度，摇匀；精密量取2mL，置于100mL容量瓶中用水稀释至刻度，稀释液用1cm的吸收池，在525nm波长处的吸光度为0.405。另取高锰酸钾样品0.2003g，同样的方法溶解稀释后测得吸光度为0.387，计算样品的含量。

第三章 荧光分析法

【学习目标】

知识目标：

阐述荧光分析法的基本原理；熟悉荧光分析法的定性和定量分析及应用。

能力目标：

能说出荧光分光光度计的构造和基本部件，会按照仪器使用说明书或标准操作规程操作荧光分光光度计；会进行荧光分光光度计的日常保养和维护。

16 世纪人们就观察到，当用紫外光和可见光照射某些物质时，这些物质就会发出不同颜色、不同强度的光，当照射停止时，物质的发光也随之消失，这种光称为荧光。

1852 年，Stokes 在考察奎宁和叶绿素的荧光时，用分光光度计观察到其荧光的波长比入射光的波长稍微长些，从而判断产生这种现象的原因是这些物质在吸收光能后重新发射出不同波长的光，由此导入了荧光是光发射的概念。荧光产生示意图如图 3-1 所示。

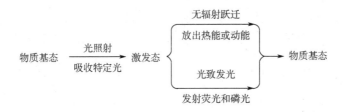

图 3-1　荧光产生

由于不同物质分子结构不同，所吸收的光波长及发射的荧光波长也不同，利用这些不同可以定性地鉴别物质；即使是同种物质，当浓度不同时，所发射的荧光强度也不同，利用这些特点可以进行定量分析。这类分析方法统称为荧光分析法，简称荧光法。

荧光法最主要的优点之一是灵敏度高，一般紫外-可见分光光度法的灵敏度为 10^{-7} g/mL，而荧光法的灵敏度可达到 $10^{-10} \sim 10^{-12}$ g/mL。对于有机化合物的分析，荧光法的选择性高于紫外-可见分光光度法（表 3-1）。

表 3-1　荧光法和紫外-可见分光光度法对比

项目	荧光法	紫外-可见分光光度法
本质	发射光谱	吸收光谱
灵敏度	$10^{-10} \sim 10^{-12} \text{g/mL}$	$10^{-5} \sim 10^{-7} \text{g/mL}$
选择性	高	一般

第一节　荧光分析基本原理

一、分子荧光光谱的产生

（一）分子中电子能级的多重性

每种物质分子中都具有一系列紧密相隔的能级，称为电子能级。物质受到光的照射后，吸收全部或者部分入射光的能量，能量传递给物质分子。由于物质吸收紫外线或可见光的光子的能量高，足以引起物质分子中的电子从低能级向较高能级的跃迁。处于这种激发状态下的分子，称为电子激发态分子。

电子激发态的多重态是一种电子的运动状态，用 $M = 2s+1$ 表示，s 为各电子自旋量子数的代数和，其值为 0 或 1。分子中同一轨道的两个电子必须具有相反的自旋方向。若分子中所有电子都是自旋配对的，则 $s = 0$，$M = 1$，该分子处于单重态，用 S 表示。大多数有机化合物分子的基态都处于单重态。

基态分子吸收能量后，电子在跃迁过程中若不发生自旋方向的变化，仍然是 $M = 1$，分子处于激发单重态，用 S^* 表示。若电子在跃迁过程中伴随自旋方向的变化，分子中便具有两个自旋不配对的电子，$s = 1$，$M = 3$，分子处于激发三重态，用 T_1^* 表示。S^* 与 T_1^* 的区别在于电子自旋方向不同，T_1^* 能级较 S^* 稍低一些（图 3-2）。

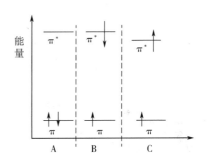

图 3-2　单重态和三重态电子分布
A—基态单重态（S）；B—激发单重态（S^*）；
C—激发三重态（T_1^*）

（二）荧光的产生

根据 Boltzmann 分布，分子在室温时基本处于电子能级的基态，当吸收了紫外光或可见光后，分子中的电子发生跃迁，此时处于激发态的分子是不稳定的，可通过辐射跃迁和非辐射跃迁的形式释放多余能量而返回基态。辐射跃迁主要涉及荧光、磷光发射；非辐射跃迁则是指以热的形式释放多余的能量，包括振动弛豫、内部能量转换、系间跨越、外部能量转换（见图 3-3）。

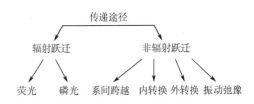

图 3-3　激发态分子能量释放途径示意图

当激发态分子经振动弛豫（从电子激发态的某一振动能级以非辐射跃迁的方式，回到同一

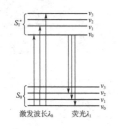

电子激发态的最低振动能级的过程）到达第一电子激发单重态的最低振动能级，以辐射的形式发射光量子，回到基态，发射的光量子即为荧光（图3-4）。荧光发射发生在激发单重态最低振动能级与基态之间，时间约为 $10^{-14} \sim 10^{-8}$s。经过系间跨越的分子在通过振动弛豫最后返回基态的各个振动能级发出的光辐射称为磷光。磷光的发射时间约在照射后的 $10^{-4} \sim 10$s。

图3-4　荧光发射示意

二、激发光谱与荧光光谱

由于荧光属于被激发后的发射光谱，因此它具有激发光谱和荧光光谱（也称发射光谱）两个特征，其能量转换过程如图3-5所示。

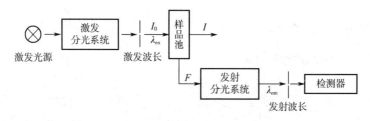

图3-5　能量转换示意图

1. 激发光谱

改变激发光波长，让不同波长的入射光激发荧光物质，让产生的荧光通过单色器分出某一固定波长的荧光，最终照射到检测器上，检测器检测该固定波长下的荧光强度。以激发光波长为横坐标、荧光强度为纵坐标作图，便可得到荧光物的激发光谱。

2. 荧光光谱

固定激发光波长与强度，照射荧光物质发出荧光，测定不同荧光波长下的荧光强度，以荧光波长为横坐标、荧光强度为纵坐标作图，便可得到荧光光谱。图3-6为硫酸奎宁的激发光谱及荧光光谱。

荧光物质的最大激发波长 $\lambda_{ex,max}$ 和最大荧光波长 $\lambda_{em,max}$ 是物质鉴定的依据，也是定量测定时最灵敏的光谱条件。

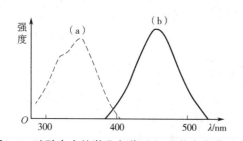

图3-6　硫酸奎宁的激发光谱（a）及荧光光谱（b）

从图3-6可以看出，硫酸奎宁的激发光谱与紫外吸收光谱相似，这是因为荧光物质吸收了这种波长的紫外线，才能发射荧光。吸收越强，发射荧光也越强。但紫外吸收光谱是测定物质对紫外光的吸光度，而荧光激发光谱是测定物质吸收紫外光后所发射的荧光强度，因此两种光谱不可能完全重叠。硫酸奎宁的激发光谱（或吸收光谱）有两个峰，而荧光光谱仅有一个峰。这是因为分子被激发后可跃迁到第一电子激发态（S）或第二电子激发态（S_2）。由于内部能量转换和振动弛豫，分子很快失去多余的能量而发生荧光的分子下降到第一电子激发态的最低振动能级，再发射光量子（即荧光）回到基态各个不同振动能级。所以荧光光谱只有一个峰。

如果将某一物质的激发光谱和它的荧光光谱进行比较,便可发现这两种光谱之间存在着密切的"镜像对称"关系。图3-7所表示的是室温下菲的乙醇溶液荧(磷)光光谱,图中可看出激发光谱与荧光光谱呈对称镜像关系。

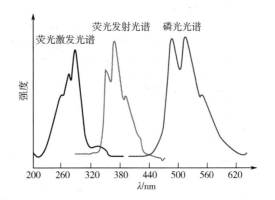

图3-7 室温下菲的乙醇溶液荧(磷)光光谱

三、荧光强度与浓度的关系

荧光是物质吸收光能之后发射出波长更长的辐射,因此,溶液的荧光强度与该溶液的吸光程度、溶液中荧光物质的荧光量子产率有关。当溶液中的荧光物质被入射光激发后,可以在溶液的各个方向观察到荧光强度,但由于激发光一部分被透过,故在透射光的方向观察荧光是不适宜的,一般是在与透射光垂直的方向观测。荧光强度与荧光物质浓度的关系为:

$$F = K'\varphi I_0 (1 - e^{-\varepsilon cl}) \tag{3-1}$$

式中　F——荧光强度;

　　　K'——比例常数;

　　　φ——荧光效率;

　　　I_0——激发光强度;

　　　ε——荧光物质的摩尔吸收系数;

　　　c——荧光物质浓度;

　　　l——荧光池厚度。

对于给定物质来说,当激发光的波长、强度、荧光池厚度一定时,上述关系可以简写为:

$$F = Kc \tag{3-2}$$

其中K指检测效率,为常数,仅与检测仪器相关。即物质在一定浓度范围内,其荧光强度与溶液中该物质的浓度成正比,可用于该物质的含量测定。在式(3-2)中,荧光强度与浓度之间的正比关系是在溶液浓度较低时才成立。浓度太高的溶液会发生"自熄灭"现象,导致荧光强度与浓度不成正比,故荧光分光光度法应在低浓度溶液中进行。

四、影响荧光强度的外部因素

(一)溶剂的影响

1.溶剂的极性

许多共轭芳香族化合物,激发时发生了$\pi \rightarrow \pi^*$跃迁,其激发态比基态具有更大的极性,随着溶剂极性增大,激发态比基态能量下降更多,荧光光谱向长波方向移动。

2.氢键

溶剂形成氢键的能力增大,荧光光谱向短波方向移动。

3.溶剂黏度

溶剂黏度的提高,减小激发态分子振动和转动的速率,降低与其他溶质分子的碰撞概率,有利于提高荧光或磷光的强度。

（二）温度的影响

温度上升，使激发态分子的振动弛豫和内转化作用加剧，增大了发光分子与溶剂分子碰撞失活的机会，导致溶液荧光和磷光的效率和强度下降。如荧光素钠的乙醇溶液，在 $0°C$ 以下，每降低 $10°C$，荧光效率 φ 增加 3%，在 $-80°C$ 时，φ 为 1。

（三）pH 值的影响

对酸碱性荧光物质，在不同溶液的 pH 下，荧光物质的存在形式不同，具有不同的荧光。如苯胺的分子具有蓝色荧光，苯胺的阴离子和阳离子都没有荧光。故苯胺在 pH 7~12 的溶液中呈现蓝色荧光，但在 pH<2 和 pH>13 的溶液中无荧光。

大多数含有酸性或碱性基团的化合物的荧光光谱，对溶液的 pH 值和氢键能力是非常敏感的，实验时应注意控制溶液的 pH 值，才能达到最好的灵敏度和准确度。

（四）散射光的影响

在荧光测定中，常常遇到散射光的干扰，主要是瑞利散射光和拉曼散射光。

当溶剂分子吸收了频率较低的光后，不足以使分子中的电子跃迁到激发态，而只是上升到基态中较高的振动能级上，并在极短时间内返回原来的能级，而释放出和激发光相同波长的光，称为瑞利散射光。瑞利散射光没有发生能量的交换，光子的频率未发生改变，仅仅是光子运动方向发生改变。

溶剂分子吸收了频率较低的光能而上升到基态中较高的振动能级后，返回稍高于或稍低于原来能级时产生的散射光，称为拉曼散射光。拉曼散射光光子运动方向发生改变的同时，光子把部分能量转移给物质分子或从物质分子获得部分能量，光子频率发生改变。拉曼散射光的波长比激发光的波长稍长或稍短，且随激发光的波长而改变。

散射光对荧光测定有干扰，尤其是波长比激发光波长稍长的拉曼光，因其波长与荧光接近，对荧光测定的干扰更大，必须加以消除。

例如，硫酸奎宁的含量测定，无论选择 320nm 或 350nm 为激发光，荧光峰总是在 448nm（图 3-8）。将空白试剂（0.1mol/L H_2SO_4 溶液）分别在 320nm 及 350nm 激发光照射下测定荧光光谱，当激发光波长为 320nm 时，瑞利光波长 320nm，拉曼光波长 360nm，对荧光测定无干扰；当激发光波长为 350nm 时，瑞利光波长 350nm，拉曼波长 400nm，波长 400nm 的拉曼光对 448nm 的荧光有干扰，因而影响测量结果。因此，硫酸奎宁的含量测定时将激发光选为 320nm，以消除 400nm 拉曼光对荧光测定结果的影响。

（五）荧光熄灭剂的影响

1. 荧光熄灭（荧光淬灭）

指荧光分子与溶剂分子或其他溶质分子相互作用引起荧光强度降低或消失的现象。

2. 荧光熄灭剂

指能与荧光物质分子发生相互作用而引起荧光强度下降的物质。常见的荧光熄灭剂有卤素离子、重金属离子、硝基化合物、重氮化合物、羰基化合物等。

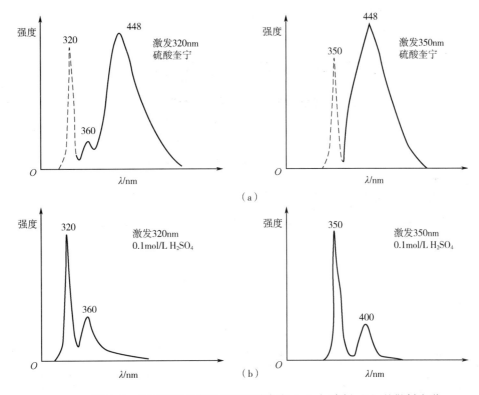

图 3-8 在不同波长激发光下硫酸奎宁（a）与溶剂（b）的散射光谱

3.荧光熄灭类型

引起荧光熄灭的原因很多，机理也很复杂。如碰撞熄灭，处于单重激发态的荧光分子与熄灭剂发生碰撞后，使激发态分子以无辐射跃迁方式返回基态，因而发生熄灭作用；生成化合物的熄灭（静态熄灭），有些荧光物质加入熄灭剂后，一部分荧光分子与熄灭剂分子生成了基态配合物，这种配合物本身不发光，故使荧光强度减弱；能量转移熄灭，熄灭剂与处于激发单重态的荧光分子作用后，发生能量转移，使熄灭剂得到激发等。

（六）自熄灭

当荧光物质浓度超过 1g/L 时，常发生荧光的自熄火现象，也称浓度熄灭。

第二节 荧光分光光度计

荧光分光光度计按单色器不同分为滤光片荧光分光光度计、滤光片-光栅荧光分光光度计和双光栅荧光分光光度计，目前应用较多的是双光栅荧光分光光度计。

荧光分光光度计作为一种商品，其类型有很多，但无论是哪种类型，其基本构造都由光源、激发单色器和发射单色器、样品室（吸收池）、检测器及数据记录系统（信号显示记录器）等组成，如图 3-9 所示。

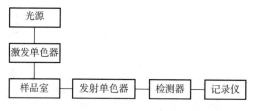

图 3-9　荧光分光光度计仪器方框示意

荧光分光光度计的示意图见图 3-10。

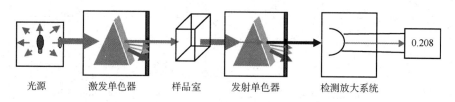

图 3-10　荧光分光光度计结构示意

一、光源

荧光分光光度计的光源强度大，常用的有氢灯、汞灯、氙灯及卤钨灯等。

汞灯产生强烈的线光谱，高压汞灯能发射 365nm、398nm、405nm、436nm、546nm、579nm、690nm 及 734nm 谱线，它主要供给近紫外光作为激发光源。低压汞灯发射的是线光谱，主要集中在紫外光区，其中最强的是 253.7nm。汞灯大都作滤光片荧光分光光度计的光源。

氙灯在紫外光区和可见光区能发射出强度较大的连续光谱（220～700nm），而且在 300～400nm 波段范围内，所有的射线强度几乎相等，是目前荧光分光光度计中应用最广泛的一种光源。

二、单色器

荧光分光光度计的单色器有两组，一组为激发单色器，位于光源和样品室之间，其作用是只让选定波长的激发光透过而照射到样品室上；另一组为发射单色器，位于样品室和检测器之间，其作用是滤去激发光的反射光、散射光和杂质发射的荧光，只让选定波长的荧光透过而照射到检测器上。

三、样品室

通常由样品架及样品池组成。样品池常用石英荧光比色皿，质地应较纯，不含荧光性杂质，常为方形或长方形，四面透明，应固定受光面标志。如需配对使用，可在样品池中装入硫酸奎宁溶液（1×10^{-6}g/mL），设置激发波长 350nm，发射波长 450nm，仪器示值调至 90%，选取各样品池荧光强度相差不大于 0.5%者，成对使用。

> **课堂互动**
>
> 紫外-可见分光光度计的吸收池与荧光分光光度计的样品池有什么异同？

四、检测器

检测器要求有较高的灵敏度。一般用光电管或者光电倍增管为检测器。

五、信号显示记录器

计算机光谱工作站，对数字信号进行采集、处理、显示，并对各系统进行自动控制。

第三节 荧光分光光度计的使用

一、仪器的性能检测

荧光分光光度计，各仪器厂商有其自定的技术指标。现行《荧光分光光度计试行检定规程》（JJG 537—2006），对其技术性能有多项具体规定，包括波长示值误差与重复性、检出极限、测量线性、荧光光谱峰值强度重复性和稳定度。

其中规定在仪器使用时对检出极限和荧光光谱峰值强度重复性两项指标进行检验，其计量要求如下。

1.检出极限

用硫酸奎宁标准溶液检查仪器的检出极限，应符合表 3-2 中的要求。在一台仪器上同时配置 A、B 两类单色器的，可参照 B 类单色器的指标。

表 3-2　荧光分光光度计检出极限要求

单色器类型	限度/（g/mL）
A 类单色器	5×10^{-5}
B 类单色器	1×10^{-8}

2.荧光光谱峰值强度重复性

仪器测量荧光光谱峰值的重复性应≤1.5%。

二、用具

荧光分光光度法因灵敏度高，影响因素也多，所用的玻璃仪器与样品池必须保持高度洁净，应无荧光物质污染。

三、试剂

水：必要时应使用重蒸馏水。

试剂：应使用较高纯度试剂，必要时应预处理以消除其中存在微量荧光物质或降低荧光强度的成分。如溶剂的干扰在待测波段及测定条件下的影响可以忽略，也可只进行简单的处理或事先做空白对照试验。

四、操作方法

1. 开机预热

开启仪器主机电源，打开计算机，观察氙灯、主机指示灯是否点亮。

2. 启动工作站

启动荧光光度计工作站，初始化仪器，预热 20～30min。

3. 设置仪器参数

仪器初始化完毕后，在工作界面上选择测量项目，设置适当的仪器参数。比如设置激发波长 440nm，发射波长 330nm，灵敏度 2，入射缝宽和出射缝宽均为 10nm。

4. 测定

将已经装入样品的四面擦净的石英荧光比色皿放入样品室内试样槽，盖好盖子。点击测试按钮，开始扫描。保存测定曲线，进行数据处理。

5. 关机

测定完毕，退出主程序，散热 20min 后，关闭主机，关闭计算机。

五、注意事项

（1）荧光分光光度计应平稳地放置于工作台上，无强光直射在仪器上，周围无强磁场、电场干扰，无振动、无强气流影响。实验前仪器应预热 20min。

（2）荧光分光光度法因灵敏度高，故应注意以下干扰因素：

① 溶剂不纯会带入较大误差，应先做空白检查，必要时，应使用玻璃磨口蒸馏器蒸馏后使用。

② 溶液中的悬浮物对光有散射作用，必要时，应使用垂熔玻璃滤器滤过或用离心法除去悬浮物。

③ 所用玻璃仪器应高度纯净，操作中注意防止荧光污染。

④ 所用的石英荧光比色皿质地应纯净，不含荧光性杂质，不可与其他仪器混用，使用前后应注意清洗并保持洁净。

⑤ 温度对荧光强度有较大影响。一般来说，大多数荧光物质随着温度降低其荧光强度增加。故测定时应控制温度一致，必要时，可使用恒温池以保持溶液温度恒定。

⑥ 溶液中的溶解氧有降低荧光的作用，必要时可在测定前通入惰性气体以除去氧。

⑦ 测定时需注意溶液的 pH 值和试剂的纯度对荧光强度的影响。

（3）有些易被光分解或弛豫时间较长的品种，为使仪器灵敏度定标准确，应避免激发光过度照射，即适当采用较小的入射狭缝，并尽可能缩短激发光照射时间。必要时可选择一种激发光和发射光波长与供试品近似而对光稳定的物质配成适当浓度的溶液，作为基准溶液。

第四节　应用与实例

一、定性分析

荧光物质的特征光谱包括激发光谱和荧光光谱两种，这两种光谱均可作为定性分析的手段，用以鉴定化合物。

按各品种项下的规定，选择标准物质作为对照，并配制对照品溶液、供试品溶液及空白溶液。选定激发光波长和荧光波长，描绘图谱，根据试样图谱、荧光峰波长，与标准品进行比较、定性。

二、定量分析

（一）标准曲线法

取一定量的对照品，按照供试品相同方法处理后，配制成一系列对照品溶液，测定对照品系列溶液的荧光强度和相应空白溶液的荧光强度；扣除空白值后，以荧光强度为纵坐标、对照品系列溶液的浓度为横坐标绘制标准曲线（图3-11），得出回归方程。然后将处理后的供试品溶液，在相同条件下测定荧光强度，扣除空白值后，利用回归方程求出试样的含量。

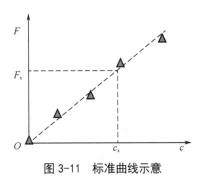

图 3-11　标准曲线示意

（二）对照品比较法

如果标准曲线过零点，可用对照品比较法测定。

配制一标准溶液，使其浓度在线性范围内，测定荧光强度 F_s，然后在同样条件下测定试样溶液的荧光强度 F_x。由标准溶液的浓度 c_s 按式（3-3）可求得试样中荧光物质的浓度 c_x 或含量。

$$\frac{F_x}{F_s} = \frac{c_x}{c_s} \tag{3-3}$$

若空白溶液的荧光强度调不到 0，则 F_s 及 F_x 值要扣除空白溶液的荧光强度 F_0 后，按式（3-4）计算。

$$\frac{F_x - F_0}{F_s - F_0} = \frac{c_x}{c_s} \tag{3-4}$$

对照品和样品溶液的浓度要尽可能接近，以减小误差。

例：用荧光分析法测定食品中维生素 B_2 的含量。称取 2.00g 食品，用 10.0mL 三氯甲烷萃取（萃取率100%），取上清液 2.00mL，再用三氯甲烷稀释为 10.0mL。维生素 B_2 的三氯甲烷标准溶液浓度为 0.100μg/mL。测得空白溶液、标准溶液和样品溶液的荧光强度分别为 $F_0 = 1.5$、$F_s = 69.5$、$F_x = 61.5$，求该食品中维生素 B_2 的含量（μg/g）。

解：由 $\dfrac{F_x - F_0}{F_s - F_0} = \dfrac{c_x}{c_s}$，将 $F_0 = 1.5$、$F_s = 69.5$、$F_x = 61.5$、$c_s = 0.100$μg/mL 代入公式得

$c_x = 0.088$μg/mL

则食品中维生素B_2的含量 $= \dfrac{0.088 \times 10.0 \times \dfrac{10.0}{2.00}}{2.00}$ μg/g $= 2.2$μg/g。

【本章小结】

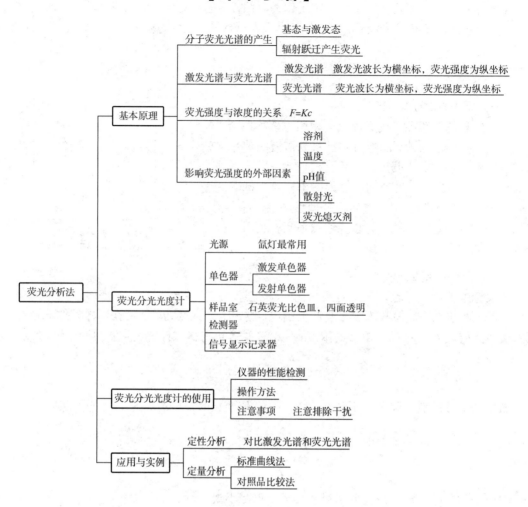

【实践项目】

实训3-1　荧光光度法测定维生素B₂的含量

一、实训目的

1. 了解荧光分光光度法测定维生素 B_2 的分析原理；
2. 学会荧光分光光度计的操作方法；
3. 掌握荧光分光光度法测定维生素 B_2 的方法。

二、基本原理

维生素 B_2（又叫核黄素）是橘黄色无臭的针状结晶，其结构式如图 3-12 所示。

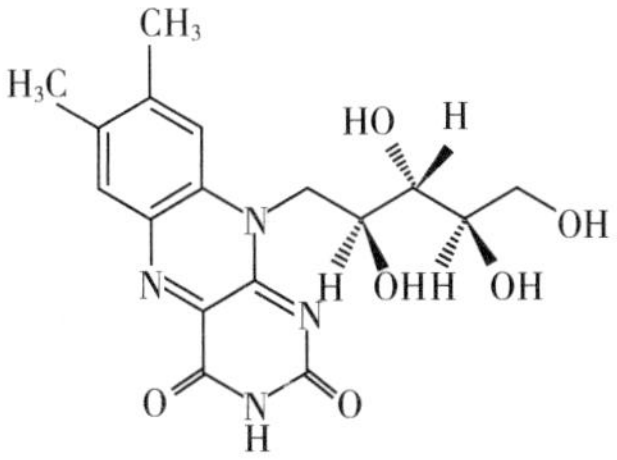

图 3-12　维生素 B_2 的结构式

维生素 B_2 易溶于水而不溶于乙醚等有机溶剂，在中性或酸性溶液中稳定，光照易分解，对热稳定。维生素 B_2 溶液在 $430\sim440nm$ 蓝光的照射下，发出绿色荧光，荧光峰在 $535nm$。维生素 B_2 在 $pH=6\sim7$ 的溶液中荧光强度最大，在 $pH=11$ 的碱性溶液中荧光消失，所以可以用荧光光度法测维生素 B_2 的含量。

多维葡萄糖中含有维生素 B_1、B_2、C、D_2 及葡萄糖，其中维生素 C 和葡萄糖在水溶液中不发荧光；维生素 B_1 本身无荧光，在碱性溶液中用铁氰化钾氧化后才产生荧光；维生素 D_2 用二氯乙酸处理后才有荧光，它们都不干扰维生素 B_2 的测定。

维生素 B_2 在碱性溶液中经光线照射会发生分解而转化为光黄素，光黄素的荧光比核黄素的荧光强得多，故测维生素 B_2 的荧光时溶液要控制在酸性范围内，且在避光条件下进行。

三、仪器与试剂

仪器：分析天平（感量 0.1mg）、烧杯、玻璃棒、容量瓶（100mL、50mL）、胶头滴管、漏斗、滤纸、移液管（5mL、2mL）、荧光分光光度计。

试剂：10.0μg/mL 维生素 B_2 标准溶液，冰醋酸等。

四、操作步骤

1.标准系列溶液的配制

在 6 个干净的 50mL 容量瓶中，分别移取 0.50mL、1.00mL、1.50mL、2.00mL、2.50mL 和 3.00mL 维生素 B_2 标准溶液，各加入 2.00mL 冰醋酸，稀释至刻度，摇匀，即得到 0.1μg/mL、0.2μg/mL、0.3μg/mL、0.4μg/mL、0.5μg/mL、0.6μg/mL 的维生素 B_2 系列标准溶液。

2.供试品的制备

称取约 0.10g 多维葡萄糖粉试样，用少量水溶解后转入 50mL 容量瓶中，加 2.00mL 冰醋酸，稀释至刻度，摇匀，即得。

3.测定

（1）开机预热。依次打开氙灯、主机、计算机电源，荧光光度计工作站自动启动并初始化仪器，预热 $20\sim30min$。

（2）设置仪器参数。仪器初始化完毕后，在工作界面上选择测量项目，设置适当的仪器参数。例如设置激发波长为 440nm，发射波长为 330nm，灵敏度 = 2，入射缝宽和出射缝宽均为 10nm。

（3）测定。依次从低浓度到高浓度测量系列标准溶液的荧光强度，并测定样品溶液的荧光强度。

（4）关机。退出主程序，依次关闭计算机、主机、氙灯。

4.实验结果及数据处理

（1）用标准系列溶液的荧光强度绘制标准工作曲线。

（2）根据待测液的荧光强度，从标准工作曲线上求得其浓度，计算出试样中维生素 B_2 含量。

五、检验记录及报告

×××厂检验记录

编号：

品名		批号		批量	
规格		来源		取样日期	
检验项目		效期		报告日期	
检验依据					
【含量测定】					
结论：					

检验员：　　　　　　复核员：　　　　　　审核员：

六、思考与讨论

1.试解释荧光光度法较紫外-可见吸收光度法灵敏度高的原因。

2.维生素 B_2 在 pH＝6～7 时荧光最强，本实验为何在酸性溶液中测定？

3.如何绘制激发光谱和荧光发射光谱？

七、学习效果评价

测试项目	分项测试指标	技术要求	分值	得分
准备工作	溶液的配制	会查阅配制方法，设计配制方案	15	
		试剂规格选择恰当	5	
实训操作	各类仪器的操作	天平的使用应符合要求	15	
		移液管的使用应符合要求	10	
		容量瓶的使用应符合要求	10	
		样品池洗涤装液应符合要求	10	
		荧光分光光度计操作规范	20	
数据记录与分析	检验记录	随时记录并符合要求	5	
	数据分析及结论	正确处理检测数据	5	
		结论正确	5	

【目标检验】

一、单项选择

1. 若需测定生物试样中的微量氨基酸应选用（　　）。

A. 荧光光度法　　　　　　　　　　　B. 磷光光度法

C. 化学发光法　　　　　　　　　　　D. 原子荧光光谱法

2. 分子荧光分析比紫外-可见分光光度法选择性高的原因是（　　）。

A. 分子荧光光谱为线状光谱，而分子吸收光谱为带状光谱

B. 能发射荧光的物质比较少

C. 荧光波长比相应的吸收波长稍长

D. 荧光光度计有两个单色器，可以更好地消除组分间的相互干扰

E. 分子荧光分析线性范围更宽

3. 荧光量子效率是指（　　）。

A. 荧光强度与吸收光强度之比

B. 发射荧光的量子数与吸收激发光的量子数之比

C. 发射荧光的分子数与物质的总分子数之比

D. 激发态的分子数与基态的分子数之比

E. 物质的总分子数与吸收激发光的分子数之比

4. 激发光波长和强度固定后，荧光强度与荧光波长的关系曲线称为（　　）。

A. 吸收光谱曲线　　　　　　　　　　B. 激发光谱曲线

C. 荧光光谱曲线　　　　　　　　　　D. 工作曲线

5. 荧光波长固定后，荧光强度与激发光波长的关系曲线称为（　　）。

A. 吸收光谱曲线　　　　　　　　　　B. 激发光谱曲线

C. 荧光光谱曲线　　　　　　　　　　D. 工作曲线

6. 一种物质能否发出荧光主要取决于（　　）。

A. 分子结构　　　　　　　　　　　　B. 激发光的波长

C. 温度　　　　　　　　　　　　　　D. 激发光的强度

7. 下列因素会导致荧光效率下降的有（　　）。

A. 激发光强度下降　　　　　　　　　B. 溶剂极性变小

C. 温度下降　　　　　　　　　　　　D. 溶剂中含有卤素离子

8. 为使荧光强度和荧光物质溶液的浓度成正比，必须使（　　）。

A. 激发光足够强　　　　　　　　　　B. 吸光系数足够大

C. 试液浓度足够稀　　　　　　　　　D. 仪器灵敏度足够高

9. 在测定物质的荧光强度时，荧光标准溶液的作用是（　　）。

A. 用作调整仪器的零点　　　　　　　B. 用作参比溶液

C. 用作定量标准　　　　　　　　　　D. 用作荧光测定的标度

10. 激发态分子经过振动弛豫回到第一电子激发态的最低振动能级后，经系间窜越转移至激发三重态，再经过振动弛豫降至三重态的最低振动能级，然后发出光辐射跃迁至基态的各个振动能级，这种光辐射称为（　　）。

A. 分子荧光   B. 分子磷光

C. 瑞利散射光   D. 拉曼散射光

11. 荧光分光光度计常用的光源是（   ）。

A. 空心阴极灯   B. 氙灯

C. 氘灯   D. 钨灯

12. 采用激光作为荧光光度计的光源，其优点是（   ）。

A. 可以有效消除散射光对荧光测定的干扰

B. 可以提高荧光法的选择性

C. 可以提高荧光法的灵敏度

D. 可以避免荧光熄灭现象的产生

二、多项选择

1. 下列关于分子荧光分析特点的叙述，正确的是（   ）。

A. 检测灵敏度高   B. 用量大，分析时间长

C. 用量少，操作简便   D. 选择性强

2. 下列关于激发单重态与激发三重态性质叙述正确的有（   ）。

A. 激发单重态分子是抗磁性分子，而激发三重态分子则是顺磁性的

B. 激发单重态的平均寿命要长于激发三重态

C. 基态单重态到激发单重态的激发容易发生，为允许跃迁

D. 激发三重态的能量比激发单重态的能量低

3. 下列跃迁方式属于无辐射跃迁的有（   ）。

A. 振动弛豫   B. 内转换

C. 系间跨越   D. 猝灭

4. 下列说法正确的有（   ）。

A. 荧光波长一般比激发波长要长

B. 分子刚性及共平面性越大，荧光效率越高

C. 苯环上吸电子基团会增强荧光

D. 苯环上给电子基团会增强荧光

5. 下列关于环境对荧光影响的说法正确的有（   ）。

A. 荧光强度一般会随温度升高而升高

B. 溶剂极性增加使荧光强度增加

C. 溶剂黏度增加使荧光强度降低

D. 卤素离子是荧光猝灭剂的一种

6. 下列物质属于荧光猝灭剂的有（   ）。

A. 卤素离子   B. 重金属离子

C. 氧分子   D. 羰基化合物

E. 重氮化合物

7. 可以改变荧光分析法的灵敏度的措施是（   ）。

A. 增强激发光源强度   B. 降低溶剂极性

C. 增加检测器的灵敏度   D. 升高测量温度

第四章 原子吸收分光光度法

　　原子吸收分光光度法又称原子吸收光谱法。基本原理为试样原子化蒸气中被测元素的基态原子对由光源发出的该原子的特征电磁辐射产生共振吸收，其吸收程度遵循朗伯-比尔定律，即检测系统检测到的吸光度在一定浓度范围内与蒸气相中被测元素的基态原子浓度成正比，以此测定试样中该元素含量。

　　原子吸收分光光度法与紫外-可见分光光度法的基本原理相同，都遵循朗伯-比尔定律，但它们的吸光物质的状态不同。前者是基于蒸气相中基态原子对其特征谱线的吸收，吸收波长的半宽度只有 1.0×10^{-3} nm，属于窄频率的吸收光谱，用的是由空心阴极灯等光源发出的锐线光源。后者则是基于溶液中的分子、离子对光的吸收，可在广泛的波长范围内产生宽带吸收光谱，用的是连续光源。

第一节 基本原理

一、原子吸收光谱的产生

一个原子可具有多种能级状态，通常情况下原子处于能量最低的状态（最稳定态），称为基态；当原子吸收外界能量被激发时，其最外层电子可能跃迁到较高的不同能级上，即激发态，因能级不同，而具有不同的激发态。电子从基态跃迁到能量最低的激发态（称为第一激发态）时要吸收一定频率的光，称为共振吸收线，简称共振线。

由于不同元素的原子结构和核外电子排布不同，原子从基态跃迁至第一激发态时所吸收的能量不同，各种元素的共振线不同，因而共振线就是元素的特征谱线。对于多数元素的原子吸收光谱分析，首选共振线作吸收谱线，只有共振线受到光谱干扰时才选用其他吸收谱线。

二、原子吸收谱线的轮廓与谱线变宽

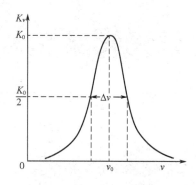

图4-1　原子吸收谱线轮廓

1.原子吸收谱线的轮廓

原子吸收产生的谱线不是严格意义上的几何线，而是有一定宽度、一定频率范围的谱线轮廓。原子吸收谱线的轮廓是以吸收系数 K_ν 对频率 ν 作图所得，如图 4-1 所示。吸收谱线极大值对应的频率为吸收线的中心频率 ν_0，称为特征频率，此处的吸收系数 K_0 称为峰值吸收系数或中心吸收系数。当 $K_\nu = K_0/2$ 时，所对应的吸收轮廓上的两点间的距离称为吸收峰的半宽度，用 $\Delta\nu$ 表示，约为 $0.001\sim0.005$nm。ν_0 表明吸收线的位置，$\Delta\nu$ 反映了吸收线的宽度，ν_0 及 $\Delta\nu$ 可表征吸收线的整体轮廓。

2.谱线变宽

谱线变宽会影响原子吸收分析的灵敏度和准确度。引起谱线变宽的因素一般有两个：一是由原子本身的性质所决定，如自然变宽；二是外界影响所引起的，如多普勒变宽和压力变宽等。

（1）自然变宽　没有外界影响，谱线仍有一定的宽度，称为自然变宽。自然宽度约为 10^{-5}nm 数量级，与其他变宽效应相比，可忽略不计。

（2）多普勒变宽　多普勒变宽是由辐射原子无规则的热运动产生，所以又称为热变宽。气态原子处于杂乱无章的热运动中，当趋向于检测器方向运动时，原子将吸收频率较高的光，向高频率方向移动，即蓝移；反之，如果原子背离检测器方向运动时，则产生红移。所以检测器接收到的是相对于中心频率 ν_0 既有红移又有蓝移的一定频率的光。

被测元素原子质量越小，测定温度越高，原子相对热运动越剧烈，多普勒变宽越大。多普勒变宽可达 10^{-3}nm 数量级，是影响谱线变宽的主要原因。

（3）压力变宽　吸收原子与蒸气中的其他粒子相互碰撞引起的谱线变宽，也称为碰撞变宽。根据碰撞粒子的不同，压力变宽可分为赫尔兹马克变宽和洛伦兹变宽。赫尔兹马克变宽是同种粒子碰撞引起的变宽。它只在被测元素浓度较大时才明显产生共振变宽，一般情况下，不予考虑。由不同种粒子碰撞引起的变宽是洛伦兹变宽。它随外界气体压力增大和温度升高而增大，约为 10^{-3}nm 数量级，是谱线变宽的主要因素之一。

课堂互动

使原子吸收谱线变宽的原因很多，哪种因素是主要因素？

（4）自吸变宽　空心阴极灯发射的共振线被灯内同种基态原子吸收产生自吸现象，从而使谱线变宽，这种现象称为自吸变宽。灯电流越大，自吸变宽越严重，因此尽量选择合适的灯电流工作。

三、原子吸收的测量

1.积分吸收

积分吸收是吸收曲线轮廓内吸收系数的积分。它表示总的吸收，即图4-1吸收曲线内所包含的总面积。谱线的积分吸收与基态原子数成正比。由于激发态原子数很少，基态原子数可近似等于被测原子总数。因此，谱线的积分吸收与被测元素原子总数成正比。这是原子吸收光谱法的理论基础。

然而大多数元素的吸收线半峰宽非常窄，只有 10^{-3}nm 左右，需要高分辨率的单色器，在分析检测中未能得到实际应用。因此，目前原子吸收法均以峰值吸收测量代替积分吸收测量。

2.峰值吸收

1955 年澳大利亚 Walsh 提出采用锐线光源作为辐射源测量谱线峰值吸收的方法。锐线光源是空心阴极灯中特定元素的激发态，在一定条件下发出半宽度只有吸收线五分之一的辐射光。当两者的中心频率恰好重合时，发射线的轮廓就相当于吸收线中心的峰值频率吸收，吸收程度很大，因此可以进行峰值吸收测量。峰值吸收测量如图4-2所示。

当使用锐线光源进行原子吸收测量时，吸光度在一定条件下与原子蒸气中待测元素的基态原子浓度成线性关系。即：

$$A = kN_0$$

其中，k 为常数，N_0 在测定条件下与试样中待测物质的浓度成正比，所以通过测定吸光度 A 即可进行定量分析。

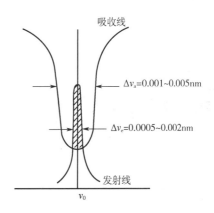

图4-2 峰值吸收测量示意图

第二节 原子吸收光谱仪

原子吸收光谱仪又称为原子吸收分光光度计，它由光源、原子化器、分光系统和检测系统四部分组成。光源发出待测元素特征谱线，原子化器将样品中的待测元素转化为基态原子蒸气，分光系统中的单色器将待测元素的共振线分出，检测系统将光信号转换为电信号，通过转换器转换成数字信号。

原子吸收光谱仪的结构如图4-3所示，试样溶液以一定的速率被燃气和助燃气体带入火焰原子化器中，空心阴极灯光源发出的某种元素的特征谱线，以一定强度通过原子化器中待测元素的基态原子蒸气时，部分被吸收，透过部分经分光系统分离出特征谱线，被检测系统接收后，转变为电信号，放大在记录装置上。根据吸光程度与浓度成正比例关系的原理，即可求出待测物质的含量。

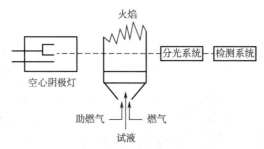

图 4-3　原子吸收光谱仪结构示意

一、光源

光源的作用是发射被测元素的特征共振辐射。原子吸收光谱法要求锐线光源发射的被测元素共振线的半宽度小于吸收线的半宽度，辐射强度大，稳定性高，背景小。目前普遍使用的锐线光源是空心阴极灯，此外还有蒸气发电灯、高频无极放电灯等。

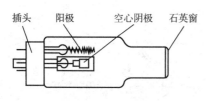

图 4-4　空心阴极灯结构示意

空心阴极灯是一种气体放电管，它由一个圆柱形的空心阴极和一个棒状的阳极组成。阴极为空心圆柱形，由待测元素的高纯金属和合金直接制成，阳极为钨棒。两极被密封于充有低压惰性气体的带有石英窗的玻璃管套内，其结构如图 4-4 所示。

当阳极和阴极间施加一定的电压（300～500V）时，电子从空心阴极的内壁射向阳极，在此过程中电子与充入的惰性气体原子相互碰撞并使之电离，产生带正电荷的惰性气体离子。气体正离子在电场的作用下，轰击阴极表面，使阴极表面的金属离子溅射。溅射出的原子与其他粒子碰撞而被激发，激发态原子的核外电子瞬间以光辐射形式释放能量回到基态或低能态，发射出该元素的特征谱线。

空心阴极灯有单元素空心阴极灯、多元素空心阴极灯和高强度空心阴极灯等。

二、原子化器

将试样中的待测元素转变成气态基态原子的过程，称为原子化。原子化器的作用是使试样蒸发和原子化，产生原子蒸气。对原子化器的要求是：①原子化效率高；②有良好的稳定性和重现性；③背景影响和噪声低。原子化器分为火焰原子化器和非火焰原子化器。

（一）火焰原子化器

火焰原子化器是由化学火焰提供热能，使被测元素原子化的一种装置，有全消耗型和预混合型两种，常用的是预混合型原子化器。预混合型原子化器是由雾化器、雾化室和燃烧器三部分组成，如图 4-5 所示。

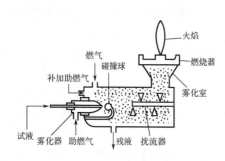

图 4-5　火焰原子化器

1. 雾化器

又称为喷雾器，结构示意如图 4-6 所示。其工作原理是，当助燃气体以一定的压力高速从喷嘴喷出时，在吸液毛细管尖端产生负压，将试液吸提上来并被高速吹至撞击球，破碎为细小雾粒。雾化器多用特种不锈钢或聚四氟乙烯塑料制成，撞击球是一个固定在雾化室壁上的玻璃小球（或金属小球），置于喷嘴的前方。毛细管多用耐腐蚀的惰性金属如铂、铱、铑的合金制成。

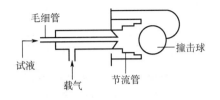

图4-6 雾化器结构

雾化器的作用是将试液变成细微均匀的雾粒，并以稳定的速率进入燃烧器。雾化器的性能对原子吸收光谱分析的精密度和灵敏度有显著影响。雾粒越细、越多，雾化效率越高，火焰中生成的基态原子越多，检测灵敏度越高。

2. 雾化室

又称预混合室，其作用是使气溶胶粒度更小、更均匀，使燃气、助燃气充分混合，以便在燃烧时得到稳定的火焰。由于雾化器产生的雾滴有大有小，在雾化室中，较大的雾滴在重力作用下重新在室内凝结沿内壁流入废液管排出，小雾滴则在雾化室内与燃气充分混合，进入火焰原子化。

3. 燃烧器

可燃气体、助燃气体及雾状试液的混合物由此喷出，燃烧形成火焰。燃烧器的作用是通过火焰燃烧，使试样雾滴在火焰中经过干燥、蒸发、熔融和热解等过程，将被测元素原子化。原子吸收的灵敏度取决于光路中的基态原子数，所以要求燃烧器的原子化程度高、噪声小、火焰稳定。

4. 火焰

燃气和助燃气在雾化室中预混合后，在燃烧器的上方点燃形成火焰。由于燃气和助燃气的种类不同，所形成的火焰温度和性质不同；同种类的燃气和助燃气的燃助比（燃气和助燃气的流量之比）不同，火焰的性质也有差异。火焰的性质关系到测定的灵敏度、稳定性和干扰等。对于不同的元素，应正确恰当地选用火焰。一些常用火焰的燃烧特性列于表4-1中。

表 4-1　几种常用火焰的燃烧特性

燃气	助燃气	燃烧速度/（cm/s）	最高火焰温度/K
乙炔	空气	160	2500
乙炔	氧气	1130	3160
乙炔	氧化亚氮	160	2990
氢气	空气	310	2318
氢气	氧气	1400	2933
氢气	氧化亚氮	390	2880
丙烷	空气	82	2198

乙炔-空气火焰是原子吸收测定中最常用的火焰，能用于35种以上元素的测定。此外，应用较多的还有乙炔-氧化亚氮火焰、氢气-空气火焰。

火焰原子吸收的优点是操作方便、火焰稳定、重现性及精密度高、应用广泛。但其原子化效率低，原子在光路中滞留时间短，载气对试样稀释严重，限制了其灵敏度和检测限。

（二）非火焰原子化器

非火焰原子化法分为利用电加热使其原子化的方法和利用化学还原使其原子化的方法。

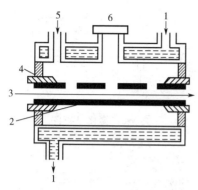

图 4-7　石墨炉原子化器结构示意
1—水；2—石墨管；3—光束；4—绝缘体；
5—惰性气体；6—进样口

前者常用的是石墨炉原子化器，后者常用的是汞低温原子化法和氢化物原子化法。

1.石墨炉原子化器

石墨炉原子化器与火焰原子化器的加热方式不同，前者靠电加热，后者则靠火焰加热。石墨炉原子化器是由电源、保护气系统和石墨管炉三部分组成，结构示意如图 4-7 所示。电源提供低电压（10～25V）和大电流（500A），电流通过石墨管时产生高温，最高可达 3000℃，使处于石墨管中的待测元素变成基态原子蒸气。保护气常用惰性气体，如氩气和氮气。

仪器启动，通入保护气流，空烧完毕后，切断保护气。进样后，外气路中的惰性气体沿外壁流动，以防止石墨管被烧蚀；内气路的惰性气体从管两端流向管中心，由中心小孔流出，保证原子化时的惰性氛围，使已经原子化的原子不被氧化。石墨炉炉体四周通有冷却水，以保护炉体。

【知识链接】

石墨炉原子化升温方式有斜坡升温、阶梯升温和最大功率升温。目前多数仪器配置的是斜坡升温程序，采用阶段缓慢升温的方法。阶梯升温和斜坡升温类似，仅升温过程采用直跃式瞬间升温，但这种方式常因升温过快而导致溶液飞溅。最大功率升温是一种快速升温法，极短时间内用最大功率将石墨管升温至原子化温度，一般在分析样品之前或之后，为净化石墨管而采用。

石墨炉原子化过程分为四个阶段，即干燥、灰化、原子化和净化。干燥的目的是蒸发除去试样中的溶剂，以防止溶剂的存在导致灰化和原子化过程飞溅。干燥温度一般在 100℃左右。灰化是为了尽可能除去试样中的溶剂及其他有机物的干扰。原子化是使待测元素的化合物蒸发气化，并解离为基态原子。净化是在样品测定结束后，用比原子化阶段稍高的温度加热，以除去样品残渣，使高温石墨炉内部净化。

石墨炉原子化器的优点有：灵敏度高，其检出限可达 10^{-14}～10^{-12}g；原子化效率高，自由原子在石墨炉吸收区内停留时间长，约为火焰原子化器的 1000 倍；取样少，固体试样约为 0.1～10mg，液体试样量 1～50μL；试样原子化是在惰性气体和强还原性石墨介质中进行的，有利于难熔氧化物的分解和自由原子的形成。其缺点是：基体效应和化学干扰严重；有较强的背景吸收。

2.低温原子化法

低温原子化法是利用化学反应将样品溶液中的待测元素以气态原子和化合物的形式与反应液分离，引入分析区进行测定，又称化学原子化法。其原子化温度为从室温至数百摄氏度。常用的有汞低温原子化法和氢化物原子化法。

（1）汞低温原子化法　也称冷蒸气吸收法，只能测定汞元素。现有专门的测汞仪出售。

（2）氢化物原子化法　用于测定易形成氢化物的元素，如 Sb、Bi、As、Se、Sn、Te、Ge 和 Pb 等。在一定酸性条件下，将这些元素形成的氢化物，经载气带入石英管中进行原子化和测定。氢化物原子化法的灵敏度比火焰法高 1～3 个数量级，且基体干扰少。

> **课堂互动**
>
> 　　原子吸收光谱法测定 As 元素含量时，可以选择的原子化方法有哪些？

【知识链接】两种原子化方法特点对比

1.火焰原子化的特点

优点：①易操作，分析速度快，一次测定时间5~10s；②重现性好，RSD一般可控制在3%甚至1%以下；③灵敏度较高，可分析浓度低至 µg/mL 的样品；④仪器价格相对比较便宜，应用广泛。

不足：①原子化效率低，一般在 10%～20%；②灵敏度相对石墨炉法不够高；③仅能分析液态样品，应用范围受限。

2.石墨炉原子化的特点

优点：①原子化效率高达90%~100%，基态原子在石墨管内平均停留时间可达1s，甚至更长，极大地提高了方法灵敏度；②绝对检出限可达 10^{-14}~10^{-12}g，适用于痕量物质分析；③可以分析液态和固态样品，应用范围广泛。

不足：①管壁炉温存在时间和空间的不等温性会引起严重的基体干扰和记忆效应，需要校正背景；②校正曲线的线性范围窄，一般小于2个数量级；③测定的精密度不如火焰原子化法，RSD一般可控制在5%以下。

三、分光系统

分光系统的作用是把待测元素的共振线与邻近谱线分开，只让待测元素的共振线通过。分光系统主要由入射和出射狭缝、反射镜和色散原件组成。原子吸收分光光度计中的色散元件普遍采用光栅单色器。单色器置于原子化器之后，防止原子化器内有干扰的发射辐射进入检测器，也避免检测器光电倍增管的疲劳。

> **课堂互动**
>
> 　　原子吸收分光光度计与紫外-可见分光光度计中都有单色器，其位置相同吗？

四、检测系统

检测系统主要由检测器、放大器、对数转换器和显示装置组成。原子吸收分光光度计常用光电倍增管作为检测器，将单色器分出的光信号转变为电信号。要注意避免使用大的工作电压和强光，或照射时间过长，防止出现光电倍增管的疲劳现象。放大器的作用是将光电倍增管检出的低电流信号进一步放大，再经对数转换器变化，提供给显示装置。在显示装置中，信号可以转换成吸光度或透过率，也可以转换成浓度，用数字显示器显示出来。现代原子吸收分光光度计还设有自动调零、自动校准、积分读数、曲线校正等装置，并可用计算机绘制和校准工作曲线及快速处理大量测定数据。

第三节　仪器使用操作及维护

原子吸收分光光度计有很多类型，在仪器使用操作上略有不同，基本步骤大致相同。

一、火焰原子吸收分光光度计的操作步骤

1.实验准备

① 检查仪器各部件：电源、气路气密性、废液排放管，确保各系统状态正常。

② 打开通风系统，进行室内排风。

③ 打开主机电源，仪器自检，打开电脑，启动 AA 软件。

2.参数设定

① 选择并预热检测使用的空心阴极灯。

② 进行样品检测参数和样品设置。

3.测量

① 火焰准备。打开空气压缩机，调节压力，气压稳定 5min；打开乙炔钢瓶，调节压力；点火。

② 检测标准样品及待测样品。点火 5min 后，先吸喷空白溶液，调零。按照样品设置，把进样管放入不同的试剂瓶中吸取相应的溶液，待数据稳定后，点击测量键记录数据。测量结束，打印数据。

③ 测试结束。标准样品及待测样品测量结束后，吸喷超纯水 5min，清洁管路。关闭乙炔气，关闭空气压缩机，关闭仪器主机电源，关闭排风系统。填写记录。

二、仪器的维护与保养

原子吸收光谱仪的维护与保养主要包括四个方面的内容：光源、原子化系统、光学系统、气路系统。

1.光源

工作电流一般选择空心阴极灯最佳工作电流，不能超过最大允许电流。不用时不要长时间点灯，若长期不用，需每隔一两个月点灯 30min 左右，以免性能下降。

2.原子化系统

每次测定结束，应立即吸喷超纯水 50～100mL 清洗雾化器、雾化室和燃烧器，防止雾化器堵塞、燃烧器积炭和盐分沉积，引起分析信号不稳定和下降。为了减少盐分的沉积，可在每次样品分析结束后吸喷稀硝酸溶液；如果盐分沉积较严重，可以使用配套工具黄铜条清除盐分；也可以将燃烧器浸于稀硝酸溶液中，超声清洁。

雾化器应经常清洗，以避免毛细管局部堵塞。一旦堵塞，会造成溶液进样量下降，吸光度

值减小。此时可拆下、超声雾化器，或用清洁的细金属丝小心疏通毛细管端部，去除异物。

撞击球也需要定期检查、拆开清洗，长期使用可能会由于表面开裂、斑点腐蚀或沉积固体物质而导致效率降低。

3. 光学系统

可以使用蘸有甲醇或乙醇水溶液的擦镜纸清洗样品仓的光路窗口和空心阴极灯的石英窗的灰尘或指纹。否则该污染可能导致元素灯噪声变大，分析结果重现性变差。

仪器的光学部分密封，必须由专业的工程师维护，严禁自行维护光学系统。

4. 气路系统

原子吸收光谱仪的气路系统采用聚乙烯塑料管，时间长了容易老化，因此使用前一定要进行气密性检查。严禁在乙炔气路管道中使用紫铜、H62铜及银制零件，并要禁油。测试高浓度铜或银溶液时易生成乙炔化物，分析结束后要将燃烧器和雾化器拆开并清洗干净。

三、常见故障诊断及排除方法

原子吸收光谱仪在使用过程中产生故障的原因很多，使用者应掌握一般的故障诊断和排除方法，见表4-2。

表 4-2　原子吸收光谱仪常见故障及排除方法

常见故障	故障排除方法
总电源指示灯不亮	① 检查仪器电源线是否断路或接触不良 ② 检查保险丝（或更换保险丝）
空心阴极灯不亮	① 检查电源线是否脱焊 ② 检查灯电源插座是否松动
空心阴极灯亮，但高压开启后无能量显示或能量过低	① 检查空心阴极灯极性是否接反 ② 转动狭缝手轮检查是否定位，可能狭缝旋钮未置于定位位置，造成狭缝不透光或部分挡光
测试基线不稳定，噪声很大	① 检查空心阴极灯是否寿命到期 ② 检查灯电流、狭缝、乙炔气和助燃气流量设置是否合适 ③ 检查废液管排液是否正常 ④ 检查燃烧器缝隙是否被污染 ⑤ 调节雾化器，使之产生均匀喷雾
灵敏度低	① 检查空心阴极灯工作电流是否太大 ② 检查燃气与助燃气体比例是否合适 ③ 火焰高度选择不当 ④ 雾化器雾化效果不好，或因堵塞使样品提升量减少 ⑤ 检查喷嘴与撞击球相对位置是否调整合适 ⑥ 波长选择不合适 ⑦ 燃气不纯 ⑧ 检查空白样品是否被污染
点火困难	① 检查乙炔气压力是否足够 ② 检查助燃气体流量是否过大 ③ 可能管道内乙炔气不足，待乙炔气重新充满管道，再次点火
燃烧器回火	① 没有按照先开助燃气、再开燃气的顺序，然后点火 ② 检查废液管的水封安装是否合适

常见故障	故障排除方法
读数漂移、重现性差	① 检查乙炔流量是否稳定 ② 燃烧器预热时间是否足够 ③ 毛细进样管是否堵塞 ④ 检查燃气是否充足，保证火焰稳定 ⑤ 检查燃烧器高度选择是否合适

第四节　应用与实例

原子吸收光谱法常用于试样中被测元素的定量分析，常用标准曲线法、标准加入法、内标法等定量方法。

一、定量分析

1.标准曲线法

在浓度合适的范围内，配制一系列浓度不同的标准溶液，由低浓度到高浓度依次在原子吸收光谱仪上测定其吸光度 A，再以吸光度为纵坐标，以待测元素的浓度 c 为横坐标，绘制 A-c 标准曲线。然后根据待测样品的吸光度，从标准曲线上查得其相应的浓度。

标准曲线法简单、快速，但只适合测定与标准溶液组成相近的批量试液。

示例 4-1：测定某样品中铅元素含量，称取样品 0.3571g，经处理后以 5%硝酸定容至 100mL，上机测得其吸光度 A_x 为 0.245，标准曲线吸光度 A 与样品浓度 c（μg/mL）的关系式为 $A = 0.126c + 0.0023$，求样品中铅含量。

解：$c_x = \dfrac{A - 0.0023}{0.126} = \dfrac{0.245 - 0.0023}{0.126} = 1.93$（μg/mL）

$w = \dfrac{1.93 \times 100 \times 10^{-6}}{0.3571} \times 100\% = 0.054\%$

样品中铅的含量是 0.054%。

课堂互动

原子吸收光谱法中，对于组分复杂，干扰较多而又不清楚组成的样品，可以选用哪种定量方法？

2.标准加入法

当配制与试样组成一致的标准样品困难时，或测定纯物质中极微量的元素时，可用标准加入法。分别取几份体积相同的待测试样（一般为 5 份），除 1 份外，其余各份分别按比例加入不同量的待测元素标准溶液，稀释至相同体积，使加入的标准溶液浓度为 0、$1c_s$、$2c_s$、$3c_s$...，然后分别测定其吸光度。以加入的标准溶液浓度与吸光度绘制标准曲线，再将曲线外推至与浓度轴相交。交点至坐标原点的距离为 c_x，即是被测元素经稀释后的浓度。

示例 4-2：用原子吸收光谱法测定某样品中铜的含量时，移取 25mL 样品以水稀释至 50mL，取 6 份 5mL 此溶液，然后在此 6 份溶液中分别加入浓度为 10μg/mL 铜标准溶液 0.00mL、1.00mL、2.00mL、3.00mL、4.00mL、5.00mL，定容至 10.00mL，然后上机测得吸光度分别为：0.142、0.248、0.354、0.461、0.565、0.671。求样品中铜的浓度。

解：样品中加入的铜标准溶液浓度为：0.00μg/mL、1.00μg/mL、2.00μg/mL、3.00μg/mL、4.00μg/mL、5.00μg/mL，利用 Excel 表格进行作图如下：

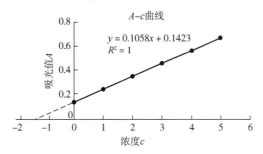

作校正曲线，得直线方程：$y = 0.1058x + 0.1423$。反推直线 $y = 0$ 时，$x = -1.35$（此时浓度为 1.35μg/mL）。

$$样品中铜的浓度 = \frac{1.35 \times 10}{5} \times \frac{50}{25} = 5.40（μg/mL）$$

该样品中铜的浓度为 5.40μg/mL。

标准加入法所依据的原理是吸光度的加和性，使用时应注意：①为保证外推结果准确性，校正曲线至少采用四个以上点来制作；②第二份加入的标准溶液浓度与试样的浓度应基本接近，避免曲线斜率过大或过小，影响灵敏度；③标准加入法不能消除背景干扰，所以使用标准加入法时，必须考虑消除背景的影响。

> **课堂互动**
>
> 准确称取样品 1.000g 两份，完全相同的情况下处理后，一份加入 2.00μg/mL 镉标准溶液 1.00mL，用水定容至 10mL，测得吸光度为 0.156；另一份不加标准溶液，用水定容至 10mL，测得吸光度为 0.278，试计算样品中镉含量。

3. 内标法

内标法是在标准溶液和试样溶液中分别加入一定量试样中不存在的元素作为内标元素，同时测定标准溶液中待测元素和内标元素的吸光度，并以吸光度比与被测元素含量或浓度绘制工作曲线。根据试样溶液中待测元素与内标元素吸光度比，从标准曲线上求出试样中被测元素的浓度。

内标法的关键是选择内标元素，要求内标元素与被测元素在试样基体内及在原子化过程中具有相似的物理及化学性质，如测定 Cu 可选 Cd、Mn、Zn 为内标元素，测定 Cd 可选 Mn 为内标元素，测定 Pb 可选 Zn 为内标元素等。

二、分析方法评价

原子吸收光谱分析中，常用灵敏度和检出限对定量分析方法和测定结果进行评价。

1. 灵敏度

根据国际纯粹与应用化学联合会（IUPAC）规定，方法的灵敏度（S）表示被测组分浓度或质量改变一个单位时所引起的测量信号的变化。因此原子吸收光谱分析中灵敏度应定义为 A-c 标准曲线的斜率，其表达式为：

$$S = \frac{dA}{dc} \quad 或 \quad S = \frac{dA}{dm}$$

式中 A——吸光度；

c——待测元素浓度；

m——待测元素质量。

即当待测元素的浓度 c 或质量 m 改变一个单位时，吸光度 A 的变化量表示灵敏度。S 越大，表明灵敏度越高。

火焰原子吸收法中，常用特征浓度（s_c）来表征灵敏度。特征浓度是指产生 1% 吸收或 0.0044 吸光度时溶液中被测元素的质量浓度（μg/mL）或质量分数（μg/g）。特征浓度的测定方法是配制某一浓度标准溶液（浓度应该在标准曲线线性范围内），测定标准溶液的吸光度，然后按下列公式计算：

$$s_c = \frac{0.0044c}{A}$$

式中　c——被测溶液质量浓度，μg/mL；

　　　A——被测溶液吸光度。

s_c 值越小，测定的灵敏度越高。

石墨炉原子吸收法中，用特征质量（s_m）来表征灵敏度，即绝对灵敏度，指能产生 1% 吸收或 0.0044 吸光度时被测元素的质量，以 μg 表示。

$$s_m = \frac{0.0044cV}{A}$$

式中　c——被测溶液质量浓度，μg/mL；

　　　V——被测溶液进样体积；

　　　A——被测溶液吸光度。

s_m 值越小，测定的灵敏度越高。

根据元素的特征浓度或特征质量可以估算待测元素合适的浓度范围。由特征浓度公式可以得出 $c = s_c \dfrac{A}{0.0044}$，吸光度 A 为 0.1～0.5 时，测量误差小，准确度高，因此待测元素的浓度范围应该为特征浓度的 25～120 倍。

示例 4-3：火焰原子吸收光谱法，配制 3.0μg/mL 钙溶液，测得其透光率为 56%，试计算钙的灵敏度（特征浓度）。

解：$A = \lg\dfrac{1}{T} = \lg\dfrac{1}{0.56} = 0.252$

钙的灵敏度 $s_c = \dfrac{0.0044 \times 3.0}{0.252} = 0.052$（μg/mL）

示例 4-4：已知 Mn 的灵敏度是 0.05μg/mL，若某样品中 Mn 的含量约为 0.01%，则计算最适宜的测量浓度范围。若配制 25mL 试液，应称取样品多少克？

解：Mn 的最适宜测量浓度范围是其灵敏度的 25～120 倍，即

$$0.05 \times (25 \sim 120) = 1.25 \sim 6.00（μg/mL）$$

应称取样品的质量 m 为：

$$m = \frac{25 \times (1.25 \sim 6.00) \times 10^{-6}}{0.01\%} = 0.312 \sim 1.5(g)$$

答：最适宜的测量浓度范围是 1.25～6.00μg/mL，应称取样品 0.312～1.5g。

2.检出限

检出限是表示能被仪器检出的元素最小浓度或最小质量。根据 IUPAC 规定，检出限是指能产生 3 倍于标准偏差的吸光度时，所对应的待测元素的浓度或质量，单位用 μg/mL 或 μg 表示。

$$D_c = \frac{c \times 3\sigma}{A} \quad 或 \quad D_m = \frac{cV \times 3\sigma}{A}$$

式中　D_c——相对检出限，μg/mL；

　　　D_m——绝对检出限，μg；

　　　c——待测溶液浓度，μg/mL；

　　　V——溶液体积，mL；

　　　σ——至少十次连续测量空白溶液的吸光度的标准偏差。

只有存在含量达到或高于检出限，才能可靠地将有效分析信号和噪声信号区分开。"未检出"就是被测元素的量低于检出限。检出限考虑了噪声的影响，其意义比灵敏度更明确。同一种元素在不同仪器上灵敏度可能相同，但由于两台仪器的噪声不同，检出限可能相差很大。因此，降低噪声，如将仪器预热、选择合适的灯电流、调节合适的检测系统增益、保证供气的稳定等，有利于改善检出限。

【本章小结】

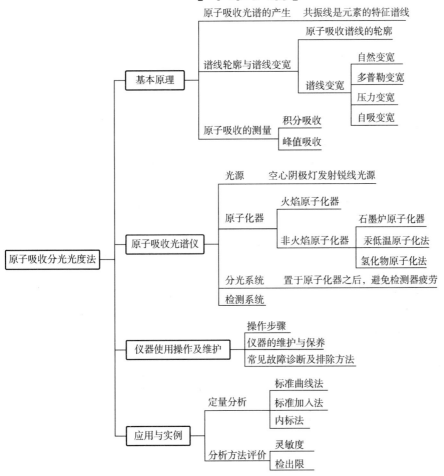

【实践项目】

实训4-1 火焰原子吸收法测定水样中的钙离子含量

一、实训目的

1. 熟悉原子吸收光谱法的基本原理。
2. 学会使用火焰原子吸收分光光度计测定微量元素。

二、基本原理

在试样原子化时，基态原子蒸气对共振线的吸光度 A 与试样中被测元素浓度 c 成正比，即 $A=Kc$，此为原子吸收分光光度法定量分析的基础。水样中的钙离子被原子化后，吸收来自钙元素空心阴极灯发出的共振线（422.7nm），吸光度 A 与钙离子浓度 c 成正比。配制系列标准溶液，测其吸光度，绘制 A-c 标准曲线，在相同条件下测定试样吸光度，算出试样中元素含量。

三、仪器与试剂

仪器：分析天平（感量 1mg）、烧杯、玻璃棒、容量瓶（100mL、50mL）、量筒、胶头滴管、漏斗、滤纸、移液管（5mL）、钙空心阴极灯、原子吸收分光光度计、空气压缩机。

试剂：1.0g/L 钙标准储备液、100mg/L 钙标准使用液。

四、操作步骤

1. 钙系列标准溶液的配制

准确吸取 0.00mL、1.00mL、2.00mL、3.00mL、4.00mL、5.00mL 100mg/L 钙标准使用液，分别置于 100mL 容量瓶中，编号 0~5 号。用超纯水稀释至刻度线，摇匀备用。该钙系列标准溶液质量浓度依次为 0.00mg/L、1.00mg/L、2.00mg/L、3.00mg/L、4.00mg/L、5.00mg/L。

2. 待测溶液配制

取一定量自来水分别置于两个 100mL 容量瓶中，编号样品 1 和样品 2。

3. 吸光度测定

在最佳工作条件下，以超纯水为空白，测定钙系列标准溶液和自来水样的吸光度。

4. 绘制标准曲线

以钙系列标准溶液的浓度为横坐标、吸光度为纵坐标绘制标准曲线。

5. 样品溶液浓度计算

根据曲线方程，计算自来水样中钙离子含量。

五、检验记录及报告

记录实验条件和原始数据：

原子吸收分光光度计型号＿＿＿＿＿＿＿＿＿＿＿＿＿

系列标准溶液：

项目	0	1	2	3	4	5
吸取体积/mL	0.00	1.00	2.00	3.00	4.00	5.00
浓度/（mg/L）	0.00	1.00	2.00	3.00	4.00	5.00
吸光度 A						

样品溶液：

项目	样品 1	样品 2
吸光度 A		
浓度/（mg/L）		

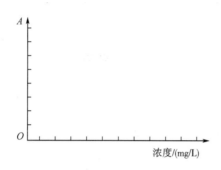

绘制标准曲线（利用计算机进行处理，并得出回归方程）：
数据处理：

结论：自来水中钙的浓度为
检验员：　　　　　　　　　　　　　　　　　　　复核员：

六、思考与讨论

1. 为什么要做两个平行样品？

2. 如何判断标准曲线是否标准？如果不标准应该如何处理？

七、学习效果评价

技能评分

测试项目	分项测试指标	技术要求	分值	得分
准备工作	溶液的配制	会查阅配制方法，设计配制方案 试剂规格选择恰当	15 5	

续表

测试项目	分项测试指标	技术要求	分值	得分
实训操作	各类仪器的操作	天平的使用应符合要求	15	
		移液管的使用应符合要求	10	
		容量瓶的使用应符合要求	10	
		乙炔气密性检查应符合要求	10	
		原子吸收分光光度计操作规范	20	
数据记录与分析	检验记录	随时记录并符合要求	5	
	数据分析及结论	正确处理检测数据	5	
		结论正确	5	

实训4-2　石墨炉原子吸收法测定饲料中镉的含量

一、实训目的

1.熟悉石墨炉原子吸收光谱法的基本原理。

2.学会使用石墨炉原子吸收分光光度计测定微量元素。

二、基本原理

石墨炉原子化法是将试样置于石墨管中,用大电流通过石墨管,使石墨管升温至2000℃以上的高温,将管内试样中待测元素分解为气态基态原子。石墨炉原子化法的优点是原子化效率高、用样量少、灵敏度高等。通常石墨炉原子吸收分光光度法的灵敏度是火焰原子吸收分光光度法的10~200倍。

三、仪器与试剂

仪器:分析天平(感量1mg)、烧杯、玻璃棒、容量瓶(100mL、50mL)、量筒、胶头滴管、漏斗、滤纸、移液管(5mL)、镉空心阴极灯、原子吸收分光光度计、空气压缩机、马弗炉、恒温干燥箱、瓷坩埚、微波消解仪。

试剂:①硝酸(优级纯);②100μg/L镉标准使用液。

四、操作步骤

1.试样消解

称取1~3g试样(精确到0.0001g)于瓷坩埚中,先小火在可调式电热板上炭化至无烟,转入马弗炉500℃灰化6~8h,冷却。用0.5mol/L硝酸将灰分溶解,将试样消化液转入容量瓶中,稀释、定容至刻度,混匀备用。同时做试剂空白。

2.镉系列标准溶液的配制

准确吸取0.00mL、1.00mL、2.00mL、3.00mL、4.00mL、5.00mL 100μg/L镉标准使用液,分别置于100mL容量瓶中,编号0~5号。用超纯水稀释至刻度线,摇匀备用。该镉系列标准溶液质量浓度依次为0.00μg/L、1.00μg/L、2.00μg/L、3.00μg/L、4.00μg/L、5.00μg/L。

3.吸光度测定

在最佳工作条件下，测定镉系列标准溶液、试样溶液、试剂空白溶液的吸光度。

4.绘制标准曲线

以镉系列标准溶液的浓度为横坐标、吸光度为纵坐标绘制标准曲线。

5.样品溶液浓度计算

根据曲线方程，计算试样中镉的含量。

五、检验记录及报告

记录：

原子吸收分光光度计型号_____

项目	具体条件
被测元素	
吸收线波长/nm	
灯电流/mA	
狭缝宽度/nm	
保护气流量/（L/min）	
进样量/μL	
干燥温度/℃	
干燥时间/s	
灰化温度/℃	
灰化时间/s	
原子化温度/℃	
原子化时间/s	
净化温度/℃	
净化时间/s	

系列标准溶液：

项目	0	1	2	3	4	5
吸取体积/mL	0.00	1.00	2.00	3.00	4.00	5.00
浓度/（μg/L）	0.00	1.00	2.00	3.00	4.00	5.00
吸光度 A						

样品溶液：

项目	空白液	样品1	样品2
吸光度 A			
浓度/（μg/L）			

绘制标准曲线（利用计算机进行处理，并得出回归方程）：

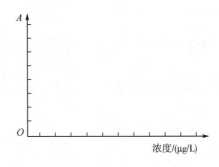

数据处理：

结论：饲料中镉的浓度为

检验员：   复核员：

六、思考与讨论

1. 石墨炉原子化法与火焰原子化法有何不同？

2. 样品处理过程要注意哪些问题？

七、学习效果评价

技能评分

测试项目	分项测试指标	技术要求	分值	得分
准备工作	溶液的配制	会查阅配制方法，设计配制方案	15	
		试剂规格选择恰当	5	
实训操作	各类仪器的操作	天平的使用应符合要求	15	
		移液管的使用应符合要求	10	
		容量瓶的使用应符合要求	10	
		原子吸收分光光度计操作规范	30	
数据记录与分析	检验记录	随时记录并符合要求	5	
	数据分析及结论	正确处理检测数据	5	
		结论正确	5	

【目标检验】

一、填空

1. 原子吸收分光光度法的基本原理是试样原子化蒸气中被测元素的_____对由光源发出的该原子的特征电磁辐射产生_____，其吸收程度遵循_____定律。

2. 谱线变宽会影响原子吸收分析的灵敏度和准确度，谱线变宽的类型有_____、_____、_____、_____。

3. 原子吸收光谱仪的基本结构主要由_____、_____、_____、_____部件组成。

4. 原子化器有_____原子化器、_____原子化器两种类型。

5. 原子吸收分光光度法定量分析方法有_____、_____、_____。

二、选择（请根据题目选择最佳答案）

1. 共振吸收线是（　　　　）。

A. I-v 曲线

B. K-v 曲线

C. 电子由激发态跃迁至低能级时所产生的发射线

D. 电子由基态跃迁至第一激发态所产生的吸收线

2. 原子吸收光谱产生的原因是（　　　　）。

A. 原子最外层电子跃迁　　　　　　B. 分子中电子能级跃迁

C. 振动能级跃迁　　　　　　　　　D. 转动能级跃迁

3. 原子吸收光谱是（　　　　）。

A. 带状光谱　　　　　　　　　　　B. 线状光谱

C. 振动光谱　　　　　　　　　　　D. 转动光谱

4. 多普勒变宽产生的原因是（　　　　）。

A. 被测元素的激发态原子与基态原子相互碰撞

B. 原子的无规则热运动

C. 被测元素的原子与其他粒子的碰撞

D. 外部电场的影响

5. 石墨炉原子化的升温程序为（　　　　）。

A. 灰化、干燥、原子化和净化　　　B. 干燥、灰化、原子化和净化

C. 干燥、灰化、净化和原子化　　　D. 净化、灰化、干燥和原子化

6. 原子吸收光谱仪中光源的作用是（　　　　）。

A. 提供试样原子化所需的能量　　　B. 发射待测元素基态原子所吸收的特征光谱

C. 产生足够强度的散射光　　　　　D. 发射很强的紫外-可见光谱

7. 原子吸收分光光度计广泛采用的光源是（　　　　）。

A. 氘灯　　　　　　　　　　　　　B. 氢灯

C. 钨灯　　　　　　　　　　　　　D. 空心阴极灯

8. 空心阴极灯可以提供（　　　　）。

A. 可见光谱　　　　　　　　　　　B. 紫外光谱

C. 红外光谱   D. 锐线光谱

9. 原子吸收光谱仪中单色器位于（   ）。

A. 空心阴极灯之后   B. 空心阴极灯之前

C. 原子化器之后   D. 原子化器之前

10. 在原子吸收光谱法中，产生 1% 吸收时的吸光度为（   ）。

A. 0   B. 1

C. 0.44   D. 0.0044

三、简答

1. 导致原子吸收谱线变宽的主要因素有哪些？

2. 何为锐线光源？在原子吸收光谱分析中为什么要用锐线光源？

3. 原子吸收分析有哪些定量分析方法？定量分析的理论依据是什么？

四、计算

1. 原子吸收光谱分析法中，在选定实验条件下用空白溶液调零后，测得浓度为 2μg/mL 的锌溶液透光率为 30%，计算锌的灵敏度。

2. 石墨炉原子化法测定浓度为 3.6×10^{-8} g/mL 的某金属元素溶液，11 次平行测定的平均吸光度为 0.270，标准偏差为 0.01，计算检出限。

3. 火焰原子吸收法测定溶液中镁元素，285.2nm 分析线，按下表加入 20μg/mL 镁标准溶液，稀硝酸稀释至 100mL，得到下列分析数据：

加入镁标准溶液的体积/mL	0.00	1.00	2.00	3.00	4.00	5.00
吸光度 A	0	0.081	0.160	0.240	0.320	0.401

取样品 5mL，稀硝酸稀释至 100mL，测得吸光度为 0.216。计算样品中镁元素的浓度。

4. 称取某含锌的样品 2.0000g，经前处理后得消解液，定容至 100mL。在 5 个 100mL 容量瓶中，分别精确加入该定容溶液 10.00mL，再依次加入浓度为 20.00μg/mL 的锌标准溶液 0.00mL、1.00mL、2.00mL、3.00mL、4.00mL，稀释至 100mL，在原子吸收分光光度计上测得吸光度分别为 0.042、0.080、0.118、0.161、0.198，计算样品中锌的质量分数。

第五章 红外分光光度法

【学习目标】

知识目标：

识记红外吸收光谱产生的条件，红外光谱基频峰与分子振动类型的相关性；辨认红外分光光度计的组成部件，说出功能；理解基频峰、泛频峰和特征峰等红外吸收名词；分析红外光谱对化合物的结构解析及实际应用。

能力目标：

会辨认红外吸收光谱；会进行红外分析前样品的处理，会按照仪器使用说明书或标准操作规程操作红外分光光度计，会对红外光谱进行简单解析。

第一节 红外吸收光谱

自然界中的电磁波谱范围很广，其中能被我们的眼睛感受的可见光，只占电磁波谱中很小的一部分。1800 年，英国科学家赫谢尔在观测太阳光的色散光谱各区温度时，发现热效应分布不均匀，在红光外还有热效应，且比其他部分更为明显，后来科学家把这种看不见的"光"称为红外线。如今两百多年过去了，红外线已经在日常生活和侦察、监控、遥感等技术产品中都得到了广泛的应用。

【知识链接】

红外线与紫外线、可见光同属电磁波谱范畴，哺乳动物无法看到红外线，这是由其眼睛中的感光蛋白所固有的物理化学特性所决定的，而部分蛇类等动物可以利用特殊器官的温度感受器来探测到红外线。

一、红外光的区域

红外光也称为红外线，是波长介于可见光和微波区之间的电磁波，其波长范围为 0.76～1000μm。所有温度高于绝对零度（−273.15℃）的物质都可以产生红外光。红外光根据其波长范围分为近红外区、中红外区和远红外区（表 5-1）。

表 5-1　红外线区域与能级跃迁

区　域	波长范围/μm	波数范围/cm⁻¹	能级跃迁
近红外区	0.76～2.5	13158～4000	OH、NH、CH 键的倍频吸收
中红外区	2.5～25	4000～400	振动能级伴随着转动能级跃迁
远红外区	25～1000	400～10	转动能级跃迁

红外光能量的高低除了用参数波长衡量外，习惯上采用波数来进行描述。波数（σ）是波长的倒数，单位为 cm⁻¹，表示在波的传播方向上单位长度内的波周数目。红外光的波长（λ）单位为 μm，故二者换算公式为：

$$\sigma = \frac{1}{\lambda \times 10^{-4}}$$

例如：

$\lambda = 2.5\mu m$ 时，$\sigma = \dfrac{1}{2.5 \times 10^{-4}\,\text{cm}} = 4000\text{cm}^{-1}$，表示波长为 2.5μm 的红外线在传播时，1cm 长度之内包含 4000 个波长；

$\lambda = 25\mu m$ 时，$\sigma = \dfrac{1}{25 \times 10^{-4}\,\text{cm}} = 400\text{cm}^{-1}$，表示波长为 25μm 的红外线在传播时，1cm 长度之内包含 400 个波长。

中红外区红外线的波长范围为 2.5～25μm，其波数范围就是 4000～400cm⁻¹。

二、红外吸收光谱的定义

将一束不同波长的红外线照射物质，物质吸收某些特定波长的红外线，引起能级跃迁，三种不同波长范围的红外线，引起三种不同类型的能级跃迁（表 5-1）。物质吸收中红外光区的红外线引起分子振动能级伴随着转动能级的跃迁产生的光谱，称为中红外吸收光谱；由分子的纯转动能级跃迁产生的吸收光谱称为远红外吸收光谱；由含 H 原子基团的 OH、CH、NH 键伸缩振动的倍频吸收产生的光谱称为近红外吸收光谱。由于绝大多数有机化合物的振动-转动频率出现在中红外区，因此在化合物分析、检验中应用最多的区域就是中红外区，习惯上将中红外吸收光谱简称为红外光谱（IR），本章只介绍中红外吸收光谱的内容。

三、红外光谱的表示方法

红外光谱的表示方法与紫外-可见吸收光谱的表示方法有所不同，以波数 σ（cm⁻¹）或者波长 λ（μm）为横坐标，以透光率 T（%）为纵坐标，得到的红外吸收曲线分别称为 T-σ 曲线（图 5-1）或 T-λ 曲线（图 5-2）。

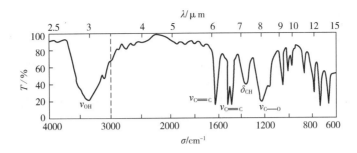

图 5-1 红外吸收光谱（苯酚的红外光栅光谱 T-σ 曲线）

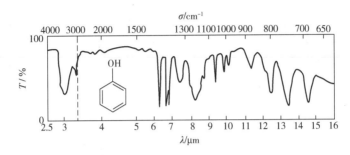

图 5-2 红外吸收光谱（苯酚的红外棱镜光谱 T-λ曲线）

红外光谱的两种表示方法的曲线形状略有差异。T-λ曲线以波长为横坐标，波长等距，曲线"前密后疏"；T-σ 曲线以波数为横坐标，波数等距，曲线"前疏后密"，即 4000cm^{-1} 到 2000cm^{-1} 之间吸收峰较少，而在 2000cm^{-1} 到 400cm^{-1} 之间吸收峰较多，目前常用。但为了防止红外吸收光谱图在 4000cm^{-1} 到 2000cm^{-1} 之间的吸收过于扩张，在低波数区域过于密集，一般横坐标以 2000cm^{-1} 为界，采用两个不同的比例尺。

红外光谱图两种表示方法中的纵坐标均为透光率（T），故吸收峰是向下的，即曲线上的"谷"为红外光谱的吸收峰。

四、红外吸收光谱与紫外吸收光谱的比较

红外分光光度法与紫外-可见分光光度法一样，都是利用物质对光产生吸收后引起跃迁产生，属于吸收光谱法，但是两者又存在一些区别：

1.原理不同

紫外光波长较短、频率高，光子能量大，物质吸收紫外线后可以引起分子外层电子的能级跃迁，因此紫外吸收光谱属于电子光谱，吸收曲线较为简单。中红外光区的光波长比紫外线波长长，光子能量小，不能引起物质分子外层电子跃迁，只能引起分子中基团的振动能级和转动能级的跃迁，因此红外吸收光谱属于振动-转动光谱，对于化合物而言，除了光学异构体以外，每种化合物都有自己特征性的红外光谱，图谱较为复杂。

2.特征性不同

紫外吸收光谱是外层电子的跃迁产生的吸收光谱，虽然也伴随着振动能级的跃迁，但是一般在光谱上不显现，因此吸收光谱图比较简单，可能存在不同物质具有几乎相同的紫外吸收的现象。红外吸收光谱是振动-转动光谱，每个官能团有不同的振动-转动形式，在中红外区会产生比较多的吸收峰，而且吸收峰还具有不同形状，因此红外吸收光谱复杂、信息量大、特征性强。除了极个别的化合物以外，绝大多数化合物都有其特征性的红外光谱，因此红外光谱又称

为"分子指纹光谱"。

3.适用范围不同

物质结构中具有了共轭系统或有生色团和助色团，才会在紫外-可见光区产生特征吸收，因此紫外-可见光谱只适用于研究具有不饱和基团的化合物。对于有机化合物来说，凡是能够在发生各种振动类型时伴随着电偶极矩的变化，都能在中红外区通过仪器测得其红外光谱图，红外光谱的适用范围要比紫外光谱的适用范围更广泛。另外，红外分光光度法适用于任何状态的样品，可以是气体、液体、可研细的固体或薄膜，制样简单，测定方便，且对样品不会发生破坏。

4.用途不同

红外分光光度法可以根据化合物在红外光区（指中红外区）吸收带的位置、强度、形状以及个数，分析出具有哪些官能团，并确定其分子结构，因此常用于有机化合物的结构解析，也可以根据基团的特征吸收频率进行定性分析。紫外吸收一般应用于化合物的定性鉴别和定量分析，红外光谱法的定量分析则较差。

第二节 红外吸收基本原理

一、红外光谱产生的原因

（一）分子振动与振动光谱

分子振动是指分子中各原子在平衡位置附近做相对运动，红外吸收光谱是分子发生振动能级跃迁并伴随着转动能级跃迁而产生的光谱，需要红外光区的光子能量。下面以双原子分子为例讨论纯振动光谱。

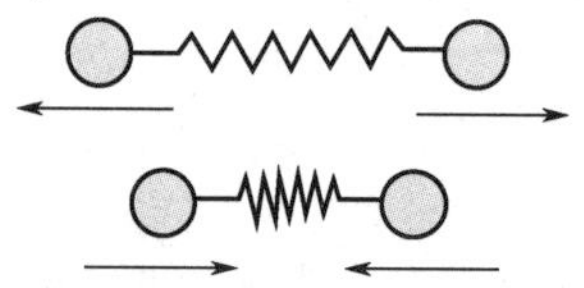

将双原子分子的两个原子看作是两个小球，化学键看作是一根质量可以忽略不计的弹簧（图5-3），那么两个原子间的伸缩振动就可以近似地看成沿着化学键轴方向的简谐振动，两个原子可以认为是谐振子。用经典力学的方法［式（5-1）］加以解释：

图5-3 双原子分子伸缩振动示意

$$\nu=\frac{1}{2\pi}\sqrt{\frac{k}{\mu}} \tag{5-1}$$

式中 ν——频率，Hz；

k——化学键的力常数，意义为将两个原子由平衡位置伸长单位长度时的恢复力；g/s^2；

μ——原子的折合质量，$\mu=\frac{m_1m_2}{m_1+m_2}$。

影响振动频率的因素是 k 和 μ，当 k 越大，μ 越小时，化学键的振动频率（ν）就越高，吸收峰出现在高波数区域；反之，吸收峰出现在低波数区域。

（二）振动形式

双原子分子只有伸缩振动，多原子分子有伸缩振动和弯曲振动，讨论振动形式可以了解吸收峰是由什么振动形式的能级跃迁引起的，即知道吸收峰的起源。

1. 伸缩振动

通过化学键相连的两个原子沿着键轴方向发生周期性的变化。其振动形式可分为两种：

（1）对称伸缩振动（ν^s）指各键同时伸长或缩短的振动。

（2）不对称伸缩振动（ν^{as}）指有的键伸长有的键缩短的振动。

以亚甲基为例，两个碳氢键同时伸长或缩短，即两个氢原子沿键轴的运动方向一致，称为对称伸缩振动；如果两个氢原子沿键轴的运动方向不一致，一个键伸长、另一个键缩短，交替进行，则称为不对称伸缩振动（图5-4）。这两种伸缩振动都有与各自振动相对应的吸收峰。

图 5-4 亚甲基和甲基的伸缩振动

除了亚甲基和甲基外，凡是含有两个或两个以上相同键的基团（比如—NH_2等）也都有对称和不对称伸缩振动，该振动形式振动能量较高，同一基团的所有振动形式中，伸缩振动对应的吸收常出现在高频端（高波数区域）。一般来说，同一基团的不对称伸缩振动频率要高于对称伸缩振动频率，比如亚甲基的不对称伸缩振动位于 $2925cm^{-1}$ 处，对称伸缩振动位于 $2850cm^{-1}$ 处。

2. 弯曲振动

多原子分子键角发生周期性变化，而键长不变的振动叫弯曲振动。弯曲振动分为下列几种情况：

（1）面内弯曲振动（β）　面内弯曲振动是指振动发生在由几个原子构成的平面内。它又分为剪式振动和平面摇摆振动（图5-5）。

① 剪式振动（δ）：振动时两键形成的键角发生的变化，类似于剪刀的开闭。

② 平面摇摆振动（ρ）：振动时键角不发生变化，基团作为一个整体在平面内摇摆。

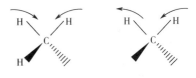

图 5-5 剪式振动和平面摇摆振动

（2）面外弯曲振动（γ）　指弯曲振动垂直于由几个原子构成的平面。它又分为扭曲振动和面外摇摆振动。

① 扭曲振动（τ）：振动时两个原子离开平面，一个向面上，一个向面下，总是向相反方向交替地振动。

② 面外摇摆振动（ω）：振动时两个原子同时向平面上或平面下所形成的振动。

（3）对称与不对称变形振动　指 AX_3 型基团或分子的弯曲振动。

① 对称变形振动：振动时三个 A—X 键与轴线的夹角同时变大或缩小，类似于花瓣的开合。

② 不对称变形振动：振动时三个 A—X 键与轴线的夹角中，两个缩小一个变大或者两个变大一个缩小。

（三）振动自由度

分子基本振动的数目称为振动自由度。振动方式对应于红外吸收，振动方式越多，红外吸收峰就越多。因此,研究分子的振动自由度,可以帮助了解化合物红外吸收光谱吸收峰的数目。双原子分子只有伸缩振动一种振动形式,多原子分子中原子之间的振动相对复杂,但可以分解成许多简单的基本振动(伸缩振动及弯曲振动)来进行讨论。

用红外线照射物质分子时,由于中红外区的光子能量小,不足以引起分子外层电子能级的跃迁,因此只考虑分子的平动、振动和转动的变化。分子的平动能改变不产生红外光谱,分子的转动能级跃迁产生远红外光谱,因此讨论中红外光谱时需要扣除这两种运动形式。

由 N 个原子组成的分子,在三维空间分子中的每个原子都能向 X、Y、Z 三个坐标轴方向运动,也就是说在空间每个原子有三个自由度,因此由 N 个原子组成的分子有 $3N$ 个自由度(总自由度)。

其中,三个自由度是分子作为一个整体的平移运动(平动),需要扣除。

对于非线型分子,还有三个自由度是分子的转动自由度,因此非线型分子的振动自由度 = $3N-3-3 = 3N-6$。

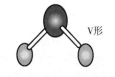

图5-6　H_2O 分子结构

而线型分子由于以键轴为转动轴的转动不改变原子的空间坐标,不发生能量变化,不能算作转动自由度,只有两个转动自由度。因此线型分子的振动自由度 = $3N-3-2 = 3N-5$。

比如水分子 H_2O,有三个原子,呈立体结构 V 形(图5-6),为非线型结构,则振动自由度 = $3×3-6 = 3$,故 H_2O 分子有三种振动形式(图5-7)。

　　　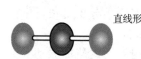

| 不对称伸缩振动 | 对称伸缩振动 | 弯曲振动 | 直线形 |

图5-7　H_2O 分子的三种振动形式　　　　图5-8　CO_2 分子结构

而二氧化碳分子 CO_2 结构中三个原子呈直线形(图5-8),为线型分子,其振动自由度 = $3×3-5 = 4$,故 CO_2 分子有四种振动形式(图5-9)。

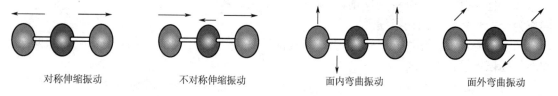

| 对称伸缩振动 | 不对称伸缩振动 | 面内弯曲振动 | 面外弯曲振动 |

图5-9　CO_2 分子的振动形式

二、红外光谱吸收峰的分类

(一)基频峰与泛频峰

1.基频峰

分子的运动用量子理论方法处理,可以得到分子的振动能级的能量

$$E = \left(V \pm \frac{1}{2}\right) h\nu \tag{5-2}$$

式中 ν——分子振动频率；

V——振动量子数，$V = 0$、1、2、$3\cdots$；

h——普朗克常数。

常温下，大多数分子处于基态，$V = 0$，此时分子的能量 $E = \dfrac{1}{2}h\nu$，称为零点能。当分子吸收适宜频率的红外光而跃迁至激发态时，振幅按所在的能级增大。由量子力学可知，分子振动能级间的跃迁不是任意的，所吸收的光子的能量 E_L 必须恰好等于两个振动能级的能量差 ΔE。

$$\Delta E = E_{激发} - E_{基态}$$
$$= （V_{激发} - V_{基态}）h\nu$$
$$= \Delta V h\nu$$
$$\Delta E = E_L = h\nu_L$$

所以，$\nu_L = \Delta V\nu$。即分子吸收红外线发生能级跃迁时所吸收红外线的频率 ν_L，只能是谐振子振动频率 ν 的 ΔV 倍。

当分子吸收适宜频率的红外光，振动能级由基态（$V = 0$）跃迁到第一振动激发态（$V = 1$）时，$\Delta V = 1$，此时所产生的吸收峰称为基频峰。因为基频峰的强度一般较大，所以基频峰是红外光谱上的一类最主要吸收峰。

2.泛频峰

分子吸收红外光，除了发生从 $V = 0$ 到 $V = 1$ 的跃迁以外，还有振动能级由基态（$V = 0$）跃迁到第二振动激发态（$V = 2$）、第三振动激发态（$V = 3$）$\cdots$，所产生的吸收峰称为倍频峰。由基态（$V = 0$）跃迁至第二激发态（$V = 2$），$\Delta V = 2$，$\nu_L = 2\nu$，所产生的吸收峰称为二倍频峰。由基态（$V = 0$）跃迁至第三激发态（$V = 3$），$\Delta V = 3$，$\nu_L = 3\nu$，所产生的吸收峰称为三倍频峰。

实际上，由于相邻能级差并不完全相等，所以倍频峰的频率不严格地等于基频峰频率的整数倍。倍频峰强度一般较弱，二倍频峰还经常可以检测到，具有一定实际意义，其他倍频峰因跃迁概率很小，吸收非常弱，常常检测不到。

除了倍频峰以外，在多原子分子中，分子的各种振动还会相互作用，形成合频峰 $\nu_1 + \nu_2$、$2\nu_1 + \nu_2\cdots$，差频峰 $\nu_1 - \nu_2$、$2\nu_1 - \nu_2\cdots$，合频峰与差频峰多数情况下强度弱，一般在红外光谱图上很难辨认。将倍频峰、合频峰和差频峰统一称为泛频峰。泛频峰的存在使红外光谱图变得复杂，特征性增强。

（二）特征峰与相关峰

1.特征峰

红外光谱中，某些官能团处在不同分子中，却都在某一个较窄的频率区间呈现吸收谱带，这种吸收谱带是官能团所特有的，因此可用一些容易辨认、具有代表性的吸收峰来确认官能团的存在。将可用于鉴别官能团存在的吸收峰称为特征峰。

2.相关峰

虽然特征峰可用于鉴定官能团的存在，但多数情况下，一个官能团通常有几种不同的振动形式，会产生多个吸收峰。由一个官能团所产生的一组相互依存的特征峰称为相关峰。在光谱解析与官能团确认中，必须找到官能团的主要相关峰才能确认。

三、红外光谱产生的条件

峰的数目与分子自由度有关。理论上，化合物分子有多种基本振动形式，每一种振动都在特定的频率产生红外吸收，对应一种基频峰。前面已经介绍 H_2O 分子有三种振动形式，其中氢氧原子间的对称伸缩振动频率为 $3652cm^{-1}$，不对称伸缩振动频率为 $3752cm^{-1}$，弯曲振动频率为 $1595cm^{-1}$，当用含有这三种频率的红外光照射 H_2O 分子时，分子就会吸收这三种频率的红外光，产生相应的吸收峰，在红外吸收光谱图中可以看到三个吸收峰（图 5-10）。

CO_2 分子有四种振动形式，但是从图 5-11 中看，却只有两个吸收峰。原因有二，一是有两个振动形式（面内、面外弯曲振动）的频率相同，只能观察到一个吸收峰，这种现象称为吸收峰的简并；二是 CO_2 分子在做对称伸缩振动时，两个氧原子同时移向或离开碳原子，分子正负电荷中心重合，偶极矩没有变化（$\Delta\mu = 0$），所以该振动不产生红外吸收，只有在做不对称伸缩振动时，分子正负电荷中心不重合才产生了瞬间偶极矩的变化，于是在 $2349cm^{-1}$ 处产生了吸收。

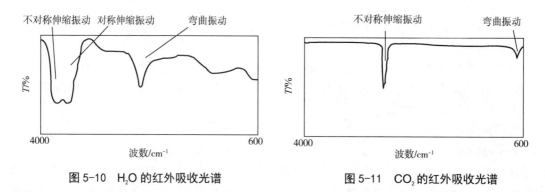

图 5-10　H_2O 的红外吸收光谱　　　　图 5-11　CO_2 的红外吸收光谱

由此可知，化合物分子吸收红外辐射产生红外光谱必须同时满足以下两个条件：①必须服从 $\nu_L = \Delta V\nu$，即吸收红外光子的能量必须恰好等于两个振动能级的能量差；②$\Delta\mu \neq 0$，即分子振动过程中，有瞬间偶极矩的变化。两个条件，缺一不可。

四、红外吸收光谱与官能团

（一）红外光谱分区

红外光谱是分子振动光谱，化合物含有各种不同的化学键，在波数 $4000\sim400cm^{-1}$ 范围内呈现许多振动吸收峰（吸收谱带）。化合物分子中有些官能团对应着特定的红外吸收频率，一般位于红外光谱图的高频区，习惯上将这一区间称为基团特征区或官能团区。该区域内吸收峰比较少，较少出现峰的重叠，容易辨认，可用于确证化合物的官能团，是结构解析的重要依据。比如各种含有氢原子的单键、双键和三键的伸缩振动都处于该区域，尤其是羰基峰处于该区域，而且吸收强度很大，非常容易辨认。

各类单键 C—X（X＝C、N、O 等）的面外弯曲振动和伸缩振动的吸收峰则位于红外光谱图中的低频区，在此区域内，吸收峰比较多，而且容易出现吸收峰的重叠，不容易辨认和判断峰的归属，但是如果有结构不同的化合物，哪怕是极小的差异，在此区域内一定有所反映。类似于人类，不同的人具有不同的指纹，因此将此区域称为指纹区。两个结构相近的化合物特征区可能大同小异，但只要结构上存在差异，在指纹区就一定会有不同。

两个区域的分界线在不同文献中有一定差别，一般有 $1350cm^{-1}$、$1300cm^{-1}$、$1250cm^{-1}$ 等几种情况。本书在讨论时，为解析红外图谱方便，以有机化合物共价键振动类型的分布将分界线选定在 $1300cm^{-1}$，即 $4000\sim1300cm^{-1}$ 为特征区，$1300\sim400cm^{-1}$ 为指纹区。

（二）常见基团的典型光谱

物质的红外光谱是其分子结构的反映，图谱中的吸收谱带都对应分子中各个基团的振动，根据该基团在特征区的特征峰存在和在指纹区的相关峰做旁证可以确证分子结构，因此想利用红外光谱进行结构解析需要熟悉基团的吸收频率。

1. 脂肪烃类

脂肪烃主要有烷烃、烯烃和炔烃，主要有碳氢键的伸缩振动和弯曲振动吸收峰。

（1）烷烃　C—H 伸缩振动，波数为 3300～2850cm^{-1}；C—H 弯曲振动，波数为 1480～1350cm^{-1}。

（2）烯烃　C—H 伸缩振动，波数为 3100～3000cm^{-1}；C≕C 伸缩振动，波数为 1650cm^{-1} 附近；C—H 弯曲振动，波数为 1000～650cm^{-1}。

（3）炔烃　≡C—H 伸缩振动，波数为 3300cm^{-1} 附近；C≡C 伸缩振动，波数为 2200cm^{-1} 附近。特征性强，但炔基化合物少。

2. 芳烃类

苯环上的 C—H 伸缩振动，波数为 3100～3000cm^{-1}；苯环 C≕C 骨架振动，波数为 1600～1450cm^{-1}；苯环 C—H 面外弯曲振动，波数为 900～680cm^{-1}。此三处的特征吸收属于苯环的特征吸收，可以确证苯环的存在。芳环的面外弯曲振动的峰位还取决于芳环上留存氢原子的相对位置，与取代基的种类关系不大，是确证苯环上取代位置的重要特征峰。

（1）苯环单取代　在 770～690cm^{-1} 波数区域有 2 个强吸收带，峰位一般位于 750cm^{-1} 和 690cm^{-1} 附近。

（2）邻位二取代　在 770～735cm^{-1} 波数区域有 1 个强吸收峰。

（3）间位二取代　有三个吸收带，在 710～690cm^{-1}、810～750cm^{-1} 波数区域各有 1 个强吸收峰，在 880cm^{-1} 附近有 1 个中等强度吸收峰。

（4）对位二取代　在 880～800cm^{-1} 波数区域出现 1 个强吸收带。

3. 醇、酚、醚类

（1）醇　O—H 伸缩振动，在 3650～3590cm^{-1} 波数区域有尖锐的吸收峰，伯醇、仲醇、叔醇波数逐渐降低；C—O 伸缩振动，在 1250～1000cm^{-1} 波数区域有吸收峰，伯醇、仲醇、叔醇波数逐渐增加。

（2）酚　O—H 伸缩振动，在 3500～3200cm^{-1} 波数区域有宽大的吸收峰。

（3）醚　C—O 伸缩振动，在 1300～1000cm^{-1} 波数区域有吸收峰。脂链醚中对称伸缩振动很弱，甚至消失，只在 1150～1060cm^{-1} 有 1 个强吸收。芳香醚或醚键与烯烃相连时对称伸缩振动强度增大，不对称伸缩振动频率增加，呈现 2 个吸收峰分别处于 1050～1000cm^{-1}、1270～1230cm^{-1} 波数区域。

4. 羰基化合物

羰基吸收峰是红外光谱上最易识别的吸收峰，一般是光谱图上的最强峰，并且不与其他峰重叠，独占 1700cm^{-1} 波数左右。由于羰基化合物较多，因此该吸收峰也是最重要的吸收峰。

（1）酮　C≕O 伸缩振动，在波数 1715cm^{-1} 左右有强吸收，如果形成共轭，吸收频率降低。

（2）醛　C≕O 伸缩振动，在波数 1725cm^{-1} 左右有强吸收，如果形成共轭，吸收频率降低；C—H 伸缩振动，在波数 2820cm^{-1}、2720cm^{-1} 左右出现双峰，此双峰形成的原因是醛基中的 C—H 伸缩振动与其面内弯曲振动（1400cm^{-1} 左右）的倍频峰发生费米共振，分裂形成双峰。此峰非常容易辨认，常常用于醛与酮的区分。

（3）羧酸　O—H 伸缩振动，由于氢键缔合呈现宽大吸收峰，在波数 $3400\sim2500cm^{-1}$ 之间，峰的中心在 $3000cm^{-1}$ 左右，常会淹没烷基的 C—H 伸缩振动峰或仅露出峰顶；C=O 伸缩振动，在波数 $1740\sim1650cm^{-1}$ 左右有强吸收；C—O 伸缩振动，在波数 $1320\sim1200cm^{-1}$ 之间有吸收。

（4）酯　C=O 伸缩振动，在波数 $1735cm^{-1}$ 左右有强吸收；C—O 伸缩振动，在波数 $1300\sim1000cm^{-1}$ 之间强吸收。

（5）酸酐　C=O 伸缩振动，在波数 $1850\sim1800cm^{-1}$、$1780\sim1740cm^{-1}$ 出现 2 个吸收峰，为羰基峰的分裂峰，为主要特征峰；C—O 伸缩振动在波数 $1300\sim900cm^{-1}$ 之间有吸收。

5.含氮化合物

（1）酰胺　N—H 伸缩振动在波数 $3500\sim3100cm^{-1}$ 之间，伯酰胺双峰，仲酰胺单峰；C=O 伸缩振动在 $1680\sim1630cm^{-1}$ 有吸收；N—H 弯曲振动在 $1640\sim1550cm^{-1}$ 有吸收。

（2）胺　N—H 伸缩振动在波数 $3500\sim3300cm^{-1}$ 之间，伯胺双峰，仲胺单峰；N—H 弯曲振动在 $1650\sim1550cm^{-1}$ 有吸收；C—N 伸缩振动在 $1350\sim1020cm^{-1}$ 之间有吸收。

（3）硝基化合物　硝基的伸缩振动，在 $1600\sim1500cm^{-1}$、$1390\sim1300cm^{-1}$ 出现 2 个吸收峰，强度大、易辨认。

红外光谱分析中，吸收频率会受到分子结构和测量环境的影响而发生移动。比如结构中受相邻基团和空间结构的影响发生诱导效应使得吸收峰向高频方向移动、发生共轭效应和受氢键影响使吸收峰向低频方向移动；受环境因素如色散元件、温度、溶剂等的影响也会使吸收峰发生位移，因此在具体分析时要注意结合其他分析方法。

第三节　傅里叶变换红外光谱仪

红外光谱仪又称红外分光光度计，是利用物质对不同波长的红外辐射的吸收特性，进行分子结构和化学组成分析的仪器。红外光谱仪是石油、化工、物理、化学、地质、生物、医学、环保等行业的重要测试手段。

【知识链接】

红外光谱仪的发展经历三个阶段，不同之处在于单色器。第一代仪器是以岩盐棱镜为单色器的棱镜红外分光光度计，由于单色器易吸潮、分辨率低已经淘汰。第二代仪器是以光栅为单色器的光栅红外分光光度计，分辨率超过棱镜仪器、安装环境要求不高、价格便宜，但是扫描速度较慢。第一代和第二代仪器都属于色散型红外分光光度计。第三代仪器是干涉调频分光傅里叶变换红外光谱仪，分辨率很高、扫描速度极快，目前基本上都用傅里叶变换红外光谱仪。

一、傅里叶变换红外光谱仪的主要结构

傅里叶变换红外光谱仪（FTIR）是通过测量干涉图并对干涉图进行傅里叶变换的方法来测定红外光谱，主要由光学台[光源、迈克尔逊（Michelson）干涉仪、吸收池（样品室）、检测

器]和计算机系统（记录装置和数据处理系统）组成。

（一）光源

红外光谱测定的光源需要发出高强度的、连续的红外光，目前常用的光源有硅碳棒和能斯特灯。

硅碳棒是由碳化硅经高温烧结而成的中间细、两端粗的实心棒。中间发光，两端粗的目的是降低两端电阻，使两端温度低。硅碳棒使用需预热，坚固、寿命长、发光面积大，且价格便宜。

能斯特灯由稀土氧化物烧结而成，在低温时不导电，温度升高超过 700℃ 时成为导体，开始发光。其优点是发光强度大，尤其在高于 $1000cm^{-1}$ 区域稳定性好，但是价格较高，机械强度较差。

（二）迈克尔逊干涉仪

迈克尔逊干涉仪是傅里叶变换红外光谱仪的核心部分。样品置于光路中，干涉仪将光信号以干涉图的形式送往计算机，进行傅里叶变换得到样品的红外光谱图。

（三）吸收池

由于玻璃、石英等材料对红外光有吸收，因此红外吸收池常采用能让红外光透过的岩盐窗片，一般用盐类的单晶制作，比如溴化钾（KBr）、氯化钠（NaCl）等，因此红外光谱仪的工作环境对湿度要求高。

（四）检测器

检测器的作用是将检测到的红外光转变成电信号。红外光区的光子能量低，不能使用光电管或光电倍增管，另外傅里叶变换红外光谱仪的全程扫描不到 1s，一般检测器的响应时间又不能满足要求，因此多用热电型硫酸三甘肽（TGS）和光电导型碲镉汞检测器（MCT 检测器）。

（五）计算机系统

傅里叶变换红外光谱仪图谱的记录、处理都在计算机上完成，配套的工作软件可以对仪器进行参数调节、光谱扫描操作，还可以对红外光谱图进行保存、对比、打印。

二、傅里叶变换红外光谱仪的工作原理

傅里叶变换红外光谱仪是利用光的相干性原理设计的干涉型红外光谱仪，其工作原理如图 5-12 所示。

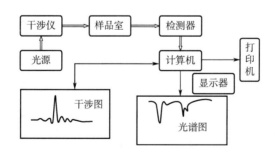

图 5-12 傅里叶变换红外光谱仪工作原理

利用迈克尔逊干涉仪将两束光程差按一定速度变化的复色红外光相互干涉，形成干涉光，

再与样品作用，检测器将得到的干涉信号送入计算机进行傅里叶变换的数学处理，把干涉图还原成光谱图。

与色散型红外光谱仪相比，傅里叶变换红外光谱仪具有以下优点：

1.扫描速度快

仪器在 1s 内就可以得到一张红外光谱图，每秒钟扫描可以多达 60 次，可同时测定所有波数区间的信息。

2.灵敏度高

由于光束未进行分光，入射光的强度大，灵敏度很高，样品量可以低至 $10^{-9}\sim10^{-11}$g，可用于痕量分析。

3.分辨率高

仪器的分辨率是指在某波数处恰好能分开两个吸收带的波数差，傅里叶变换红外光谱仪的分辨率可达到 0.005cm^{-1}。

第四节　样品处理及仪器操作

红外光谱图是定性分析和结构分析的依据，要想得到一张高质量的图谱，对样品、样品制备、测定环境有严格的要求。

一、样品及环境要求

1.样品纯度

样品应该是单一组分的纯物质，纯度需要大于 98% 或者符合商业规格，以便于与纯物质的标准图谱进行对照。对于多组分的样品需要先用各种分离分析方法进行分离后再进行绘图。

2.水分要求

由于结晶水和游离水分对羟基峰存在干扰，因此样品中应不含游离水，测定环境中湿度也应进行控制，样品更不能是水溶液。

二、试样制备

红外光谱进行分析的对象可以是固体、液体或气体，需要根据样品的状态、性质、分析的目的、仪器性能等选择一种合适的制样方法。

（一）气体样品

气体样品一般使用气体池进行测定。气体池的两端粘有让红外光透过的 NaCl 或 KBr 窗片。使用时先将气体池抽真空，再将气体样品注入。

（二）液体样品

液体样品可以根据沸点、黏度、透明度、吸湿性和挥发性等选择适宜的制样方法。

1.液体池法

将试样注入封闭的吸收池中测定。此方法适用于沸点低、容易挥发的液体。

2.液膜法

又称为夹片法，准备两片空白 KBr 片，将液体样品滴在其中一片上，再盖上另一片，使液体样品铺展于两片盐片中形成薄膜后测定。该方法操作简便，适用于高沸点（高于80℃）以及不易清洗的样品。

（三）固体样品

1. 压片法

压片法是固体样品分析时应用最广泛的制样方法。

取约1～2mg干燥的固体样品与100～200mg干燥的光谱纯KBr粉末在玛瑙研钵中充分研磨，使粉末粒度小于2μm，以免颗粒不均匀产生散射对红外吸收造成影响。将研磨混合均匀的粉末置于压片模具中，使其平铺均匀，用压片机压成厚约1mm的透明薄片。将薄片置于仪器的检测光路中，绘制光谱图。

2. 糊剂法

此法适用于研磨或压片过程中容易吸潮或易发生晶型转变的样品。

取样品约5mg，置于玛瑙研钵中研细，滴加几滴液状石蜡或其他适宜的糊剂，继续研磨制成均匀的糊状物。取适量糊状物夹于两个空白KBr片之间，置于光路中，绘制光谱。液体石蜡的作用是包裹样品微粒，隔离空气中的潮气，防止吸潮。

3. 薄膜法

将固体样品溶解在挥发性溶剂中，涂于窗片或KBr空白片上，等溶剂挥发完全，样品遗留在窗片上形成薄膜。测定时要求溶剂必须挥发完全，防止溶剂产生红外吸收影响样品的图谱。测定完毕后，用溶剂洗去样品薄膜。

三、仪器操作

1. 开机

检查实验室电压、温湿度环境（电压稳定、温度在15～25℃、湿度≤60%），依次打开红外光谱仪主机（图5-13）、电脑显示器、电脑，预热20min。

2. 启动工作站

双击电脑中红外光谱工作站的快捷图标（图5-14），登录，进入工作站。点击菜单栏"测定"下拉菜单的初始化，仪器开始初始化。自检完毕后设定参数。

3. 制样

根据样品特性，选择相应的制样方法进行制样。

图5-13 打开红外光谱仪主机

图5-14 启动红外光谱工作站

4. 样品测试

先让光路空白或将空白KBr片放入光谱仪样品室内的样品架上，进行背景扫描；然后将制作好的样品片放入样品室内的样品架上（图5-15），扫描样品，根据需要保存和打印图谱（图5-16）。

图5-15 样品片置于样品架上

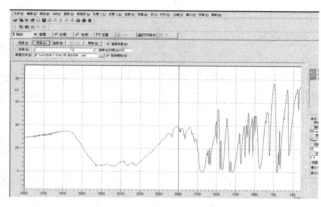

图5-16 样品图谱

5.关机

测定完毕，关闭软件，按顺序关闭红外光谱仪主机和电脑电源，罩上防尘罩。

6.清洗用具

压片用钢制模具及玛瑙研钵先用水冲洗，再用纯化水冲洗三遍，用脱脂棉蘸取无水乙醇擦洗各个部分，用吹风机吹干，保存在干燥器内。

第五节 应用与实例

化合物的红外光谱图与分子结构有关，特征性强，广泛应用于有机化合物的定性鉴别和结构分析。

一、定性鉴别

定性鉴别是将样品的图谱与对照图谱进行对比。如果两张图谱一致（吸收峰的峰位、峰形和峰强一致），通常可判定为同一物质（只有少数例外，如有些光学异构体或大分子同系物等）。若两张光谱图不同，则说明两化合物不同或者样品中含有杂质。如果用计算机进行图谱检索，则是采用相似度来进行判别。

对照图谱有两种，一是文献或质量标准中给出的标准图谱，比如配合《中国药典》出版的《药品红外光谱集》，其中收载了大量药物的红外光谱图，此方法不需要提供对照品，我国常用；二是在与样品绘图同样条件下描绘对照品的红外光谱图作为对照图谱，此方法可以消除由于仪器不同和操作环境、操作条件不同所造成的误差，但必须提供对照品。

二、结构分析

红外光谱解析是进行化合物结构分析的有力工具，通过对光谱进行解析，判断样品的可能结构。解析光谱之前，需要对样品有一定的了解，比如其来源、外观等，还需要根据样品的形态选择适当的制样方法。结合对样品的元素分析、物理常数测定等来确证化合物的结构。结构解析具体步骤如下：

1.求分子式

根据元素分析及分子量的测定，求出分子式。

2.计算不饱和度（U）

不饱和度指分子结构中距离达到饱和时所缺一对 1 价元素的数目，即每缺少两个 1 价元素时，不饱和度为 1（$U=1$）。如果分子式中只含有 1 价、2 价、3 价和 4 价元素时，不饱和度可用下式进行计算。

$$不饱和度 \quad U=\frac{2n_4+n_3-n_1+2}{2}$$

式中 n_4——化合价为 4 价的原子个数（主要是 C 原子）；

　　　n_3——化合价为 3 价的原子个数（主要是 N 原子）；

　　　n_1——化合价为 1 价的原子个数（主要是 H 原子、卤素原子）。

不饱和度 U 为 0 时，应为链状饱和烃及其衍生物；不饱和度 U 为 1 时，可能有一个双键或脂环；不饱和度 U 为 2 时，可能有两个双键或脂环或一个三键；不饱和度 $U \geqslant 4$ 时，可能有苯环。

示例 5-1：苯 C_6H_6，试计算其不饱和度。

解：$U=（2×6+0-6+2）÷2$

$\quad\quad =4$

苯的结构中有 3 个双键、1 个环，正好为 4 个不饱和度。

3.解析光谱图中的峰

根据峰位找到峰的归属，通常采取先特征区、后指纹区，先最强峰、后次强峰的方法。解析时应注意把描述各官能团的相关峰联系起来，以准确判定官能团的存在。

4.查对标准光谱核实

根据判断查找相应化合物的标准图谱进行对比。

示例 5-2：某化合物的分子式为 C_7H_8，红外光谱图如下，试推测该化合物的结构。

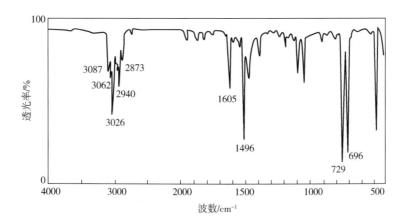

解：（1）计算其不饱和度。

$$U = \frac{2n_4 + n_3 - n_1 + 2}{2}$$

$$= \frac{2 \times 7 + 0 - 8 + 2}{2}$$

$$= 4$$

$U = 4$，化合物可能含有苯环。

（2）解析光谱图的峰。

波数/cm⁻¹	归属	结构
3087，3092	C—H 键伸缩振动	Ar—H
2940，2873	—CH₃ 的不对称伸缩振动	—CH₃
1605，1496	苯环 C=C 的骨架振动	苯环
729，696	苯环的单取代	苯环单取代

根据以上信息可推测该化合物为甲苯，即 ⬡—CH₃。

示例 5-3：某化合物的分子式为 C_7H_7Cl，红外光谱图如下，试推测该化合物的结构。

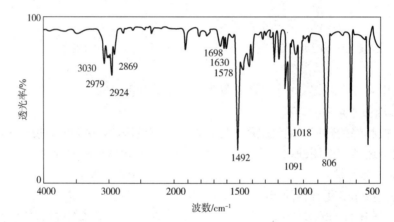

解：（1）计算其不饱和度。

$$U = \frac{2n_4 + n_3 - n_1 + 2}{2}$$

$$= \frac{2 \times 7 + 0 - 8 + 2}{2}$$

$$= 4$$

$U = 4$，化合物可能含有苯环。

（2）解析光谱图的峰。

波数/cm⁻¹	归属	结构
3030，2979	C—H 键伸缩振动	Ar—H
2924，2869	—CH₃ 的伸缩振动	—CH₃
1630，1578	苯环的骨架振动	苯环
1492	—CH₃ 的弯曲振动	—CH₃
1091	C—Cl 伸缩振动	氯取代
806	苯环上有对位二取代（单峰）	苯环对位取代

根据以上信息可推测该化合物为对氯甲苯，$CH_3-$$-Cl$。

三、定量分析

红外光谱法用于定量分析的理论依据是朗伯-比尔定律，根据对特征吸收谱带强度的测量来求出组分含量。但是由于红外光谱法灵敏度较低，变异因素较多，所以较少用于微量物质分析。

【本章小结】

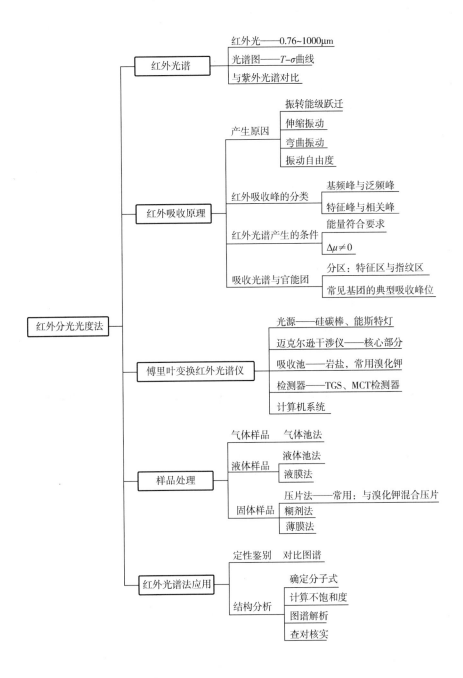

【实践项目】

实训5-1　KBr压片法测定苯甲酸的红外光谱

一、实训目的

1. 掌握用 KBr 压片法制备固体样品进行红外光谱测定的技术和方法。
2. 掌握傅里叶变换红外光谱仪及其软件的使用方法。
3. 熟悉压片机的使用方法。

二、仪器与试剂

仪器：傅里叶变换红外光谱仪；红外压片机及配套模具；红外灯干燥器；玛瑙研钵。
试剂：苯甲酸样品（AR）；溴化钾（光谱纯）。

三、操作步骤

1. 开机及设置

打开仪器电源开关，待仪器稳定；打开电脑，启动红外光谱仪软件系统，设置实验参数：分辨率 $4cm^{-1}$，扫描次数 32，扫描范围 $4000 \sim 400cm^{-1}$，纵坐标为透光率（%）。

2. 样品制备

取干燥的苯甲酸样品约 1mg 于干净的玛瑙研钵中，在红外灯下研细，再加入约 150mg 干燥 KBr 细粉一起研磨混合均匀，混合物粒度约为 2μm 以下。取适量的混合样品均匀堆积于压片模具中，用压片机制成透明薄片。

3. 样品红外光谱测定

先测空白背景，然后小心取出试样薄片，装在磁性样品架上，放入光谱仪样品室，测定样品的红外光谱图。

4. 数据处理

对所测谱图进行基线校正及适当平滑处理，标出主要吸收峰的波数值，储存数据后，打印谱图。

5. 关机

结束后，取出样品架，清洁压片模具，保存。依次关闭红外光谱仪开关、电脑开关，罩上防尘罩。

四、检验记录及报告

记录：品名_____，批号_____，仪器型号_____
附图：

五、思考与讨论

1.本实验中对吸收池有何要求？

2.试分析红外光谱图中各吸收峰的归属。

实训5-2　液膜法测定乙醇的红外光谱

一、实训目的

1.掌握用液膜法制备液体样品进行红外光谱测定的技术和方法。
2.掌握傅里叶变换红外光谱仪及其软件的使用方法。
3.熟悉可拆卸液体池的使用方法。

二、仪器与试剂

仪器：傅里叶变换红外光谱仪；可拆卸液体池。
试剂：无水乙醇。

三、操作步骤

1.开机及设置

打开仪器电源开关，待仪器稳定；打开电脑，启动红外光谱仪软件系统，设置实验参数：分辨率 $4cm^{-1}$，扫描次数32，扫描范围 $4000\sim400cm^{-1}$，纵坐标为透光率（%）。

2.样品制备

取1滴乙醇样品置于液体池中，安装液体池。

3.测定

先测空白背景，再将样品置于光路中，测量样品的红外光谱图。

4.数据处理

对所测谱图进行基线校正及适当平滑处理，标出主要吸收峰的波数值，储存数据后，打印谱图。

5.关机

结束后，取出样品架，清洁液体池，保存。依次关闭红外光谱仪开关、电脑开关，罩上防尘罩。

四、检验记录及报告

记录：品名_____，批号_____，仪器型号_____

附图：

五、思考与讨论

1. 红外吸收测定中对样品纯度有什么要求?

2. 环境湿度大对红外吸收产生什么影响?

【目标检验】

一、填空

1. 红外吸收光谱图是以_____为横坐标,以_____为纵坐标作图得到的曲线。

2. 傅里叶变换红外光谱仪的基本结构主要由_____、_____、_____、_____、_____组成。

3. 红外光谱仪常用_____或_____作为光源。

4. 傅里叶变换红外光谱仪的关键部件是_____。

5. 红外光谱产生的条件有_____和_____,两者缺一不可。

二、选择(请根据题目选择最佳答案)

1. 用红外光谱法分析液体样品时,可以采用(　　)处理样品。

A. 糊剂法 　　　　　　　　　　　 B. 压片法

C. 气体池法 　　　　　　　　　　 D. 薄膜法

2. 用红外光谱进行样品分析时,样品应该是单一组分的纯物质,纯度应该大于(　　)。

A. 98% 　　　　　　　　　　　　 B. 95%

C. 97% 　　　　　　　　　　　　 D. 99%

3. 下列不是傅里叶变换红外光谱仪的组成部分的是(　　)。

A. 光源 　　　　　　　　　　　　 B. 迈克尔逊干涉仪

C. 光栅 　　　　　　　　　　　　 D. 检测器

4. 红外光谱分析制备固体样品时,可用(　　)压片。

A. 溴化钾 　　　　　　　　　　　 B. 氯化钠

C. 固体石蜡 　　　　　　　　　　 D. 碳酸钙

5. 进行分子不饱和度计算,$U=1$,则分子组成可能是(　　)。

A. 饱和链烃 　　　　　　　　　　 B. 分子中有一个三键

C. 分子中有一个双键 　　　　　　 D. 分子中有一个脂环

三、简答

1. 简述红外光谱仪的主要部件。

2. 产生红外吸收的条件是什么?是否所有的分子振动都可以产生红外吸收光谱?

3. 简单说明红外光谱法的应用。

四、计算

1. 某化合物的分子式为 $C_6H_{15}N$，红外光谱图如下，试推测该化合物结构。

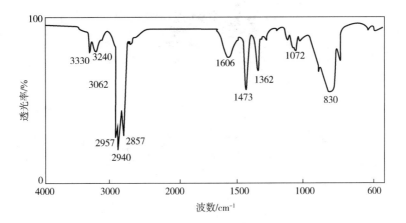

2. 某化合物的分子式为 C_8H_8O，红外光谱图如下，试推测该化合物的结构。

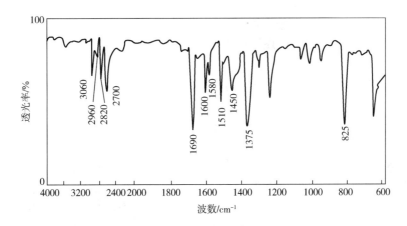

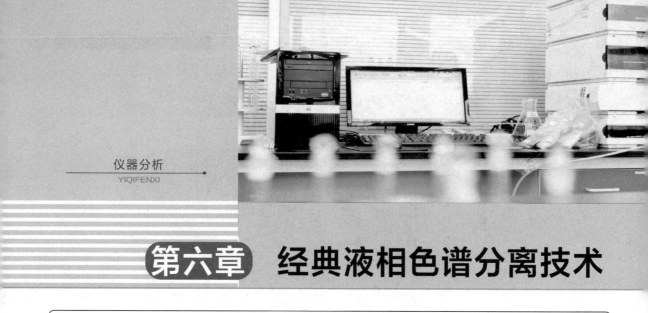

第六章 经典液相色谱分离技术

【学习目标】

知识目标：

阐述吸附色谱、分配色谱、离子交换色谱、凝胶色谱的基本原理；对色谱法进行分类；对比薄层色谱、纸色谱的操作方法；理解薄层色谱、纸色谱的定性、定量分析方法。

能力目标：

能说出常见色谱的基本原理；会进行薄层色谱、纸色谱的操作；能对薄层色谱、纸色谱的结果进行定性、定量分析。

经典液相色谱法是指在常温、常压下依靠重力或毛细作用输送流动相的液相色谱法。与高效液相色谱法、气相色谱法等现代色谱方法相比，经典液相色谱法的分离时间较长、分离效率较低，一般不能实现自动分析，但其所需设备简单、操作方便，尤其是薄层色谱法，被广泛应用于化合物的纯度控制和药品的杂质检查、中药材的定性鉴别、天然药物活性成分的分离等。

第一节 色谱分析法概述

一、色谱法概念及分离原理

色谱法也称色层分离法、层离法、层析法，是一种物理或物理化学的分离方法。它是利用混合物中各组分理化性质的差别，使各组分以不同程度分布在两个相中，其中一相是固定的，称为固定相，另一相则流过此固定相，并使各组分以不同速度移动，从而达到分离的目的。

固定相可以是固体物质，也可以是液体物质，能与待分离的化合物进行可逆的吸附、溶解、交换等作用。它对色谱的分离效果起着关键的作用。推动固定相上待分离的物质朝着一个方向移动的液体、气体或超临界流体等，称为流动相。柱色谱中一般称为洗脱剂，纸色谱和薄层色谱中常称为展开剂。它也是色谱分离的重要影响因素之一。

当流动相流过固定相时，在固定相中分布多的组分，随着流动相向前移动的速度就慢；反之，在流动相中分布多的组分，随着流动相向前移动的速度就快。由于不同组分移动速度不同，一段时间后不同组分就拉开一段距离，速度快的先出，速度慢的后出（图6-1）。

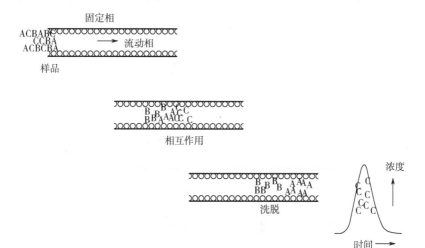

图6-1　色谱分离基本原理

【知识链接】

　　色谱法起源于20世纪初，1903～1906年俄国植物学家茨维特（M.Tswett）在研究植物色素时，在一根直立的玻璃管的底部塞上少许棉花，把细粒状碳酸钙填充于柱管内，将植物叶片的石油醚提取液从顶端倾入管中，然后加入石油醚自上而下淋洗。随着连续淋洗，提取液中的各种色素由于在碳酸钙吸附剂上吸附力大小不同，向下移动速率不同，逐渐形成了胡萝卜素、叶黄素、叶绿素A、叶绿素B等一圈圈连续色带，这种连续色带称为色层或色谱，色谱法由此得名。色谱分离过程中所使用的玻璃管称为色谱柱，管内填充的碳酸钙等材料称为固定相，加入的石油醚淋洗液称为流动相。色谱法发展到现在，不仅用于有色物质的分离，更广泛应用于无色物质的分离分析，但色谱法的名称一直沿用至今。

二、色谱法的分类

　　色谱法根据不同的分类方法可分成不同的类型（如图6-2所示），按操作方法的不同分为柱色谱和平面色谱；按流动相形式分为气相色谱和液相色谱；按分离机理分为吸附色谱、分配色谱、离子交换色谱、凝胶色谱、亲和色谱等。

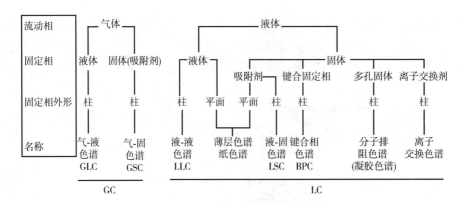

图 6-2　色谱法的分类

第二节　经典柱色谱分析

柱色谱法是将固定相装于管径较大色谱柱内，加入待分离的样品，用流动相洗脱，样品在柱管内向下移动，根据样品各组分与固定相及流动相作用力的不同实现分离。由于色谱柱填充固定相的量远远大于薄层色谱，因而柱色谱可用于分离量比较大（克数量级）的物质。

一、色谱类型及条件的选择

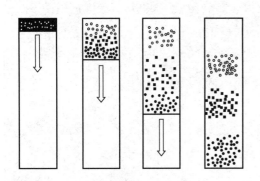

图 6-3　吸附色谱的基本原理

将欲分离的混合物从色谱柱的顶端注入，混合物中的各组分分别用●、○、■表示，固定相对混合物中各组分的吸附力大小次序为：白球分子（○）>方块分子（■）>黑球分子（●）。当从柱顶端加入合适的洗脱剂冲洗时，黑球分子（●）与吸附剂的吸附力最小，因此最先流出色谱柱，白球分子（○）与吸附剂的吸附力最大，因此最后流出色谱柱

1.常用色谱方法的分离原理

（1）吸附色谱法　吸附色谱法是靠溶质与吸附剂之间的分子吸附力的差异而分离的色谱方法。在吸附色谱过程中，溶质、溶剂（流动相）和吸附剂（固定相）三者是相互联系又相互竞争的，构成了色谱分离过程，其原理可用图 6-3 表示。当组分分子被流动相携带经过固定相时，流动相中的组分分子与吸附剂发生作用，组分分子被吸附剂表面所吸附；当新的流动相经过时，流动相分子置换组分分子，原先吸附在吸附剂表面的组分分子则重新溶解于流动相中而被解吸，并随流动相向前移动；遇到新的吸附剂，又再次被吸附；如此，不断发生吸附→解吸→再吸附→再解吸……的过程。吸附力较强的组分，在固定相中滞留时间长，随流动相移动的速度较慢，后出柱；吸附力较弱的组分，易被流动相解吸，在固定相中滞留时间短，移动速度快，先出柱。

【知识链接】吸附色谱常用吸附剂

吸附剂根据其化学组成，可分为有机吸附剂（如活性炭、纤维素、聚酰胺、大孔吸附树脂等）和无机吸附剂（如氧化铝、硅胶、人造沸石、磷酸钙、氢氧化铝、羟基磷灰石等）两大类。其中以硅胶、氧化铝最为常用。

1.硅胶

硅胶是具有硅氧交联结构，表面有许多硅醇基（Si—OH）的多孔性微粒，常以$SiO_2 \cdot nH_2O$表示，硅醇基是其吸附活性中心。硅醇基能与极性基团形成氢键而具有吸附性，各组分因所含极性基团与硅醇基形成氢键的能力不同而得以分离。有效硅醇基的数目越多，其吸附能力越强，硅胶吸附水分形成水合硅醇基会失去吸附能力，但将其在105~110℃干燥后又可除去结合的水而提高吸附能力。

硅胶具有弱酸性（pH=4.5），适合于分离酸性和中性化合物，如有机酸、氨基酸、甾体、酚、醛等。硅胶的分离效能与其粒度、孔径及表面积等有关，粒度越小，粒度分布越窄，其分离效率越高。薄层色谱所有硅胶的粒度一般为200~300目，经典柱色谱主要用于分离制备，柱效较低，可用粒度较大的硅胶（100~200目）。

2.氧化铝

氧化铝是一种吸附力较强的吸附剂，具有分离能力强、活性可控等优点。按制备方法的不同，分为酸性氧化铝、碱性氧化铝和中性氧化铝3种。酸性氧化铝（pH4~5）适用于分离酸性化合物，如有机酸、天然和合成的酸性色素、酸性氨基酸和多肽、对酸稳定的中性物质的分离。碱性氧化铝（pH9~10）适用于分离碱性和中性化合物，如生物碱、脂溶性维生素等。中性氧化铝（pH 7~7.5）使用范围广，凡是可以用酸性、碱性氧化铝分离的，中性氧化铝也都适用，尤其适用于分离生物碱、挥发油、萜类、甾体、蒽醌以及在酸、碱中不稳定的苷类、酯、内酯等成分。

硅胶与氧化铝的吸附能力与含水量密切相关，含水量越低，吸附力越强。根据其含水量，可将其吸附能力（又称活度或活性）分为5级，分别用Ⅰ、Ⅱ、Ⅲ、Ⅳ、Ⅴ表示。

硅胶含水量/%	氧化铝含水量/%	活度级别
0	0	Ⅰ
5	3	Ⅱ
15	6	Ⅲ
25	10	Ⅳ
38	15	Ⅴ

在一定温度下，加热除去水分以增强吸附活性的过程称为活化。反之，加入一定量水分使其吸附活性降低，称为失活或减活。一般而言，硅胶和氧化铝使用前往往需要进行活化处理，常用Ⅱ级和Ⅲ级。

（2）分配色谱法　分配色谱法利用被分离物质中各成分在两种不相溶的液体之间的分配系数不同而使混合物各组分得到分离。其中一个溶剂固定，用另一种溶剂冲洗，这种分离不经过吸附程序，仅由溶剂的提取而完成。

固定在柱内的液体为固定相，用作冲洗的液体为流动相。为了使固定相固定在柱内，需要有一种固体来吸牢它，这种固体本身不起分离作用，也没有吸附能力，只是用来使固定相停留在柱内，叫作载体。分配色谱常用的载体有硅胶、硅藻土、纤维素。

在进行分离时，先将含有固定相的载体装在柱内，加少量待分离的溶液后，用适当溶剂洗脱。在洗脱过程中，流动相与固定相发生接触，由于样品中各组分在两相间的分布不同，因此向下移动的速度不同，易溶于流动相中的成分移动快，而在固定相中溶解度大的成分移动慢，因而得到分离。

【知识链接】正相色谱与反相色谱

分配色谱根据固定液和流动相的相对极性，可以分为两类：一类称为正相分配色谱，其固定相的极性大于流动相，即以强极性溶剂作为固定液，以弱极性的有机溶剂作为流动相；另一类为反相分配色谱，其固定相具有较小的极性，而流动相极性则较大。

在正相分配色谱中，固定相为水、各种缓冲溶液、稀硫酸、甲醇、甲酰胺或丙二醇等强极性溶剂，以及它们的混合液，按一定的比例与载体混匀后填装于色谱柱中，用有机溶剂为洗脱剂进行洗脱分离，适用于分离极性物质。当分离极性、中等极性与弱极性的混合物时，弱极性物质先流出色谱柱，极性物质后流出色谱柱。

在反相分配色谱中，常以硅油、液状石蜡等极性较小的有机溶剂作为固定相，而以水、水溶液或与水混溶的有机溶剂为流动相，适用于分离中等极性至非极性的物质。被分离成分的流出顺序与正相分配色谱相反，亲脂性成分移动慢，亲水性成分移动快。因此，有些用正相色谱分离不好的试样，可采用反相色谱进行分离。

（3）离子交换色谱法　离子交换色谱法是利用具有离子交换性能的离子交换剂作固定相，利用它与流动相中的离子能进行可逆交换的性质来分离离子型化合物的色谱方法。

离子交换色谱使用的分离介质为离子交换剂，离子交换剂一般由三部分组成（图6-4）：①交联的具有三维空间立体结构的不溶性载体，称为骨架（通常用 R 表示）；②联结在骨架上的带电功能基团[如 $-SO_3^-$、$-N(CH_3)_3^+$]，称为活性基团；③与活性基团相结合的带相反电荷的自由活性离子（如 H^+、OH^-），称为可交换离子或平衡离子、反离子。惰性不溶的网

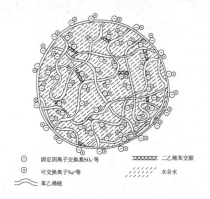

⊖　固定阴离子交换基 SO_3^- 等　　　〰〰〰〰　二乙烯苯交联
⊕　可交换离子 Na^+ 等　　　　　　　〰〰〰　水合水
〰　苯乙烯链

图6-4　离子交换剂结构示意图

络骨架和活性基团是以共价键连接在一起的，不能自由移动。

【知识链接】离子交换剂的类型

常见的离子交换剂根据骨架结构不同有两种类型：一种是使用人工高聚物作为载体的离子交换树脂（疏水性离子交换剂）；另一种是使用多糖作载体的多糖基离子交换剂（亲水性离子交换剂）。

疏水性的离子交换剂含有大量的活性基团，交换容量高、机械强度大、流动速度快，主要用于分离无机离子、有机酸、核苷、核苷酸和氨基酸等小分子物质。亲水性离子交换剂常用的有离子交换纤维素、离子交换葡聚糖、离子交换琼脂糖，它们与水的亲和力较大，载体孔径大，主要适用于分离多肽、蛋白质、核酸等生物大分子。

各类离子交换剂均可按其可解离的交换基团性质分为阳离子交换剂和阴离子交换剂两大类。阳离子交换剂根据其活性基团对应的酸的强弱，可分为强酸性、中强酸性和弱酸性。阴离子交换剂根据其活性基团对应的碱的强弱，可分为强碱性、中强碱性和弱碱性。

离子交换剂与水溶液中离子或离子化合物的反应主要以离子交换方式进行，假设以 RA^+ 代表阳离子交换剂，其中 A^+ 为反离子，A^+ 能够与溶液中的阳离子 B^+ 发生可逆的交换反应，反应式为：

$$RA^+ + B^+ \rightleftharpoons RB^+ + A^+$$

在溶液中，自由活性离子可以靠静电与树脂上的活性基团结合，也可以与其他比活性基团具有更强结合力的离子竞争而发生交换，从树脂上解脱下来处于游离状态，通常发生交换的离子的电荷性质是一样的，只是结合力不同。如果这种被交换的自由活性离子是阳离子，则这种离子交换剂称为阳离子交换剂；如果这种被交换的自由活性离子是阴离子，则这种离子交换剂称为阴离子交换剂。图6-5为样品在离子交换色谱柱上分离情况的示意图。

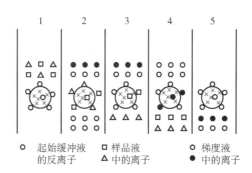

图6-5 离子交换色谱原理

1—平衡阶段：离子交换剂与反离子结合；2—吸附阶段：样品与反离子进行交换；

3、4—解吸附阶段：用梯度缓冲液洗脱，先洗下弱吸附物质（△），然后洗下强吸附物质（□）；

5—再生阶段：用原始平衡液进行充分洗涤，即可重复使用

（4）凝胶色谱法　凝胶色谱法又称凝胶过滤、分子筛色谱法或分子排阻色谱法，是以各种多孔球形凝胶为固定相，利用溶液中各组分的分子量差异而进行分离的一种色谱技术。用于分离的多孔球形介质称为凝胶色谱介质。

凝胶色谱的基本原理（如图 6-6 所示）是含有尺寸大小不同分子的样品进入色谱柱后，较大的分子不能通过孔道扩散进入凝胶内部，而与流动相一起先流出色谱柱；较小的分子可通过部分孔道、更小的分子可通过任意孔道扩散进入凝胶内部。这种颗粒内部扩散的结果，使小分子向柱下移动速度减慢，从而样品根据分子大小的不同依次从柱内流出，达到分离的目的。

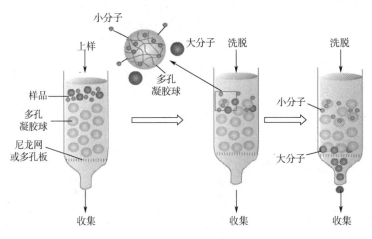

图 6-6　凝胶色谱原理

2.色谱类型的选择

选择何种类型的色谱进行分离，主要取决于样品中待分离组分的性质及各组分的性质差异。非极性、弱极性的组分往往采用反相分配色谱或吸附色谱；极性组分则采用正相分配色谱或吸附色谱；酸性、碱性、两性组分或离子型化合物可采用离子交换色谱，有时也可用分配色谱或吸附色谱；大分子化合物则优先考虑凝胶色谱。结构相似化合物的分离尤其是异构体的分离首选硅胶吸附色谱。

也可以根据物质化学成分的类型和结构，选择不同的色谱类型。比如生物碱的色谱分离可采用氧化铝或硅胶吸附柱色谱，对于极性较大的生物碱可用分配色谱，而季铵型水溶性生物碱可用离子交换色谱或分配色谱；黄酮类、鞣质等多元酚衍生物首选聚酰胺色谱；苷类的色谱分离往往取决于苷元的性质，如皂苷、强心苷，一般可用分配色谱或硅胶吸附色谱；挥发油、甾体、萜类包括萜类内酯，往往首选氧化铝及硅胶吸附色谱；有机酸、氨基酸一般可选择离子交换色谱，有时也用分配色谱；对于多肽、蛋白质、多糖等大分子化合物，首选凝胶色谱。

【知识链接】

目前常用的凝胶色谱分离介质有葡聚糖凝胶、琼脂糖凝胶、聚丙烯酰胺凝胶。

葡聚糖凝胶是目前应用最广的一类凝胶，商品名为 Sephadex G。常见的型号有 G-10、G-15、G-25、G-50、G-75、G-100、G-150、G-200。G 后所附数值是这种型号的交联葡聚糖凝胶每10g干重吸收水的重量,如G-25就是指lg交联葡聚糖能吸2.5g水。该数值越大,交联度越小,因此吸水量越大。

琼脂糖凝胶与葡聚糖凝胶不同,其凝胶孔径由琼脂糖的浓度决定。琼脂糖凝胶常用的有Sepharose 2B、Sepharose 4B、Sepharose 6B,分别表示琼脂糖浓度为2%、4%、6%。琼脂糖凝胶的一个很大的特征是分离的分子量范围非常大,大大地超过聚丙烯酰胺凝胶和葡聚糖凝胶。

聚丙烯酰胺凝胶是一种全化学合成的人工凝胶。其商品名为生物凝胶-P(Bio-gel P)。商品Bio-gel P有P-2到P-300多种型号,其后阿拉伯数字相当于排阻限度的10^{-3}。

3.柱色谱条件的选择

选择柱色谱分离条件时,需要综合考虑被分离物质的结构与性质、固定相和流动相三个要素。

(1)吸附柱色谱条件的选择 吸附剂的选择要求被分离组分与吸附剂之间有一定的吸附能力。分离有机酸、氨基酸、甾体、酚、醛等酸性和中性化合物,选择硅胶吸附剂;分离生物碱、挥发油、萜类、甾体、蒽醌以及在酸、碱中不稳定的苷类、酯、内酯等成分,选择氧化铝;分离黄酮、酚、酸、硝基化合物、醌、羰基化合物等易形成氢键的多元酚类化合物,首选聚酰胺;分离纯化皂苷及苷类等水溶性化合物,选择大孔吸附树脂;分离糖、环烯、醚、萜、苷等非极性物质,选择活性炭吸附剂。

流动相的选择遵循"相似相溶"原则,即流动相的极性与被分离组分的极性相近。有时可使用混合溶剂来调整流动相的极性、酸碱性、互溶性和黏度,达到各组分相互分离的目的。

总之,应根据被分离物质的性质选择合适的吸附剂及流动相。一般分离极性小的组分,应选择吸附能力强的吸附剂,选用极性小的溶剂作为流动相;分离极性大的组分,应选择吸附能力弱的吸附剂,选用极性大的溶剂作为流动相。实际工作中,为得到洗脱能力适当的流动相,常采用多元混合流动相,必要时可采用逐步改变流动相溶剂比例的梯度洗脱方式,使各组分获得良好的分离。

(2)分配柱色谱条件的选择 分配色谱要求组分在固定液中的溶解度略大于其在流动相中的溶解度。极性物质采用正相色谱分离,常用水、各种缓冲溶液、稀硫酸、甲醇、甲酰胺或丙二醇等强极性溶剂或其混合液作为固定液,选择石油醚、醇类、酮类、酯类、卤代烷类、苯等弱极性溶剂或其混合溶剂作为流动相。非极性至中等极性的物质采用反相色谱分离,常以甲基硅油、液体石蜡、角鲨烷等弱极性有机溶剂作为固定液,选择水,各种酸、碱、盐及缓冲液的水溶液,低级醇类等极性溶剂作为流动相。

(3)离子交换柱色谱条件的选择 根据被分离物质的性质选择相应的离子交换剂,一般分离金属离子、生物碱等阳离子或氨基酸等两性化合物时选择阳离子交换树脂,以氢型强酸性阳离子交换剂最常用,采用柠檬酸、磷酸、乙酸等配制缓冲液作为流动相。分离有机酸等阴离子时选择阴离子交换剂,使用前转型为氢氧型,以氨水、吡啶等配制缓冲液作为流动相。对于复杂样品可采用梯度洗脱方式进行洗脱提高分离效果。

分离氨基酸等小分子物质时,一般采用疏水性离子交换树脂;分离多肽等大分子物质时,一般采用多糖基亲水性离子交换剂。

（4）凝胶色谱条件的选择　选择合适的凝胶色谱分离介质应从分离目的和需要分离物质的分子大小两个方面进行考虑。

一般来讲，选择凝胶的一方面是要根据样品的情况确定一个合适的分离范围，根据分离范围选择合适型号的凝胶。被分离物质分子量有极大差别的分离，选择分离范围小的凝胶，如蛋白质的脱盐常采用分离范围较小的 Sephadex G-10 或 G-15。分离一些分子量相差较小的物质，则可根据各种凝胶的分离范围进行选择，一般应使被分离组分的分子量在凝胶的排斥极限和全渗透点之间。

选择凝胶的另一方面就是凝胶颗粒的大小。颗粒小，装柱均匀，分辨率高，但相对流速慢，实验时间长，有时会造成扩散现象严重，多用于精制分离或分析等；颗粒大，流速快，分辨率较低但条件得当也可以得到满意的结果，多用于粗制分离、脱盐等。此外，凝胶颗粒必须均匀，大小不均匀的凝胶颗粒必将影响分离效果。

由于原料的多样性，还需要考虑理化性质比如 pH、温度、有机溶剂的影响以及介质本身的机械强度。

二、柱色谱操作方法

采用柱色谱法进行混合组分分离时，一般要经过装柱、加样、洗脱和检出四个基本步骤。下面以吸附柱色谱法为例加以说明。

色谱柱通常为玻璃柱，柱应平直，内径均匀，一般柱管的直径为 0.5~10cm，内径与柱长的比例为 1∶10~1∶20。柱的入口端一般有进料分布器，使进入柱内的流动相分布均匀，有时也可在色谱柱顶端加一层多孔的尼龙圆片或保持一段缓冲液层。柱的底部可以用玻璃棉，也可用砂芯玻璃板或玻璃细孔板支持固定相，最简单的也可用铺有滤布的橡皮塞。

1. 装柱

装柱是指将固定相填入玻璃柱内，要求填装均匀，不能有气泡。装柱分为湿法装柱和干法装柱两种。

（1）干法装柱　在柱下端加少许棉花或玻璃棉，再轻轻地撒上一层干净的沙粒，打开下口，然后将吸附剂经漏斗缓缓加入柱中，同时轻轻敲击色谱柱，使吸附剂松紧一致，最后将色谱柱用初始洗脱剂小心沿壁加入，至刚好覆盖吸附剂顶部平面，关紧下口活塞。操作过程中应保持有充分的洗脱剂留在吸附剂的上面。

（2）湿法装柱　将吸附剂加入适量的初始洗脱剂调成稀糊状，先把放好棉花、沙粒的色谱柱下口打开，然后徐徐将制好的糊浆灌入柱中。注意，整个操作要慢，不要将气泡压入吸附剂中，而且要始终保持吸附剂上有溶剂，切勿流干，最后让吸附剂自然下沉。当洗脱剂刚好覆盖吸附剂平面时，关紧下口活塞。

2. 加样

加样方法有湿法加样和干法加样两种。

（1）湿法加样　将样品溶于少量初始洗脱剂中，沿管壁缓缓加入，注意勿使吸附剂翻起，保持吸附剂上表面仍为一水平面，打开下口。待液面正好与吸附剂上表面一致时，在上面撒一层细沙，关紧柱活塞。

（2）干法加样　选用一种对被分离物质溶解度大而且沸点低的溶剂，取尽可能少的溶剂将被分离物质溶解，在此溶液中加入少量吸附剂，拌匀，挥干溶剂，研磨使之成松散均匀的粉末，轻轻撒在色谱柱吸附剂上面，再撒一层细沙。

3.洗脱

在装好吸附剂的色谱柱中连续不断地加入洗脱剂，调节一定的流速进行洗脱。洗脱速度是影响柱色谱分离效果的一个重要因素，流速不应太快，流速过快，柱中交换来不及达到平衡，影响分离效果。

4.检出

收集流出液通常有两种方式，一是等份收集（等度洗脱），二是变换洗脱剂分步收集，按洗脱剂洗脱能力大小，递增变换洗脱剂的品种和比例，分步收集流出液，至流出液中所含成分显著减少或不再含有时，再改变洗脱剂的品种和比例。有色物质可按色带分段收集，两色带重叠部分单独收集；无色物质一般采用分等份连续收集，每份流出液的体积（mL）约等于吸附剂的质量（g）。若洗脱剂的极性较强或各成分结构相似时，每份收集量就要少些。目前，大多采用自动收集器自动控制和接收流出液。

不同分离原理的柱色谱，其固定相与流动相具有不同的特性，操作方法也会有一些差别。分配柱色谱操作方法和吸附柱色谱基本一致；离子交换柱色谱通常采用湿法装柱；凝胶柱色谱一般采用匀浆法（湿法）装柱。

第三节　薄层色谱法

薄层色谱法（简称 TLC）又叫薄板层析或薄层层析，是将固定相均匀地铺在具有光洁表面的金属、玻璃或塑料板上，形成一均匀的薄层，把样品点到薄层上，用适宜的溶剂展开，从而使样品各组分得到分离，显色后根据各组分斑点的颜色、位置和大小进行定性定量分析。

薄层色谱法的分离机理与柱色谱法相同，主要包括液-固吸附薄层色谱法、液-液分配薄层色谱法、离子交换薄层色谱法和凝胶薄层色谱法等，其中以吸附薄层色谱法应用最多。本节主要以吸附薄层色谱法为例进行介绍。

一、薄层色谱法基本原理

在吸附薄层色谱中，展开剂是不断供给的，所以原点上溶质与展开剂之间的平衡不断遭到破坏，吸附在原点上的溶质不断解吸，解吸出来的溶质溶于展开剂中并随之向前移动，遇到新的吸附剂表面，溶质与展开剂又会部分地被吸附而建立起暂时的平衡，但立刻又被不断移动上来的展开剂破坏平衡，溶质解吸并随展开剂向前移动。如此吸附→解吸→吸附→解吸→吸附→解吸……的交替过程就构成了吸附色谱法的分离基础。吸附力弱的组分容易解吸而溶于展开剂中，并随之向前移动，移动速度快，展开距离较大；吸附力强的组分不易解吸，也不易随着展开剂向前移动，移动速度慢，展开距离较小。样品溶液中各组分极性不同，因而其吸附能力不同，迁移速度有差异，展开距离也就不同，从而达到分离的目的。

在薄层色谱法中，常用比移值（R_f）来表示各组分在色谱中的位置。其定义为：原点至斑点中心的距离与原点至溶剂前沿的距离之比（图6-7），其关系式为：

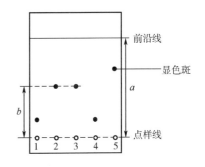

图6-7　R_f值计算示意图（$R_f=b/a$）

$$R_f = 原点至斑点中心的距离／原点至溶剂前沿的距离$$

当色谱条件一定时，组分的 R_f 是一个常数，其值在 0～1 之间。当 R_f 值为 0 时，表示组分在薄层板上不随展开剂的移动而移动，仍停留在原点位置；当 R_f 值为 1 时，表示组分不被固定相所吸附，即组分随展开剂同步移动至溶剂前沿。这两种极端情况都不能实现混合物的分离，实际工作中一般要求组分的 R_f 值在 0.2～0.8 之间。

由于 R_f 值受被分离组分的结构和性质、固定相和流动相的种类和性质、展开缸（层析缸）内溶剂蒸气的饱和度、温度、湿度等因素的影响，要想得到重复的 R_f 值，就必须严格控制色谱条件的一致性。在不同实验室、不同实验者之间进行同一物质 R_f 值的比较是很困难的，因此，定性分析时一般要求样品与标准物质在同一薄层板点样、展开对比，或采用相对比移值定性。

相对比移值（R_{st}）是指被测组分的比移值与参考物质的比移值之比，即被测组分的移动距离与参考物质移动距离之比，其关系式为：

$$R_{st} = 原点到样品组分斑点中心的距离/原点到参考物质斑点中心的距离$$

参考物质可以是试样中的某一已知组分，也可以是加入试样中的某物质的纯品。R_{st} 值与 R_f 值的取值范围不同，R_f 值小于 1，而 R_{st} 可以大于 1，也可以小于 1。R_{st} 值与被测组分、参考物质、色谱条件等因素有关，在一定程度上消除了测定中的系统误差，具有较高的重现性和可比性。

二、吸附剂与展开剂的选择

1. 吸附剂

柱色谱中常用的吸附剂在薄层色谱中也能应用，如硅胶、氧化铝、聚酰胺等，其中最常用的是硅胶、氧化铝，它们的吸附性能好，适用于多种化合物的分离。只是薄层色谱用硅胶、氧化铝的粒度比柱色谱用的更小，粒度一般为 200～300 目。

选择吸附剂时主要根据样品的性质如极性、酸碱性及溶解度进行选择。氧化铝一般适用于碱性物质和中性物质的分离；而硅胶则微带酸性，适用于酸性及中性物质的分离。

薄层色谱常用的硅胶有硅胶 H、硅胶 G、硅胶 GF_{254} 等。硅胶 H 为不含黏合剂的硅胶，制成硬板时需另加羧甲基纤维素钠（CMC-Na）水溶液作黏合剂；硅胶 G 是含有煅石膏作黏合剂，F_{254} 指含有在 254nm 紫外光照射下呈现绿色荧光的荧光剂。

薄层色谱用氧化铝和硅胶类似，有氧化铝 H、氧化铝 G 和氧化铝 HF_{254} 等。按制造方法的不同，氧化铝又可分为碱性氧化铝、酸性氧化铝和中性氧化铝。碱性氧化铝制成的薄层板适用于分离碳氢化合物、碱性物质（如生物碱）和对碱性溶液比较稳定的中性物质；酸性氧化铝适合酸性成分的分离；中性氧化铝适用于醛、酮以及对酸、碱不稳定的酯和内酯等化合物的分离。

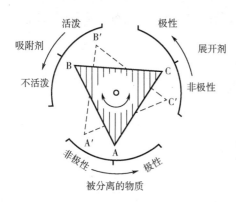

图 6-8　化合物极性、吸附剂活性和展开剂极性间的关系

2. 展开剂

吸附薄层色谱条件的选择原则与吸附柱色谱相同，根据被分离物质的性质选择合适的吸附剂和展开剂。在吸附薄层色谱法中，主要是根据被分离物质的极性、吸附剂的活性、流动相的极性三者的相对关系进行选择。由图 6-8 可知，分离强极性物质需选择活性低的吸附剂、极性较强的展开剂，分离弱极性物质则需选择活性高的吸附剂、极性较弱的展开剂。

在薄层色谱中，通常根据被分离物质的极性，先选择单一溶剂展开；再根据分离效果采用多元混合溶剂系统，通过调节各溶剂的比例改变展开剂的极性，使组分的 R_f 值适宜。例如，某组分用甲苯作展开剂展开时，移动距离太小，甚至停留在原点，说明展开剂的极性太弱，可选择另一种极性更强的展开剂或加入一定比例的极性溶剂，如丙酮、正丙醇、乙醇等，并调节溶剂比例以改变 R_f 值。反之，若待测组分的展距过大（R_f 值过大），斑点在溶剂前沿附近，则应选择另一种极性更弱的展开剂或加入一定比例极性弱的溶剂，如环己烷、石油醚等，降低展开剂的极性。

对酸性、碱性物质的分离还应考虑吸附剂与展开剂的酸碱性，制板时可加入一定酸碱缓冲液制成酸性或碱性薄层。对酸性组分，特别是离解度较大的弱酸性组分，应在展开剂中加入一定比例的酸，如甲酸、乙酸、磷酸和草酸，防止斑点拖尾现象。对生物碱等碱性物质的分离，多数选用氧化铝作吸附剂，选择中性溶剂为展开剂；若采用硅胶作吸附剂，则宜选用碱性展开剂，在展开剂中加入二乙胺、乙二胺、氨水和吡啶等碱性物质，同时在双槽层析缸的另一侧倒入氨水。在实际工作中，为了实现最佳分离效果，往往需要通过多次实验进行展开剂系统的优化，寻求最适宜的条件。

三、薄层色谱的操作方法

薄层色谱的操作过程一般分为制板、点样、展开、检出。

1. 制板

薄层板的厚度及均匀性对样品的分离效果和 R_f 值的重复性影响较大。以硅胶、氧化铝为固定相制备的薄层，一般厚度以 0.25mm 为宜，若需分离制备少量的纯物质时，薄层厚度可稍大些，常用的为 0.5～0.75mm，甚至 1～2mm。

制备薄层板时多用玻璃板作为载板，也可用塑料板或铝箔板，要求表面光滑、平整清洁、无划痕。常用的规格有 10cm×10cm、10cm×20cm、20cm×20cm 等。使用前先将载板用洗液浸泡或清洁剂洗净，再用水冲洗干净，最好用乙醇擦拭一遍，烘干备用。

常用薄层板有硬板与软板之分。

（1）软板的制备　软板的制备采用干法涂布。在一根玻璃棒的两端分别绕几圈胶布，具体圈数视所需薄层厚度而定。然后在玻璃板下放一张大于玻璃板的纸，便于回收吸附剂或支持剂。将已经活化的吸附剂或支持剂倒在玻璃板上，然后用玻璃棒压在玻璃板上，用力均匀地由一端推向另一端，形成厚度均匀的薄层。

（2）硬板的制备　硬板采用湿法涂布，具体操作可分为调浆、铺板。

① 调浆。取一定量的吸附剂放入研钵中，以 1 份固定相加约 3 份水的量加入水（或溶剂），在研钵中向同一方向研磨混合，去除表面的气泡后，研磨至浓度均一。

制备匀浆时，为了增强薄层板的强度，有时需要加一些黏合剂，常用 0.25%～0.75%羧甲基纤维素钠（CMC-Na）水溶液。配制方法为：称取适量 CMC-Na，加适量蒸馏水让其充分溶胀后再加热煮沸，直至完全溶解，放冷静置，在铺板时取上清液使用。

② 铺板。常用的铺板方法有下列四种。

浸涂法：将玻璃板在调好的浆液中浸一下，使浆液在板面上形成薄层。

喷涂法：用喷雾器将浆液均匀地喷在玻璃板上，形成薄层。

推铺法：同干法涂布。

倾注法：取调好的浆液注在玻璃板上，然后将玻璃板前后左右倾斜，使浆液淌满整块玻璃板，再轻敲玻璃板，使浆层较为均匀。

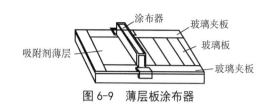

图 6-9　薄层板涂布器

课堂互动

为什么吸附薄层需要进行活化处理？其目的是什么？分配薄层需要活化吗？

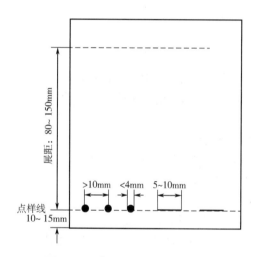

图 6-10　薄层色谱点样方法示意

图 6-11　常见展开缸（层析缸）

另外，也可用特制的涂布器（图 6-9），将准备好的浆液装入涂布器的槽内，再推动涂布器将浆液涂在准备好的玻璃板上。这种涂布器一次可涂布很多厚度一致的薄层板，具有较好的分离效果和重现性，可作定量分析用板。

薄层板涂好后平放，在室温下自然晾干。硬板因吸附剂或支持剂被粘牢在玻璃板上，所以喷显色剂时不会被冲散，而且可以直立展开。不含黏合剂的软板易被吹散，只能放于近水平的位置展开。

（3）活化　涂好的硬板需要进行活化，具体活化时间根据薄层板的厚度和所需活性而定。一般硅胶薄层板活化加热温度为 105～110℃，活化时间 0.5～1h。

2.点样

样品用少量甲醇、乙醇、丙酮、三氯甲烷等挥发性的有机溶剂溶解。取此溶液点于薄层板。

点样量多少，视薄层的性能及显色剂的灵敏度而定。适当的点样量，可使斑点集中。点样量过大，斑点易拖尾或扩散；点样量过少，斑点不易被检出。点样可用点样毛细管、微量注射器或自动点样器。

点样前，可先用铅笔在薄板上距一端 15mm 左右处轻轻画一横线，作为起始线，然后用毛细管吸取样品在起始线上小心点样，点成圆形，称为原点。原点扩散的直径一般不大于 4mm。多个样品点在同一薄层板的起始线上时，其点间距离以相邻斑点互不干扰为宜，一般不少于 10mm。如用于制备，可采用带状点样法，条带宽度一般为 5～10mm，见图 6-10。

3.展开

根据展开的方式、薄板的大小，选择合适的展开缸（见图 6-11）。展开操作需要在密闭的展开缸中进行。先将适量的展开剂倒入展开缸中，静置 5～10min，待展开缸被展开剂蒸气饱和后，再将点好试样的薄层板放入其中，注意展开剂切勿浸没样品点，密闭，进行展开。当展开 10～15cm 或多组分已明显分开时，取出薄层板，用铅笔画出溶剂前沿的位置。

薄层色谱法一般采用上行法展开。展开时环境温度、空气湿度、溶剂蒸气的饱和程度都会影响分离的效果。展开前一般需要进行预饱和，即将点好样的薄层板置于盛有展开剂的展开缸中密闭放置一定时间，待展开缸内溶剂蒸气、薄层板达到动态平衡后，再将薄层板浸入展开剂中展开，以防止边缘效应。所谓边缘效应是指同一物质在同一薄层板上展开时边缘的 R_f 值往往大于板中间的 R_f 值的现象。

课堂互动

何为边缘效应？如何减少或消除边缘效应？

4.检出

展开后的薄板待展开剂挥尽，如果被分离的化合物本身是有颜色的，则可直接观察斑点位置。如为无色化合物，有以下几种检出方法。

（1）光学检出法　可在紫外灯光（254nm 或 365nm）下观察有无荧光斑点，用铅笔在薄层板上画出斑点的位置。

（2）蒸气显色法　利用有机化合物吸附碘蒸气后显示不同程度的黄褐色斑点进行检出。

（3）显色剂显色法　可将显色剂配成溶液，装入喷雾器中，均匀地喷洒在薄板上；或把挥尽展开剂的薄层板，垂直插入盛有显色剂的浸渍槽中，来达到浸渍显色的目的。

四、定性与定量分析

1.定性分析

薄层色谱的定性以 R_f 值为指标。在一定条件下，各种有机物的 R_f 值是特定的常数，但色谱条件不易保证完全一致，因此多用标准样品作对照。将样品与标准品在同一薄层上展开、显色后，根据样品的 R_f 值以及显色过程中的现象，与标准品对照比较进行定性鉴别。但是仅根据一种展开剂展开后的 R_f 值作为定性依据是不够的，需要经过多重展开系统得到的 R_f 值与标准品一致时，才可得到较为肯定的定性结论。

进行定性分析，还可以采取薄层色谱与光谱联用的方法，通过薄层色谱进行分离，然后将分离后的区带取下，洗脱后再用其他方法如紫外-可见分光光度法、红外光谱法等进一步分析。

2.定量分析

薄层色谱法的定量分析分为洗脱法和直接定量法。直接定量法又分为目视比较法和薄层扫描法。

（1）洗脱法　在薄层板的点样线上，定量点上样品溶液，并在两边点上已知对照品作为定位标记。展开后，只显色两边的对照品进行定位。定位后，将样品区带定量地取下，再以适当的溶剂洗脱后，用其他化学或仪器方法进行定量分析。

（2）目视比较法　取对照品配成系列标准溶液，和试样溶液定量地点在同一块薄层上，展开、显色后以目视法比较色斑的颜色深度和面积大小，求出试样的近似含量。目视比较法作为半定量分析方法，其精密度可达 $\pm 10\%$。

（3）薄层扫描法　薄层扫描法利用薄层扫描仪，用一定波长、一定强度的光照射薄层板上相应样品斑点，根据斑点对光的吸收强度，进行定量分析。

第四节　纸色谱法

纸色谱又称纸上层析、纸上层离，是以滤纸为载体的分配色谱法。

一、纸色谱法的基本原理

样品溶液点在滤纸上,滤纸纤维一般能吸附 25% 左右的水分,其中 6%～7% 以氢键与纤维素的羟基相结合组成固定相,而纤维间空隙通过的溶剂为流动相。作为展开剂的有机溶剂自下而上移动,样品混合物中各组分在水-有机溶剂两相发生溶解分配,并随有机溶剂的移动而展开,达到分离的目的。

在有机溶剂和水两相间,不同的有机物会有不同的分配性质。水溶性大或能形成氢键的化合物,在水相中分配得多,在有机相中分配少,移动较慢;极性弱的化合物在有机相中分配多,移动较快。随展开剂的不断展开,混合物中各组分在两相之间反复进行分配,经过一定时间,不同组分便实现了分离。

与薄层色谱法相同,纸色谱法中物质的移动速率以 R_f 值表示。R_f 值随被分离化合物的结构、固定相与流动相的性质、温度等因素不同而异。当温度、滤纸等实验条件固定时,R_f 是一个常数,这也是用纸色谱进行定性分析的依据。

二、纸色谱条件的选择

1.色谱纸的选择

纸色谱使用的滤纸应具备以下条件:①质地均匀平整、厚薄一致,具有一定机械强度;②具有一定的纯度,不含影响展开效果的杂质,不与显色剂作用;③滤纸纤维松紧适宜,厚薄适当。

按溶剂在滤纸上流速的不同,滤纸可分为快速滤纸、中速滤纸、慢速滤纸三种。按照厚薄不同,可分为厚纸和薄纸。

操作时可根据具体要求选用,R_f 相差很小的混合物宜采用慢速滤纸,R_f 相差较大的混合物可采用中速或快速滤纸;一般定性分析用薄纸,制备和定量分析用厚纸。

> **课堂互动**
>
> 普通滤纸是否可以用于纸色谱?

滤纸有方向性,纵向流速快,横向流速慢。在进行单向展开时,一般以纵向展开为宜。

2.固定相的选择

滤纸纤维有较强的吸湿性,吸附的水与纤维素上的羟基以氢键缔合的形式结合,较难脱去。这部分的水是纸色谱的固定相,纸纤维则起着惰性载体的作用。

为了适应某些特殊化合物分离的需要,可对滤纸进行一些处理,如分离酸性、碱性物质时,为了防止其离子化,滤纸需具有相对稳定的酸碱度,可将滤纸预先在一定 pH 的缓冲溶液中浸渍处理后使用;分离弱极性物质时,为了增加其在固定相中的溶解度,可将滤纸在一定浓度的甲酰胺、二甲基甲酰胺、丙二醇中浸渍,降低 R_f 值。

3.展开剂的选择

展开剂的选择主要根据被分离物质的极性,遵循相似相溶原则,通过调节展开剂中极性溶剂与非极性溶剂的比例,可使组分的 R_f 值在适宜范围内。如对极性物质,增大展开剂中极性溶剂的比例可增大 R_f 值,增大展开剂中非极性溶剂的比例可减小 R_f 值。

纸色谱的展开剂常用以水饱和的有机溶剂,如水饱和的正丁醇、正戊醇、酚等。为了防止弱酸、弱碱组分的离解,有时需在展开剂中加入少量的甲酸、乙酸、吡啶等酸或碱,如用正丁醇-乙酸-水(4∶1∶5)为展开剂,应先在分液漏斗中混合振摇,待分层后取被水饱和的有机层作流动相。为改变展开剂的极性,可加入一定比例的甲醇、乙醇等,增强其对极性物质的展开能力。

三、纸色谱的操作方法

1.仪器与材料的准备

色谱纸、铅笔、直尺、点样毛细管或微量注射器、展开剂、层析缸等。

2.操作过程

纸色谱的操作与薄层色谱相似，分为色谱纸的准备、点样、展开、检出。

（1）点样　试样应点于距离滤纸底边约 2cm 的起始线上，点间距 2cm 左右，原点的直径一般不超过 0.5cm。

（2）展开　先用展开剂蒸气饱和层析缸后，将点有样品的滤纸浸入展开剂中进行展开。纸色谱法按溶剂展开的方向，可分为上行法、下行法和径向法三种。

上行法（示意图 6-12）：取点样后的滤纸条悬挂在层析缸的玻璃钩上或卷成滤纸筒立于展开剂中，点样端浸入展开剂约 1cm 深，展开。

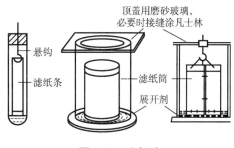

图6-12　上行法

下行法（示意图 6-13）：层析缸近顶端有一用支架架起的玻璃槽作为展开剂的容器，槽内有一玻璃棒，用以压住色谱滤纸。槽的两侧各支一玻璃棒，用以支持色谱滤纸使其自然下垂，避免展开剂沿滤纸与溶剂槽之间发生虹吸现象。展开剂沿色谱纸从上往下展开。

图6-13　下行法

（3）检出　展开完成后取出滤纸，在溶剂前沿画线做记号，然后在室温晾干或吹风机吹干。对于有色物质，展开后可直接观察各斑点颜色。对无色物质，可用显色剂显色检查斑点位置。对有紫外吸收或能产生荧光的物质，可在紫外灯下观察。

课堂互动

为什么腐蚀性的显色剂不能用于纸色谱显色？

四、定性与定量分析

1.定性分析

供试品经展开后，可用比移值（R_f）表示其各组分的位置，但由于影响比移值的因素较多，因而一般采用在相同实验条件下与对照物质对比以确定其异同。

应用于样品的鉴别时，供试品在色谱中所显主斑点的颜色（或荧光）与位置，应与对照品在色谱中所显的主斑点颜色（或荧光）、位置相同。

2.定量分析

（1）斑点面积法　实验证明，在一定浓度范围内，斑点的面积与物质含量成正比。因此，可以用测量斑点面积的方法来定量。为了获得正确的结果，被测物斑点的面积必须与已知浓度的同一物质的斑点进行比较，在相同的操作条件下进行。

用斑点面积法来定量虽然简单易行，但对滤纸的要求很高，且影响因素很多，即使在相同操作条件下，每次斑点的大小和形状也都不一致，所以此法准确度较差。

（2）稀释法　取标准物质配制一系列不同浓度的标准溶液，将各标准溶液进行纸色谱分离、显色后，求出该物质能被检出的最低浓度（界限浓度）。取样品溶液按照上述同样方法操作，求出最低浓度，根据在最低浓度时的稀释倍数，即可求得该物质的浓度。此法误差为10%～15%，只能作半定量用。

（3）洗脱法　将经纸色谱分离后的样品斑点剪下，用适宜的溶剂将组分洗脱下来，用比色或其他方法定量。

（4）直接比色法　用特定的分光光度计直接测量滤纸上斑点颜色和浓度。由于仪器技术的进步，纸色谱和薄层色谱一样，也可以用扫描法直接扫描定量。

【本章小结】

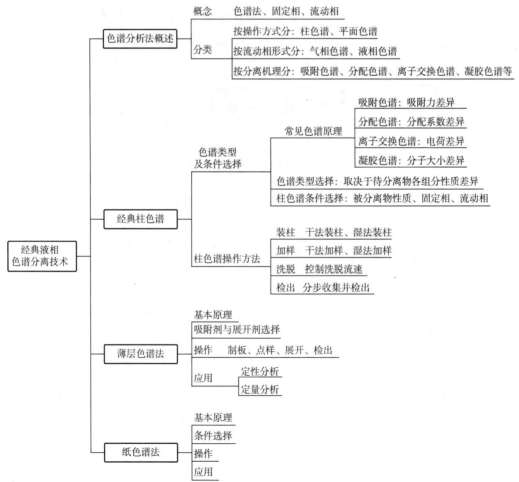

【实践项目】

实训6-1 凝胶色谱法测定蛋白质分子量

一、实训目的

1. 熟悉凝胶色谱的基本原理。
2. 通过测量蛋白质分子量，初步掌握凝胶色谱技术。

二、基本原理

凝胶色谱又称排阻层析、凝胶过滤、渗透层析或分子筛层析等。它广泛地应用于分离、提纯、浓缩生物大分子及脱盐、去热源等，而测定蛋白质的分子量也是它的重要应用之一。凝胶是一种具有立体网状结构且呈多孔的不溶性球状颗粒。用它来分离物质，主要是根据多孔凝胶对不同半径的蛋白质分子（近似于球形）具有不同的排阻效应实现的。对于某种型号的凝胶，一些大分子不能进入凝胶颗粒内部而完全被排阻在外，只能沿着颗粒间的缝隙流出柱外；而一些小分子不被排阻，可自由扩散，渗透进入凝胶内部的筛孔。分子越小，进入凝胶内部越深，所走的路程越多，故小分子最后流出柱外，而大分子先从柱中流出。一些中等大小的分子介于大分子与小分子之间，只能进入部分凝胶较大的孔隙，亦即部分排阻，因此这些分子从柱中流出的顺序也介于大、小分子之间。这样样品经过凝胶色谱后，分子便按照从大到小的顺序依次流出，达到分离的目的。

对于任何一种被分离的化合物在凝胶色谱柱中被排阻的范围均在 0～100% 之间，其被排阻的程度可以用有效分配系数 K_{av}（分离化合物在内水和外水体积中的比例关系）表示，K_{av} 值的大小和凝胶柱床的总体积（V_t）、外水体积（V_0）以及分离物本身的洗脱体积（V_e）有关：

$$K_{av} = (V_e - V_0) / (V_t - V_0)$$

在限定的色谱条件下，V_t 和 V_0 都是恒定值，而 V_e 随着分离物分子量的变化而改变。分子量大，V_e 值小，K_{av} 值也小；反之，分子量小，V_e 值大，K_{av} 值大。

有效分配系数 K_{av} 是判断分离效果的一个重要参数，同时也是测定蛋白质分子量的一个依据。在相同色谱条件下，被分离物质 K_{av} 值差异越大，分离效果越好；反之，分离效果差或根本不能分开。在实际的实验中，可以实测出 V_t、V_0 及 V_e 的值，从而计算出 K_{av} 的大小。对于某一特定型号的凝胶，在一定的分子量范围内，K_{av} 与 $\lg M_w$（M_w 表示物质的分子量）成线性关系：

$$K_{av} = -b\lg M_w + C$$

其中 b、C 为常数。

同样可以得到：

$$V_e = -b'\lg M_w + C'$$

其中 b'、C' 为常数。即 V_e 与 $\lg M_w$ 也成线性关系。可以通过在凝胶柱上分离多种已知分子量的蛋白质后，并根据上述的线性关系绘出标准曲线，然后用同一凝胶柱测出其他未知蛋白质的分子量。

三、仪器与试剂

1.仪器

玻璃层析柱（1.6cm×40cm）、恒流泵、自动部分收集器、紫外分光光度计。

2.试剂

标准蛋白：牛血清蛋白（$M_w = 67000$）、鸡卵清蛋白（$M_w = 45000$）、胰凝乳蛋白酶原A（$M_w = 24000$）、溶菌酶（$M_w = 14300$）。

待测样品：胰岛素。

洗脱液：0.025mol/L KCl-0.1 mol/L HAc（乙酸）溶液。

葡聚糖凝胶：Sephardex G-75。

四、操作步骤

1.凝胶预处理

取葡聚糖 Sephardex G-75 干粉，加过量的蒸馏水室温充分溶胀 1d（溶胀时间因凝胶交联度不同而不同），或沸水浴中溶胀 3h，这样可大大缩短溶胀时间，而且可以杀死细菌和霉菌，并可排出凝胶内气泡。溶胀过程中注意不要过分搅拌，以防颗粒破碎。待溶胀平衡后用倾泻法除去不易沉下的细小颗粒，最后凝胶经减压抽气除去气泡，即可准备装柱。

2.装柱

装柱前须将凝胶上面过多的溶液倾出，将层析柱垂直装好。关闭出口，向柱管内加入约 1～2cm 洗脱液，然后在搅拌下，将浓浆状的凝胶连续地倾入柱中，使之自然沉降，待凝胶沉降约 2～3cm 后，打开柱的出口，调节合适的流速，使凝胶继续沉积，待沉积的胶面上升到离柱的顶端约 5cm 处时停止装柱，关闭出水口。装柱要求连续、均匀、无气泡、无纹路。

3.平衡

将洗脱剂与恒流泵相连，恒流泵出口端与层析柱相连。通过 2～3 倍柱床体积的洗脱液使柱床平衡，然后在凝胶表面上放一片滤纸或尼龙滤布，以防加样时凝胶被冲起，并始终保持凝胶上端有一段液体。

4.上样与洗脱

样品上柱是实验成败的关键之一，若样品稀释或上柱不均，会使区带扩散，影响层析效果。上样时应尽量保持柱床面的稳定。先打开柱的出口，待柱中洗脱液流至距柱床表面 1～2mm 时，关闭出口，用滴管将 1mL 样品慢慢地加至柱床表面，应避免将柱床面凝胶冲起，打开出口并开始计算流出体积，当样品渗入柱床中接近柱床表面 1mm 时关闭出口。按加样操作，用少量（约 1mL）洗脱液冲洗管壁 2 次。最后加入少量洗脱液于凝胶上，使高出柱床表面 3～5cm，旋紧上口螺丝帽，层析柱进水口连通恒流泵，调好流速，以每管 0.3mL/min 流速开始洗脱。

5.收集与鉴定

用自动部分收集器收集流出液，每管 4mL，紫外分光光度计 280nm 波长处检测，最高的一个吸光度值时的体积即为吸收峰的洗脱体积 V_e。

6.凝胶柱的再生与保存

凝胶用过后，反复用蒸馏水洗后保存，如果有颜色或比较脏，可用 0.5mol/L NaCl 洗涤。短期可保存在水相中，加入防腐剂于低温保存。长期保存一般采用干法保存。

五、检验记录及报告

1.记录蛋白质的洗脱体积 V_e

项目	牛血清蛋白	鸡卵清蛋白	胰凝乳蛋白酶原 A	溶菌酶	待测样品
分子量（M_w）	67000	45000	24000	14300	
洗脱体积（V_e）					

2.绘制标准曲线、计算分子量

分子量的测定和计算，一般都采用标准曲线法。只要测得几种标准蛋白质的 V_e，并以它们的分子量的对数（$\lg M_w$）对 V_e 作图得一直线，再测出待测样品的 V_e，即可从图中确定它的分子量。

六、思考与讨论

哪些因素会影响凝胶分离的效果？

七、学习效果评价

测试项目	分项测试指标	技术要求	分值	得分
准备工作	溶液的配制	仪器、试剂规格选择恰当	5	
实训操作	操作规范及熟练度	天平的使用应符合要求	10	
		溶液配制正确	15	
		凝胶预处理操作规范熟练	15	
		上样操作熟练	10	
		洗脱、测定方法正确	15	
数据记录与分析	检验记录	随时记录并符合要求	5	
		洗脱体积记录准确	10	
	数据分析及结论	标准曲线绘制正确	10	
		结果计算正确	5	

实训6-2　异烟肼中游离肼检查（薄层色谱法）

一、实训目的

1.熟悉薄层色谱的基本原理。
2.掌握薄层色谱的操作技术。

二、基本原理

异烟肼是一种不稳定的药物，其中的游离肼是由制备时原料引入，或在储存过程中降解而产生。而游离肼又是一种诱变剂和致癌物质，因此《中国药典》规定了异烟肼原料药及其制剂中游离肼的限量检查。《中国药典》对异烟肼原料和注射用异烟肼中游离肼的检查采用薄层色谱法。

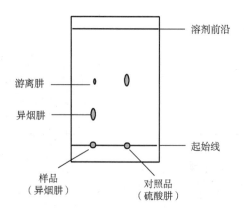

将异烟肼与硫酸肼点样在同一硅胶薄层上，进行展开，显色后在供试品溶液主斑点前方与对照品溶液主斑点相应的位置上，不得显黄色斑点。若显示黄色斑点则说明游离肼杂质超过限量。

三、仪器与试剂

1.仪器

电热干燥箱、分析天平、漏斗、滤纸、试管、烧杯、薄层板、层析缸、研钵、5μL 定量毛细管、喷雾器、直尺、铅笔。

2.试剂

异烟肼片、硫酸肼、丙酮、异丙醇、硅胶 G、0.7%羧甲基纤维素钠溶液、乙醇、盐酸、对二甲氨基苯甲醛。

乙醇制对二甲氨基苯甲醛试液：取对二甲氨基苯甲醛 1g，加乙醇 9.0mL 与盐酸 2.3mL 使其溶解，再加乙醇至 100mL，即得。

四、操作步骤

1.硅胶薄层板的制备

取一块玻璃板，用肥皂水洗净，冲洗几遍后烘干，再用 95%乙醇擦一次备用。称取适量硅胶 G 于研钵内，加入约 2～3 倍量的 0.7%羧甲基纤维素钠溶液，研磨均匀，除去气泡，立即转移到玻璃板上，铺成一薄层，轻轻敲玻璃板使吸附剂均匀分布、表面光滑。铺好的薄层板在阴凉处晾干后放入 110℃恒温电热干燥箱活化 1h，取出放入干燥器中存放备用。长时间存放过的薄层板需重新活化后使用。

2.供试品溶液和对照品溶液的配制

取异烟肼细粉适量，加丙酮-水（1：1）使异烟肼溶解并稀释制成每毫升中约含异烟肼 100mg 的溶液，滤过，取续滤液作为供试品溶液。

另取硫酸肼对照品，加丙酮-水（1：1）溶解并稀释制成每毫升中约含 0.08mg（相当于游离肼 20μg）的溶液，作为对照品溶液。

取异烟肼与硫酸肼各适量，加丙酮-水（1：1）溶解并稀释制成每毫升中分别含异烟肼 100mg 及硫酸肼 0.08mg 的混合溶液，作为系统适用性溶液。

3.点样

先用铅笔在距薄层板一端约 1～2cm 处轻轻画一横线作为起始线，在起始线上每间隔 1cm 左右用毛细管分别吸取供试品溶液、对照品溶液、系统适用性溶液各 5μL，分别点于同一硅胶 G 薄层板上。

4.展开

异丙醇-丙酮（3∶2）为展开剂，将展开剂加入层析缸中，密封静置一段时间使展开剂的蒸气达饱和状态。把点好样的薄层板放入层析缸，使底端浸入展开剂中进行展开。当展开剂前沿到达离薄层板上端约 1cm 处即可取出，使其自然干燥或用电吹风机吹干。

5.显色

向展开后的薄层板上喷乙醇制对二甲氨基苯甲醛试液，用电吹风机吹干，15min 后检视。一般采用玻璃喷雾器喷洒显色剂，要求喷成雾状，注意喷雾器和薄板之间距离不宜太近，以免喷洒气流破坏薄层。

五、检验记录及报告

1.画出薄层色谱分离结果简图。

2.判断异烟肼中游离肼是否超过限量。

六、思考与讨论

1.薄层色谱法点样应注意哪些事项？

2.薄层色谱展开前为什么需要用展开剂蒸气饱和？

七、学习效果评价

测试项目	分项测试指标	技术要求	分值	得分
准备工作	溶液的配制	仪器、试剂规格选择恰当	5	
实训操作	操作规范及熟练度	天平的使用应符合要求	10	
		溶液配制正确	15	
		点样操作规范熟练	15	
		展开操作熟练	10	
		显色方法正确	15	
数据记录与分析	检验记录	随时记录并符合要求	5	
	数据分析及结论	薄层色谱展开图绘制正确	10	
		R_f 计算正确	10	
		结果判断正确	5	

实训6-3 纸色谱法分离及氨基酸鉴定

一、实训目的

1.熟悉纸色谱的基本原理。

2.学会纸色谱的操作方法。

二、基本原理

纸色谱是以滤纸为载体，固定相是滤纸纤维上吸附的水分。流动相（通常称为展开剂）一般是与水相混溶的有机溶剂，样品在固定相水与展开剂之间连续抽提，依靠溶质在两相间的分配系数不同而达到分离的目的。

氨基酸是无色的化合物，可与茚三酮反应产生颜色，因此，展开完成后将溶剂自滤纸挥发后，喷上茚三酮溶液后加热，可形成色斑而确定其位置。

三、仪器与试剂

1. 仪器

色谱滤纸、铅笔、点样毛细管、电吹风、喷雾器、层析缸、分液漏斗、针、线、尺。

2. 试剂

0.5%的赖氨酸、脯氨酸、亮氨酸、苯丙氨酸溶液及它们的混合液（各组分浓度为0.5%）。

展开剂：将20mL正丁醇和5mL乙酸放入分液漏斗中，与15mL水混合，充分振荡，静置后分层，放出下层水层。取分液漏斗中的上层液体作为展开剂。

显色剂：0.1%的水合茚三酮正丁醇溶液。

四、操作步骤

1. 点样

取大小合适的中速色谱滤纸在距离底边约2cm处用铅笔画起始线，在起始线上分别点上标准品及混合样品溶液，点样点间距约1cm，点样点直径控制在2～4mm，然后将其晾干或在红外灯下烘干。

2. 展开

向层析缸中加20mL展开剂，盖上盖子5～10min，使缸内被展开剂蒸气饱和，将点样后的滤纸用线缝好竖立在缸内使纸底边浸入展开剂约0.3～0.5cm（展开剂切不可没过点样点）。待溶剂前沿展开到合适部位（约8～10cm），取出，画出溶剂前沿线。

3. 显色

将展开完毕的滤纸，用电吹风吹干，使展开剂挥发。然后喷上0.1%的水合茚三酮正丁醇溶液，再用电吹风热风吹干，即出现氨基酸的色斑。

五、检验记录及报告

1. 画出纸色谱分离结果简图。
2. 计算各氨基酸的 R_f 值，判断各组分及分离效果。

六、思考与讨论

1. 纸色谱中，为什么展开剂不能没过点样点？
2. 纸色谱 R_f 值常受哪些因素的影响？

七、学习效果评价

测试项目	分项测试指标	技术要求	分值	得分
准备工作	溶液的配制	仪器、试剂规格选择恰当	5	

续表

测试项目	分项测试指标	技术要求	分值	得分
实训操作	操作规范及熟练度	天平的使用应符合要求	15	
		移液管的使用应符合要求	10	
		点样操作规范熟练	15	
		展开操作熟练	10	
		显色方法正确	15	
数据记录与分析	检验记录	随时记录并符合要求	5	
	数据分析及结论	纸色谱展开图绘制正确	10	
		R_f 计算正确	10	
		结果判断正确	5	

【目标检验】

一、填空

1. 色谱法按操作方法的不同分为_____和_____。

2. 色谱法按流动相形式分为_____和_____。

3. 采用柱色谱法进行混合组分分离时，一般要经过_____、_____、_____和_____四个基本步骤。

4. 吸附柱色谱的装柱分为_____装柱和_____装柱两种。

5. 薄层色谱常用的吸附剂有_____、_____、聚酰胺。

6. 薄层板按是否加入黏合剂分为_____和_____。

7. 薄层色谱的操作过程一般分为_____、_____、_____、_____。

8. 薄层色谱常用的检出方法有_____、_____、_____。

9. 薄层色谱和纸色谱定性分析的依据是_____。

10. 纸色谱的操作与薄层色谱相似，分为_____、_____、_____、_____步骤。

二、选择（请根据题目选择最佳答案）

1. 吸附色谱分离的依据是（　　）。

A. 固定相对各物质的吸附力不同

B. 各物质分子大小不同

C. 各物质在流动相和固定相的分配系数不同

D. 各物质与专一分子的亲和力不同

2. 三种物质吸附力大小次序为：a>b>c，采用吸附柱色谱法分离，出柱的先后顺序是（　　）。

A. a、b、c   B. a、c、b

C. c、b、a   D. c、a、b

3. 三种物质分配系数大小次序为：$K_a > K_b > K_c$，采用分配柱色谱法分离，出柱的先后顺序正确的是（　　）。

A. a、b、c   B. a、c、b

C. c、b、a   D. c、a、b

4. 关于分配色谱说法错误的是（　　）。

A. 属于液-液色谱，相当于一种连续性的溶剂提取方法

B. 流动相极性大于固定相的称为正相色谱

C. 操作前必须使固定相和流动相相互饱和

D. 分配系数大的后出柱

5. 阴离子交换剂可交换的离子是（　　　　）。

A. 阴离子　　　　　　　　　　　　B. 阳离子

C. 阴、阳离子都可交换　　　　　　D. 阴、阳离子都不能交换

6. 依据分子量的大小来进行分离的色谱是（　　　　）。

A. 分配色谱　　　　　　　　　　　B. 凝胶色谱

C. 离子交换色谱　　　　　　　　　D. 亲和色谱

7. 蛋白质分子量的测定可采用的色谱方法是（　　　　）。

A. 离子交换色谱　　　　　　　　　B. 亲和色谱

C. 凝胶过滤色谱　　　　　　　　　D. 吸附色谱

8. 纸色谱和薄层色谱定性分析的依据是（　　　　）。

A. 分配系数（K）　　　　　　　　B. 分离因数（β）

C. 比移值（R_f）　　　　　　　　D. 移动速率

9. 在薄层色谱中，以硅胶为固定相、有机溶剂为流动相，迁移速度快的组分是（　　　　）

A. 极性大的组分　　　　　　　　　B. 极性小的组分

C. 挥发性大的组分　　　　　　　　D. 挥发性小的组分

10. 薄层色谱分离时，一般要求组分的 R_f 值在（　　　　）之间。

A. 0～0.3　　　　　　　　　　　　B. 0.3～0.5

C. 0.2～0.8　　　　　　　　　　　D. 1.0～1.5

11. 纸色谱按其分离原理分，属于（　　　　）。

A. 吸附色谱　　　　　　　　　　　B. 分配色谱

C. 离子交换色谱　　　　　　　　　D. 凝胶色谱

三、简答

1. 简述吸附色谱的基本原理。

2. 什么是凝胶色谱？简述凝胶色谱的分离机理。

3. 简述柱色谱的基本操作步骤。

4. 简述纸色谱和薄层色谱的操作方法。

5. 薄层色谱展开前为什么要进行饱和操作？

6. 简述薄层色谱常用的检出方法。

7. 纸色谱展开的方法有哪几种？

四、计算

1. 化合物 A 在薄层板上从原点迁移 7.6cm，溶剂前沿距原点 16.2cm。（1）计算化合物 A 的 R_f 值。（2）在相同的薄层系统中，若溶剂前沿距原点 14.3cm，化合物 A 的斑点应在此薄层板上何处？

2. 已知 A 与 B 两组分的相对比移值为 1.5。当 B 物质在某薄层板上展开后，斑点距原点 8cm，溶剂前沿到原点的距离为 16cm。（1）若 A 在此薄层板上展开，则 A 的展距为多少？（2）A 组分的 R_f 值为多少？

3. 用纸色谱分离两种性质相近的物质 A 和 B，若已知两者的比移值分别是 0.32 和 0.45，展开后溶剂前沿距点样线 12cm，则分离后两斑点之间的距离是多少？

仪器分析
YIQIFENXI

第七章　气相色谱法

【学习目标】

知识目标：

　　掌握气相色谱法的基本原理；熟悉气相色谱法的定性和定量分析及应用。

能力目标：

　　能说出气相色谱仪的构造和基本部件，会按照仪器使用说明书或标准操作规程操作气相色谱仪；会进行气相色谱仪的日常保养和维护。

　　以气体为流动相的色谱法称为气相色谱法。气相色谱法是由英国生物化学家 Martin 等人创建的，他们在 1941 年首次提出了采用气体作为流动相，1952 年第一次用气相色谱法分离分析复杂混合物，1956 年指导色谱实践的速率理论出现，为气相色谱法提供了理论依据。气相色谱法主要用于低分子量、易挥发有机化合物的分析。其基本过程是汽化的试样被载气（流动相）带入色谱柱中，因柱中的固定相与试样中各组分分子作用力不同，各组分从色谱柱中流出时间也就不同，组分彼此分离。

　　气相色谱法具有如下特点：

　　1.高效能

　　一般填充柱的理论塔板数可达数千，毛细管柱可达一百多万，可以在较短时间内分离和分析极为复杂的混合物。

　　2.高选择性

　　可以使一些分配系数很接近的物质，比如同位素以及有机化合物中异构体等，获得满意的分离效果。

　　3.高灵敏度

　　气相色谱法使用高灵敏度的检测器，可以检测 $10^{-13}\sim10^{-11}$g 的物质，非常适合微量和痕量物质的分析。

　　4.分析速度快

　　气相色谱法操作迅速，分析一个试样可在几分钟到几十分钟内完成。

5. 应用广泛

气相色谱法不仅可以分析气体试样，还可以分析液体、固体以及包含在固体中的气体试样。不仅可以分析有机化合物，还可以分析部分无机化合物。只要样品在450℃以下能汽化且不分解，都可用气相色谱法进行分析。

但是，气相色谱法也存在不足之处，一是从色谱峰不能直接给出定性的结果，必须用已知纯物质的色谱图和它对照；二是受样品蒸气压的限制，对难挥发、易分解的试样难以分析。

第一节　色谱图及基本参数

一、色谱过程

当流动相携带混合物 A+B 流经固定相时与固定相发生相互作用，由于混合物 A、B 两组分性质和结构上的差异，与固定相之间产生的作用力的大小、强弱不同，随流动相的移动，混合物 A、B 在两相间经过反复多次的分配平衡，使得 A、B 两种组分被固定相保留的时间不同，物质 A、B 按一定次序从固定相中流出。其过程如图 7-1 所示。

二、气相色谱流出曲线的特征

样品经气相色谱分离后，由记录仪绘出样品中各个组分的流出曲线即色谱图（图 7-2）。色谱图的横坐标是组分的流出时间（t）或载气流出体积（V），纵坐标是检测器对各组分的峰高（h）。

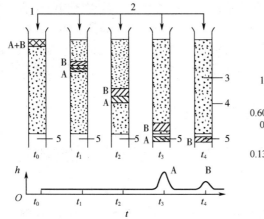

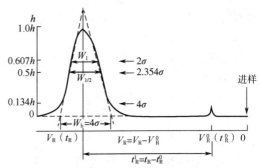

图 7-1　色谱过程示意

1—试样；2—流动相；3—固定相；4—色谱柱；5—检测器

图 7-2　色谱流出曲线及参数

（一）色谱参数

1. 基线

当没有组分进入时，色谱流出曲线是一条只反映仪器噪声随时间变化的曲线，称为基线。稳定的基线是平行于横坐标的水平直线。

2.色谱峰

当有组分进入检测器时，色谱流出曲线就会偏离基线，这时检测器输出的信号随检测器中组分的浓度而改变，直至组分全部离开检测器，此时绘出的曲线称为色谱峰。

3.峰高和峰面积

峰高（h）：指色谱峰的顶点到基线的垂直距离。

峰面积（A）：每个组分的流出曲线与基线间所包围的面积。

峰高或峰面积的大小和每个组分在样品中的含量相关，因此色谱峰的峰高或峰面积是气相色谱法进行定量分析的重要依据。

4.色谱峰的区域宽度

对称的色谱峰形状和正态分布曲线相似，其区域宽度可用正态分布曲线的标准偏差 σ 的大小来衡量，σ 大，峰形宽，σ 小，峰形窄。在正态分布曲线上标准偏差 σ 为曲线两拐点间距离的一半。对于正常色谱峰，σ 为 0.607 倍峰高处的峰宽的一半，即 $0.607h$ 处峰宽的一半。由于 $0.607h$ 不好测量，因此区域宽度还常用半峰宽来描述。

半峰宽（$W_{1/2}$）：指峰高一半处的峰宽，$W_{1/2} = 2.354\sigma$。

峰宽（W）：通过色谱峰的两侧拐点作切线，其在基线上的截距称为峰宽，$W = 4\sigma$。

（二）保留值

保留值是试样中各组分在色谱柱中保留行为的度量，反映各组分与色谱柱固定相之间作用力的大小，与分子结构有关，是色谱定性分析的依据，通常用时间或载气的体积来表示。

1.保留时间（t_R）

从进样开始至某个组分流出曲线达极大值（峰顶）需要的时间，称为该组分的保留时间，可作为色谱峰位置的标志，用 t_R 表示。

2.死时间（t_R^0）

从进样开始到惰性组分（指不被固定相吸附或溶解的空气或甲烷）从柱中流出的保留时间，称为死时间，用 t_R^0 表示。

3.调整保留时间（t_R^1）

扣除死时间后的保留时间，称为调整保留时间，用 t_R^1 表示。

$$t_R^1 = t_R - t_R^0 \tag{7-1}$$

4.保留体积（V_R）

指组分从进样到出现峰的最大值所需的载气体积，称为该组分的保留体积，用 V_R 表示。保留体积等于保留时间与载气流速的乘积。

5.死体积（V_R^0）

指不被固定相滞留的组分，从进样到出现峰最大值所需的载气体积，称为死体积，用 V_R^0 表示。它反映了进样器至检测器的流路中未被固定相填充的空间，与被测组分的性质无关。

6.调整保留体积（V_R^1）

扣除死体积后的保留体积，称为调整保留体积，用 V_R^1 表示。

7.相对保留值（r_{21}）

两个组分（组分 1、组分 2）的调整保留值之比[式（7-2）]，称为相对保留值。

$$r_{21} = \frac{V_R^2}{V_R^1} = \frac{t_R^2}{t_R^1}$$

(7-2)

相对保留值是色谱系统的选择性指标，它只与柱温和固定相性质有关，与其他色谱操作条件无关。r_{21} 总是大于 1，r_{21} 越大，表示固定相或色谱柱对分离混合物的选择性越强。

第二节　基本理论

一、气相色谱法的分类

气相色谱法按不同的分类方式可分为不同的类别：

① 按照固定相的类型分为气-液色谱法和气-固色谱法。

以液体作为固定相的气相色谱法称为气-液色谱法，以固体作为固定相的气相色谱法称为气-固色谱法。

在气-液色谱法中，基于不同的组分在固定液中溶解度的差异实现组分的分离。当载气携带被测样品进入色谱柱后，载气中的被测组分溶解到固定液中。载气连续流经色谱柱，溶解在固定液中的组分又从固定液中挥发到载气中，随着载气的流动，挥发到气相中的组分又会溶解到前方的固定液中。这样反复多次溶解、挥发、再溶解、再挥发，实现被测组分的分离。溶解度小的组分易挥发，停留在色谱柱中的时间短，先流出色谱柱；溶解度大的组分较难挥发，停留在色谱柱中的时间长，后流出色谱柱。

在气-固色谱法中，基于不同组分在固体吸附剂上吸附能力的差别实现组分的分离。气-固色谱中的固定相是一种多孔性、比表面积较大的吸附剂，样品由载气携带进入色谱柱时，被吸附剂所吸附。载气不断通过吸附剂，使吸附的被测组分被洗脱下来，洗脱的组分随载气流动，又被前方的吸附剂所吸附。随着载气的流动，被测组分在吸附剂表面进行反复的吸附、解吸附。吸附能力弱的组分停留在色谱柱中的时间短，先流出色谱柱；吸附能力强的组分停留在色谱柱中的时间长，后流出色谱柱。

② 按照色谱柱的内径大小可分为填充柱色谱法、毛细管柱色谱法、大口径柱色谱法。

填充柱色谱法一般采用内径为 3mm 或 2mm 的不锈钢柱或玻璃柱作为分离柱，有较好的柱容量，但柱效相对较低，适用于简单组分的分离。

毛细管柱色谱法一般采用内径为 0.2mm、0.25mm、0.32mm 的石英柱作为分离柱。柱长一般在 15～30m，有较高的柱效，但柱容量低。

大口径柱色谱法一般采用内径 0.53mm 的毛细管柱，柱效和柱容量介于填充柱色谱法和毛细管柱色谱法之间，适用于复杂组分的分析。

二、气相色谱法的分离

实现色谱分离的先决条件是被分离的各组分在固定相和流动相两相中的吸附（或分配）作用存在差异。由于流动相的流动使被分离的组分与固定相发生反复多次的吸附（或溶解）、解吸附（或挥发），组分间的微小差别被不断放大，在固定相上的移动距离产生了较大的差别，从而达到完全分离。

三、色谱分离过程的平衡常数

（一）分配系数

组分在固定相和流动相间发生的吸附、解吸附，或溶解、挥发的过程称为分配过程。在一定温度下，组分在两相间分配达到平衡时的浓度之比，称为分配系数，用 K 表示，分配系数是色谱分离的依据。

$$K = \frac{\text{组分在固定相中的浓度}}{\text{组分在流动相中的浓度}} = \frac{c_S}{c_M} \tag{7-3}$$

从式（7-3）中可以看出，一定温度下，组分的分配系数 K 越大，组分与固定相结合力则越强，出峰越慢。当某组分的 $K = 0$ 时，则组分不被固定相保留，最先流出。

当试样一定时，K 主要取决于固定相性质，试样中的各组分具有不同的 K 值是分离的基础。每个组分在各种固定相上的分配系数 K 不同，选择适宜的固定相可改善分离效果。

（二）分配比

分配比又称容量因子，用 k 表示，是指在一定温度和压力下，组分在固定相和流动相之间的质量或物质的量之比。容量因子是衡量色谱柱对被分离组分保留能力的重要参数。

四、分离度（R）

分离度 R 是指两个相邻组分色谱峰的保留时间差与两峰峰宽平均值之比，即：

$$R = \frac{t_{R2} - t_{R1}}{\dfrac{W_1 + W_2}{2}} = \frac{2(t_{R2} - t_{R1})}{W_1 + W_2} \tag{7-4}$$

分离度表示相邻两个色谱峰的分离程度。R 越大，在色谱图上反映出来的是两个色谱峰之间的距离越大，表示相邻两个组分分离程度越好，即色谱柱对两个组分的选择性越好。一般 $R < 1.0$，相邻两峰有部分重叠；$R = 1.0$，两峰分离程度达到98%；$R = 1.5$ 时，两峰分离程度达到99.7%。$R > 1.5$ 称为完全分离。

五、塔板理论

塔板理论把色谱柱当作一个分馏塔，将色谱过程比作分馏过程。沿用分馏塔中塔板的概念描述组分在两相间的分配行为，并引入理论塔板数 n 和理论塔板高度 H 作为衡量柱效的指标。

根据塔板理论，溶质进入色谱柱入口后，即在两相间进行分配。对于正常的色谱柱，溶质在两相间达到分配平衡的次数在数千次以上，最后，"挥发度"最大（保留最弱）的溶质最先从"塔顶"（色谱柱出口）逸出（流出），从而使不同"挥发度"（保留值）的溶质实现相互分离。

（一）理论塔板数（n）

理论塔板数 n 可以从色谱图中组分色谱峰的有关参数计算，常用的计算公式为：

$$n = 5.54\left(\frac{t_R}{W_{\frac{1}{2}}}\right)^2 \text{或} n = 16\left(\frac{t_R}{W}\right)^2 \tag{7-5}$$

式中　t_R——组分的保留时间；

$W_{\frac{1}{2}}$——半峰宽；

W——峰宽。

由式（7-5）可以看出，组分的保留时间越长，峰形越窄，则理论塔板数 n 越大。

理论塔板高度 H 与理论塔板数 n 和柱长 L 的关系如下：

$$n = \frac{L}{H} \tag{7-6}$$

当色谱柱长 L 固定时，每次分配平衡需要的理论塔板高度 H 越小，柱内理论塔板数 n 越大，组分在该柱内被分配于两相的次数就越多，柱效就越高。

（二）有效理论塔板数（$n_{有效}$）

在实际应用中，常常出现计算出的 n 很大，但色谱柱的实际分离效能并不高的现象。这是由于保留时间 t_R 中包括了死时间 t_R^0，而 t_R^0 不参加柱内的分配，即理论塔板数未能真实地反映色谱柱的实际分离效能。为此，提出了以 t_R^1 代替 t_R 计算所得到的有效理论塔板数 $n_{有效}$ 来衡量色谱柱的柱效能。计算式为：

$$n_{有效} = \frac{L}{H} = 5.54\left(\frac{t_R^1}{W_{\frac{1}{2}}}\right)^2 = 16\left(\frac{t_R^1}{W}\right)^2 \tag{7-7}$$

六、速率理论

荷兰学者 van Deemter 等吸收塔板理论中的一些概念，并进一步把色谱分配过程与分子扩散和气-液两相中的传质过程联系起来，建立了色谱过程的动力学理论，即速率理论。速率理论从动力学观点出发，根据基本的实验事实研究各种操作条件（载气的性质及流速、固定液的液膜厚度、载体颗粒的直径、色谱柱填充的均匀程度等）对塔板高度的影响，揭示了色谱峰扩张而降低柱效的原因。

速率理论认为，单个组分分子在色谱柱内固定相和流动相间要发生千万次转移，加上分子扩散和运动途径等因素，它在柱内的运动是高度不规则的，是随机的，在柱中随流动相前进的速率是不均一的。

速率理论在塔板理论的基础上，引入影响塔板高度的动力学因素，提出了 van Deemter 方程式：

$$H = A + \frac{B}{u} + Cu \tag{7-8}$$

式中　A——涡流扩散项；

$\frac{B}{u}$——分子扩散项；

Cu——传质阻力项；

u——载气在柱中的平均线速度，即一定时间内载气在色谱柱中的流动距离，cm/s。

A、B、C 为常数。在 u 一定时，只有当 A、B、C 较小时，H 才能有较小值，才能获得较高的柱效能；反之，色谱峰扩张，柱效能较低，所以 A、B、C 为影响峰扩张的三项因素。

（一）涡流扩散项（A）

在填充色谱柱中，试样分子随着载气进入色谱柱遇到填充物颗粒时，不断改变流动方向，使试样组分在气相中形成紊乱的类似涡流的流动，从而导致同一组分分子通行路径长短不同，在柱中停留的时间也不同，或前或后流出色谱柱，引起色谱峰扩张，这种扩散称为涡流扩散（A）。A 与载气性质、线速度和组分无关，只与填充物的平均颗粒直径、填充不均匀因子有关，即填充越均匀、颗粒越小，则塔板高度越小，柱效越高。对于空心毛细管柱，由于无填充物，故 A 等于 0。

（二）分子扩散项（$\dfrac{B}{u}$）

分子扩散又称为纵向扩散，由于组分在色谱柱中的分布存在浓度梯度，高浓度的部分有向低浓度区域扩散的倾向，形成纵向扩散。分子扩散项与载气的线速度（u）成反比，载气线速度越小，组分在气相中停留时间越长，分子扩散越严重，由于分子扩散引起的峰扩张也越大。为了减小峰扩张，可以采用较高的载气流速。

（三）传质阻力项（Cu）

在气-液填充柱中，试样被载气带入色谱柱后，组分在气、液两相中分配而达平衡，由于载气流动，破坏了平衡，当纯净载气或含有组分的载气到来后，固定液中组分的部分分子又回到气液界面，并逸出而被载气带走，这种溶解、扩散、平衡及转移的过程称为传质过程。影响此过程速率的阻力称为传质阻力。传质阻力包括气相传质阻力和液相传质阻力。

1.气相传质过程

气相传质过程指试样组分从气相移动到固定相表面的过程。在这一过程中，试样组分将在气、液两相间进行质量交换，即进行浓度分配。若在这个过程中进行的速率较缓慢，就引起色谱峰的扩张。在实际色谱操作过程中，应采用细颗粒固定相和分子量小的气体（如 H_2、He）作载气，可降低气相传质阻力，提高柱效率。

2.液相传质过程

液相传质过程指试样组分从固定相的气-液界面移到液相内部，并发生质量交换，达到分配平衡，然后又返回到气-液界面的传质过程。若该过程需要的时间越长，表明液相传质阻力就越大，从而引起色谱峰的扩张。

当固定液含量较大，液膜较厚，中等线性流速（u）时，塔板高度（H）主要受液相传质阻力的影响，而气相传质阻力的影响较小，可忽略不计。但用低含量固定液的色谱柱、高载气流速进行快速分析时，气相传质阻力就会成为影响塔板高度的重要因素。

第三节　气相色谱仪

气相色谱法操作时使用的仪器称为气相色谱仪（图 7-3）。

气相色谱的基本过程为载气（流动相）经减压阀、净化器、稳压阀、流量计后，以稳定的压力和流速连续经过汽化室、色谱柱、检测器，汽化室与进样口相接，其作用是把从进样口注入的液体瞬间汽化为蒸气，以便载气带入色谱柱中进行分离，分离后的样品，依次随载气进入检测器，检测器将组分浓度或质量的变化转变为电信号，电信号经放大后，由记录器记录下来，即得到色谱图。

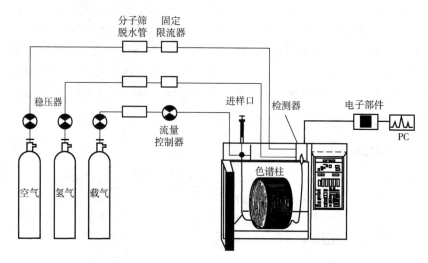

图 7-3　气相色谱仪

气相色谱仪可归纳为气路系统、进样系统、分离系统、检测系统、温度控制系统及数据处理系统六个系统。

一、气路系统

气路系统是指流动相连续运行的密闭管路系统，它包括气源、气体净化器、气体流速控制和测量装置，通过该系统可获得纯净的载气、稳定的流速或压力。为了获得好的测定结果，气路系统必须气密性好、载气纯净、流量稳定且能准确测量。

1.载气和助燃气

气相色谱的载气是载送样品进行分离的惰性气体，是气相色谱的流动相。常用的载气为氮气、氢气、氦气、氩气。载气可储存于相应的高压钢瓶中，也可由气体发生器产生。载气携带试样通过色谱柱，提供试样在柱内运行的动力。

2.净化器

载气在进入色谱仪之前，必须经过净化处理，其净化常常由装有气体净化剂的净化器来完成，如用活性炭、硅胶、分子筛来除去烃类物质、水分、氧气。当采用钢瓶气时，最好采购纯度为99.999%的载气。

3.稳压阀及稳流阀

载体的流速是影响色谱分离和定性分析的重要参数之一，气相色谱要求载气流速稳定。通常在减压阀输出气体的管线中串联稳压阀，其作用有两个，一是通过改变输出气压来调节气体流量大小，二是稳定输出气压。

4.流量计

一般采用转子流量计和皂膜流量计测量。

二、进样系统

进样系统包括进样装置和汽化室，其作用是把待测样品气体或液体快速而定量地加到色谱柱中进行色谱分离。

1.进样器

（1）六通阀进样器　样品可以用平面六通阀（图7-4）进样。从图中可知，采样时，样品进入定量环 7，而载气直接由 1 到 2，不含有样品；进样时，将阀旋转 60°，此时载气由 1 进入，通过定量环 7，将定量环中样品带入色谱柱中。

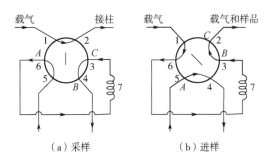

（a）采样　　　　　　（b）进样

图 7-4　平面六通阀

（2）微量注射器　常用的微量注射器有 1μL、5μL、10μL、50μL、100μL 等规格。实际工作中可根据需要选择合适规格的微量注射器。

2.汽化室

汽化室的作用是将液体样品瞬间汽化为蒸气。当样品进入汽化室瞬间汽化，然后由预热过的载气将汽化了的样品迅速带入色谱柱内进行分析。气相色谱分析要求汽化室热容量要大、温度足够高，汽化室体积尽量小，以防止样品扩散，减小死体积，提高柱效。

图 7-5 是一种常用的填充柱进样口，它的作用就是提供一个样品汽化室，所有汽化样品都被载气带入色谱柱进行分离。

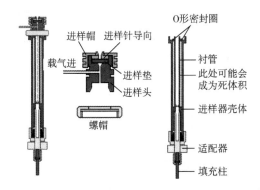

图 7-5　填充柱进样口结构

三、分离系统

分离系统主要由恒温箱和色谱柱组成，色谱柱是核心部件，多组分样品在其中分离。

1.恒温箱

恒温箱均带有多阶程序升温设计，为气相色谱提供分离所需的温度，其操作温度范围一般在室温～450℃。

2.色谱柱

气相色谱柱根据色谱柱内径的大小和长度，分为填充柱和毛细管柱。

（1）填充柱　填充柱是指在柱内均匀而紧密填充着固定相颗粒的色谱柱，柱长一般为1～10m，内径2～4mm，由不锈钢、铜镀镍、玻璃或聚四氟乙烯制成，形状有U形或螺旋形。

（2）毛细管柱　毛细管柱又称空心柱，是一种高效能的色谱柱。柱长一般为10～100m，内径0.2～0.5mm，由不锈钢管、玻璃管或石英管制成螺旋形，可分离填充柱难以分离的、复杂的物质。

3.色谱柱的维护

使用色谱柱时应注意以下几点：

① 新制备或新安装的色谱柱使用前必须进行老化。

② 新购买的色谱柱在分析样品前一定要先测试柱性能是否合格，如不合格需要更换新的色谱柱。

③ 色谱柱暂时不用时，应从仪器上卸下，在柱两端套上不锈钢螺帽，置于包装盒中，避免污染。

④ 关机前应先将柱温箱温度降至50℃以下，再关闭电源和载气。

⑤ 毛细管柱如果使用一段时间后柱效大幅度降低时，可以对色谱柱进行老化处理，用载气将污染物冲洗出来。

四、检测系统

检测器是色谱仪的"眼睛"，其作用是将经色谱柱分离后按顺序流出的化学组分信息转变为电信号，实现对被分离物质的定性鉴别和含量测定。

（一）检测器的类型

根据检测原理的不同，检测器分为浓度型检测器和质量型检测器。

浓度型检测器的响应值取决于组分在载气中的浓度，其电信号的大小与组分的浓度成正比。常见的浓度型检测器有热导检测器（TCD）、电子捕获检测器（ECD）等。

质量型检测器的响应值取决于组分在单位时间内进入检测器的质量，其电信号的大小与单位时间内进入检测器的组分的质量成正比。常见的质量型检测器有氢火焰离子化检测器（FID）、火焰光度检测器（FPD）等。

（二）气相色谱仪常用的检测器

1.热导检测器

热导检测器（TCD）是利用被检测组分与载气的热导率的差别来检测组分浓度的变化。热导检测器结构简单、性能稳定、线性范围宽，适用于无机气体和有机物，用于常量分析或微量分析。

（1）检测原理　不同的物质具有不同的热导率，当被测组分与载气混合后，混合物的热导率与纯载气的热导率大不相同。当选用热导率较大的气体（如 H_2、He）时，这种差异尤其明显。当通过热导池池体的气体组成及浓度发生变化时，会引起池体上安装的热敏元件的温度变化，由此产生热敏元件电阻值的变化，通过惠斯顿电桥进行测量，就可由所得信号的大小求出该组分的含量。

（2）热导池的结构　热导池是由池体、池槽（气路通道）、热丝三部分组成，有双臂热导池和四臂热导池两种（图7-6）。双臂热导池池体用不锈钢或铜制成，具有两个大小、形状完全对称的孔道，每一孔道装有一根热敏铼钨丝，其形状、电阻值在相同的温度下基本相同。四臂热导池则具有四根相同的铼钨丝，灵敏度比双臂热导池约高一倍，目前大多采用四臂热导池。

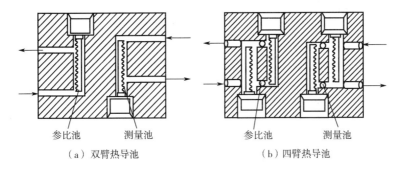

（a）双臂热导池　　　　　　（b）四臂热导池

图7-6　热导池结构

（3）测量电桥　热导池的测量电路是由参比臂和测量臂构成的惠斯顿电桥（图7-7），测量样品通过电桥时引起电压变化，输出的电压信号与样品的浓度成正比。

（4）工作原理　热丝电阻具有随温度变化的特性。当有一恒定直流电通过热导池热丝时，热丝被加热。在没有携带样品时，参比池和测量池通入的都是纯载气，两臂的电阻值相同，电桥平衡，无信号输出。当有试样进入检测器时，纯载气流经参比池，携带组分的载气流经测量池，由于携带组分载气的热导率和纯载气的热导率不同，电桥失去平衡，检测器有电压信号输出，记录仪画出相应的色谱峰。

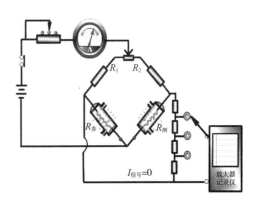

图7-7　热导检测器工作原理

（5）影响因素

①桥路工作电流。电流增加，温度变化大，产生的电阻变化大，灵敏度就提高。但桥路电流过高，噪声也逐渐增大；且桥路电流高，热丝易被氧化，使用寿命短。因此，在满足分析灵敏度的前提下尽量选取低的桥电流。

②载气的选择。载气与试样的热导率相差越大，在检测器两臂中产生的温差和电阻差就越大，检测器的灵敏度越高。H_2、He导热能力强，灵敏度高，TCD通常用H_2、He作载气。

载气的纯度影响TCD的灵敏度，一般应选用99.999%的载气。

TCD为浓度型检测器，色谱峰的峰面积与载气流速成反比。因此，用峰面积定量时，载气流速必须保持恒定。

（6）使用注意事项　热导池使用时要置于恒温箱中，其温度应高于柱温，防止样品在热导池中冷凝。为了避免热丝烧断或氧化，在热丝通电源之前要先通入载气，工作完毕要先停电源再关载气。

2.氢火焰离子化检测器

氢火焰离子化检测器（FID）是一种高灵敏度的检测器，适用于有机物的微量分析。其特点是灵敏度高、响应快、定量线性范围宽、结构不太复杂、操作稳定，是目前最常用的检测器。

（1）氢火焰离子化检测器的结构　氢火焰离子化检测器的主要部件是离子化室，内有由发射极（正极）和收集极（负极）构成的电场，由氢气在空气中燃烧构成的能源以及样品被载气（N_2）带入氢火焰中燃烧的喷嘴（图 7-8）。

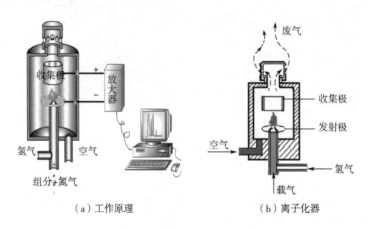

（a）工作原理　　　　　　（b）离子化器

图 7-8　氢火焰离子化检测器的结构

（2）氢火焰离子化检测器的工作原理　在外加 150～300V 电场的作用下，氢气在空气中燃烧，产生高温火焰作为能源，当载气携带有机物样品进入火焰中时，有机物发生电离成为正负离子。产生的离子在外加电场的作用下产生定向运动形成电流，经放大器放大，在记录仪上得到色谱峰。

（3）氢火焰离子化检测器主要操作条件

① 载气。载气将被测组分带入 FID，通常用 N_2 作载气。

② 气体流量。FID 中使用 3 种气体。N_2 为载气，H_2 为燃气，空气为助燃气。三者流量关系一般为 N_2：H_2：空气为 1：（1～1.5）：10。

③ 温度。在 FID 中，由于氢气燃烧，产生大量水蒸气，若检测器温度低于 80℃，水蒸气不能以蒸汽状态从检测器排出而冷凝成水，使灵敏度降低，增加噪声，因此 FID 温度必须在 120℃ 以上。

④ 极化电压。极化电压的大小会直接影响检测器的灵敏度。当极化电压较低时，离子化信号随极化电压的增加而迅速增大。当极化电压超过一定值时，增加电压对离子化电流的增大没有明显的影响。正常操作时，所用极化电压为 150～300V。

3.电子捕获检测器

电子捕获检测器（ECD）也是一种离子化检测器，选择性高、灵敏度高。ECD 特别适用于分析多卤化合物、多环芳烃、金属离子的有机螯合物，还广泛应用于农药、大气及水质污染的检测。

（1）ECD 结构　电子捕获检测器（图 7-9）的主体是离子室，离子室内壁装有 β 射线放射源，目前广泛采用的是圆筒状同轴电极结构。阳极是外径约 2mm 的铜管或不锈钢管，金属池体为阴极，在阴极和阳极间施加一个直流或脉冲极化电压。载气用

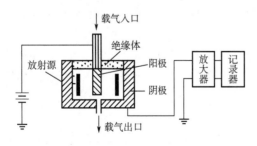

图7-9　电子捕获检测器的结构

N$_2$ 或 Ar。

（2）检测原理　当载气（N$_2$）从色谱柱流出进入检测器时，放射源放射出的射线，使载气电离，产生正离子及低能量电子（图 7-10）。

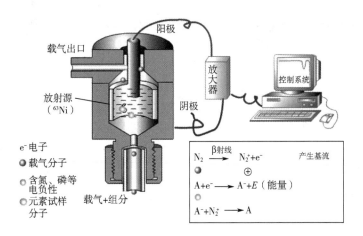

图 7-10　电子捕获检测器的结构流程

这些带电粒子在外电场作用下向两电极定向流动，形成离子流，即检测器基流。当电负性物质 AB 进入离子室时，可以捕获这些低能量的电子而形成负离子，与载气电离产生的正离子复合生成中性分子。被载气带出检测器，从而使基流降低，产生了样品的检测信号。

（3）应用　ECD 是一种灵敏度高、选择性强的检测器。ECD 只对具有电负性的物质有输出信号，而对电负性很小的化合物的输出信号很小或没有。ECD 对那些电子系数大的物质的检测限可达 $10^{-14} \sim 10^{-12}$ g，所以特别适合于分析痕量电负性化合物。

（4）使用注意事项

① 使用高纯度载气和尾吹气。ECD 使用过程中必须保持整个系统的洁净，要求系统气密性好，气体纯度高（载气及尾吹气的纯度大于 99.999%）。

② 使用耐高温隔垫和洁净样品。使用流失小的耐高温隔垫，汽化室洁净，柱流失少；使用洁净的样品；检测器温度必须高于柱温 10℃ 以上。

③ 检测器的污染及其净化。若噪声增大，信噪比下降，或者基线漂移变大，线性范围变小，甚至出负峰，则表明 ECD 可能污染，必须要净化。目前常用的净化方法是将载气或尾吹气换成 H$_2$，调流速至 30～40mL/min，汽化室和柱温为室温，检测器温度升至 300～350℃，保持 18～24h，使污染物在高温下与氢作用而除去，这种方法称为"氢烘烤"。氢烘烤完毕后，将系统调回原状态，稳定数小时即可。

4.其他检测器

（1）火焰光度检测器（FPD）　是对含硫、磷化合物具有高灵敏度的选择性检测器。适用于分析含硫、磷的农药及在环境分析中监测含硫、磷的有机污染物。

（2）氮磷检测器（NPD）　对含氮、磷的有机化合物灵敏度高。结构与 FID 类似。

第四节　气相色谱条件选择

在气相色谱分析中，要想达到理想的分离效果，必须满足：

（1）色谱柱分离效能高　分离度是色谱柱的总分离效能指标。由式（7-4）可知，两个组分分离得好，它们的保留时间之差必须足够大、峰必须很窄。只要满足这两个条件，色谱柱对于这两个组分就有高的分离效能。

（2）色谱柱的柱效高　理论塔板数（n）反映柱效的高低。由式（7-5）和式（7-6）可知，色谱柱越长，组分的保留时间越长，峰形越窄，则理论塔板数 n 越大，柱效越高。

在实际分析时，希望能在较短的时间内用较短的色谱柱达到满意的分析结果，因此需要对其他操作条件进行选择。

一、载气及流速的选择

1.载气种类的选择

气相色谱最常用的载气有氢气、氮气、氩气、氦气。选择何种气体作载气，要根据检测器选择。使用热导检测器时，选用氢气或氦气作载气，能提高灵敏度，氢气作载气还能延长热敏元件钨丝的寿命；氢火焰离子化检测器宜用氮气作载气，也可用氢气；电子捕获检测器常用氮气（纯度大于 99.99%）；火焰光度检测器常用氮气和氢气。

2.载气流速的选择

载气流速 u 对柱效和分析速度都产生影响。根据范第姆特（van Deemter）方程式，$H = A + B/u + Cu$，综合其中三项 A、B/u、Cu 的方程曲线，可以得到图 7-11 中的曲线（实线部分），即为范第姆特方程曲线。从图中可知，该曲线中最低点为 H 最小点，此时柱效最高，该点所对应的载气流速为最佳流速。

为了缩短分析时间，加快分析速度，实际选择的载气线速度往往稍高于最佳流速。对于填充柱，N_2 的最佳使用线速度为 10～12cm/s，H_2 的最佳使用线速度为 15～20cm/s。

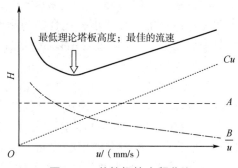

图7-11　范第姆特方程曲线

二、柱温的选择

柱温是气相色谱重要的操作条件，柱温改变，柱效、分离度 R、选择性以及柱稳定性都发生改变。柱温低有利于组分的分离，但柱温过低时，被测组分能在柱中冷凝或者传质阻力增加，使色谱峰扩展，甚至拖尾。柱温高有利于传质，但柱温过高时，分配系数变小，不利于分离。一般通过实验确定最佳柱温，既使被分离对象完全分离，又不使峰形扩展、拖尾。

三、载体的选择

载体对柱效率产生影响。在范第姆特方程中，涡流扩散项 A 与气相传质阻力项 Cu 都与载体颗粒直径 d_p 有关。d_p 增大时，H 增大，柱效降低；d_p 减小，H 也减小，柱效增加。但载体颗粒太小会使阻力增加，造成操作困难。填充柱的载体颗粒为柱内径的 1/20～1/15 为宜。

四、固定液用量的选择

固定液的用量要视载体的性质及其他情况而定。根据范第姆特方程，液膜厚度 d_f 小，即液载比低，有利于液相传质，能提高柱效。但是液载比太低会导致载体表面不能全部覆盖，出现载体吸附样品的现象，形成拖尾峰。同时固定液用量过少，也降低了柱的容量，进样量必须减少。通常情况下硅藻土载体表面积大，固定液：载体的质量比为（5：100）～（30：100）；玻璃载体表面积小，液载比可小于 1：100。

五、色谱柱形、柱内径及柱长的影响

色谱柱形、柱内径、柱长均可影响柱效率。

载气流动受柱弯曲的影响会产生紊乱、不规则的流动，降低柱效率，因此要求柱弯曲的地方其曲率半径应尽量大一些，故色谱柱形以 U 形为好。

填充柱内径过小易造成填充困难、柱压增大，不利于操作；柱内径增大虽可增大样品用量，但会使柱效率下降。柱内径一般选择为 3～4mm。

色谱柱长，柱效率高，但会使分析时间延长，增大载气的柱前压力，因此在保证选择性和柱效率的前提下尽量使柱长减至最短。故填充色谱柱柱长一般为 1～2m。

六、汽化室温度的选择

汽化室温度过低，汽化速度慢，使样品峰扩展；温度过高，使样品分解，产生裂解峰。一般汽化室温度比柱温高 30～70℃或比样品中沸点最高组分的沸点高 30～50℃。

七、进样量与进样时间的选择

进样量过大会导致分离度变小、保留值变化，不能定性；峰高、峰面积与进样量不成线性关系，不能定量。一般要求液体样品进样量为 0.1～5μL，气体样品进样量为 0.1～10mL。

进样时间应尽可能短，否则会因为试样原始宽度变大，造成色谱峰扩张甚至变形。一般要求在 0.1s 内完成进样，而且平行测定时保持进样速度一致。

第五节　应用与实例

一、定性分析

气相色谱定性分析的目的是确定试样的组成，即确定每个色谱峰代表何种组分。定性分析的理论依据是：在一定的色谱条件下，每种物质都有确定的保留值或确定的色谱数据，并且不受其他组分的影响。值得注意的是，在同一色谱条件下，不同物质也可能具有相似或相同的保留值，即保留值并非是专属的。因此对于一个完全未知的混合样品单靠色谱法定性比较难，往往需要与质谱、红外光谱等方法联用。

（一）保留值定性法

在气相色谱分析中，利用保留值定性是最基本的定性方法。

1.标准物质直接定性法

在完全相同的色谱条件下，同种物质的保留时间是不变的。具体方法：将样品和已知的标准物质在同样的色谱条件下分别进行分析，作出色谱图，对照比较样品与标准物质的保留值。实际过程中，直接比较两者的保留时间（t_R）。

2.标准物质增加峰高法

如果样品较为复杂，流出峰之间的距离太近或者色谱操作条件不易控制，可以采用增加峰高的方法进行定性。具体方法：将已知的标准物质加入到样品中混合进样，若待定性组分的峰比不加已知标准物质时的峰高度相对增大了，则表示原样品中可能含有该已知标准物质的成分。

3.相对保留值定性法

相对保留值指在相同色谱条件下，组分与参比组分的调整保留值之比。相对保留值只受组分性质、柱温和固定相性质的影响，而柱长、固定相的填充情况和载气的流速均不影响相对保留值的大小。具体方法：在一定条件下将测得的相对保留值与文献资料中的相对保留值对比，进行判断。

（二）保留指数定性法

1958年匈牙利色谱学家柯瓦特首先提出用保留指数（I）作为保留值的标准用于定性分析，是目前使用最广泛并被国际上公认的定性指标。

保留指数仅与柱温和固定相性质有关，与色谱操作条件无关。不同实验室测定的保留指数的重现性较好，精度可达±0.03个指数单位。所以使用保留指数定性具有一定的可靠性。

（三）两谱联用定性法

将气相色谱作为分离手段，将质谱、红外光谱、紫外光谱、核磁共振波谱等方法作为定性工具，可以很好地实现分离分析。

联用方法一般有两种：一种是利用气相色谱仪将组分分离后分别收集，然后用定性分析方法进行分析。这种方法操作繁琐、费时且易污染样品。另一种是将气相色谱仪与定性分析仪器通过适当的连接技术——"接口"连接起来，色谱分离后的组分直接进入联用仪器进行分析，目前气相色谱-质谱联用最为常用。

二、定量分析

（一）定量分析基础

1.定量分析基本公式

气相色谱法用于定量分析的依据是在一定的色谱条件下，经色谱柱分离后的组分进入检测器，其响应值（峰面积或峰高）与组分的质量（或浓度）成正比。其基本公式为：

$$m_i = f_i A_i \tag{7-9}$$

$$或 \quad c_i = f_i h_i \tag{7-10}$$

式中　　m_i——组分 i 的质量；

c_i——组分 i 的浓度；

f_i——组分 i 的校正因子；

A_i——组分 i 的峰面积；

h_i——组分 i 的峰高。

在色谱定量分析中，浓度型检测器常用峰高定量，质量型检测器常用峰面积定量。

2.峰高和峰面积的测定

峰高是峰顶至峰底（或基线）的距离，峰面积是色谱峰与峰底（或基线）所围成的面积。在使用积分仪和色谱工作站测量峰高和峰面积时，仪器可根据人为设定积分参数（半峰宽、峰高和最小峰面积等）和基线来计算每个色谱峰的峰高和峰面积。

3.定量校正因子的测定

气相色谱定量分析时，峰面积的大小不仅与组分的量有关，还与组分的性质、检测器性能有关。同一检测器测定相同质量的不同组分时，检测器的响应值不同，产生的峰面积也不同，因此引入"定量校正因子"对峰面积加以校正。定量校正因子分为绝对校正因子和相对校正因子。

（1）绝对校正因子（f_i'）　绝对校正因子是指单位峰面积（或峰高）所代表的组分的量。即

$$f_i' = m_i / A_i \tag{7-11}$$

$$或\ f_i' = m_i / h_i \tag{7-12}$$

式中　　m_i——组分质量；

　　　　A_i——峰面积；

　　　　h_i——峰高。

绝对校正因子主要由仪器的灵敏度决定，无法直接应用文献数据，且不易测得，故实际分析时常采用相对校正因子。

（2）相对校正因子（f_i）　相对校正因子是指组分 i 与基准物质 s 的绝对校正因子比。通常将相对校正因子简称为校正因子。

$$f_i = \frac{f_i'}{f_s'} = \frac{m_i A_s}{m_s A_i} \tag{7-13}$$

$$或\ f_i = \frac{f_i'}{f_s'} = \frac{m_i h_s}{m_s h_i} \tag{7-14}$$

式中　　f_i'——组分 i 的绝对校正因子；

　　　　f_s'——基准物质的绝对校正因子；

　　　　m_i——组分 i 的质量；

　　　　A_i——组分 i 的峰面积；

　　　　h_i——组分 i 的峰高；

　　　　m_s——基准物质的质量；

　　　　A_s——基准物质的峰面积；

　　　　h_s——基准物质的峰高。

不同的检测器常用的基准物质是不同的，热导检测器常用苯作基准物质，氢火焰离子化检测器常用正庚烷作基准物质。

（3）校正因子的测定　准确称取色谱纯或已知准确含量的被测组分和基准物质，配成已知准确浓度的溶液，在给定的色谱条件下，取一定体积的样品溶液进样，测得组分和基准物质的峰面积，根据上述公式就可以计算出校正因子。

（二）定量分析方法

色谱中常用的定量分析方法有归一化法、标准曲线法、内标法、标准加入法 4 种，按测量参数又分为峰面积法、峰高法。这些定量方法各有优缺点和使用范围，在实际工作中应根据分析的目的、要求以及样品的具体情况选择合适的定量方法。

1.归一化法

归一化法是以样品中被测组分经校正过的峰面积（或峰高）占样品中各组分经校正过的峰面积（或峰高）的总和的比例来表示样品中各组分含量的定量方法。

设试样中有 n 个组分，各组分的质量分别为 m_1、m_2、...、m_n，在一定条件下测得各组分峰面积分别为 A_1、A_2、...、A_n。则某组分含量的计算方法为：

$$w_i = \frac{m_i}{m} \times 100\% = \frac{m_i}{m_1 + m_2 + \cdots + m_i + \cdots + m_n} \times 100\%$$

$$= \frac{A_i f_i}{A_1 f_1 + A_2 f_2 + \cdots + A_i f_i + \cdots + A_n f_n} \times 100\% \tag{7-15}$$

式中　f_i——组分 i 的相对校正因子；

A_i——组分 i 的峰面积。

若试样中各组分的相对校正因子很接近（如同分异构体或同系物），则可以不用校正因子，上式简化成：

$$w_i = \frac{A_i}{\sum A_i} \tag{7-16}$$

归一化法的优点是定量简便、精确，进样量的多少与测定结果无关，操作条件（流速、柱温等）的变化对定量结果的影响较小。其缺点是归一化法校正因子的测定较为麻烦，虽然从文献中可以查到一些化合物的校正因子，但要得到准确的校正因子，需要用每一组分的基准物质直接测量。

需要注意，采用归一化法处理结果，需在一个分析周期内，试样中所有组分全部出峰，并在检测器上都能产生信号。

2.标准曲线法

标准曲线法也称外标法或直接比较法，是一种简便、快速的定量方法。

具体方法：用标准物质配制成不同浓度的系列标准溶液，在与待测组分相同的色谱条件下，等体积准确进样，测量各峰的峰面积或峰高，用峰面积或峰高对标准溶液的浓度绘制标准曲线。然后在同样操作条件下，用待测溶液进样，得到待测组分的峰面积或峰高，在标准曲线上直接查出样品组分的浓度。

如果工作曲线通过原点，可以用外标一点法进行定量分析。方法是：先配制一个和待测组分浓度相近的已知浓度的标准溶液，在相同的色谱条件下，分别将样品溶液和标准溶液等体积进样，作出色谱图，测量待测组分和标准样品的峰面积或峰高，然后由式（7-17）直接计算样品溶液中待测组分的含量。

$$c_i = \frac{A_i c_s}{A_s} \tag{7-17}$$

式中　c_i——样品溶液中待测组分的浓度；

c_s——标准溶液中待测组分的浓度；

A_s——标准样品的峰面积；

A_i——样品中待测组分的峰面积。

标准曲线法的优点：绘制好标准工作曲线后测定工作就变得相当简单，可直接从标准工作曲线上读出含量，因此特别适合于大量样品的分析。其缺点是：每次样品分析的色谱条件很难完全相同，因此容易出现较大误差。

3. 内标法

试样中所有组分不能全部出峰，或只要求测定试样中某个或某几个组分的含量时，可采用内标法定量。内标法指将一定量的标准物质（内标物）加入试样中混合均匀后，在一定操作条件下注入色谱仪，出峰后分别测量组分 i 和内标物 s 的峰面积（或峰高），按式（7-18）计算组分 i 的含量。

$$m_i = f_i A_i$$

$$m_s = f_s A_s$$

$$\frac{m_i}{m_s} = \frac{f_i A_i}{f_s A_s}$$

$$w_i = \frac{m_i}{m_{样}} \times 100\% = \frac{m_s \dfrac{f_i A_i}{f_s A_s}}{m_{样}} \times 100\% \tag{7-18}$$

式中　f_i、f_s——组分 i 和内标物 s 的质量校正因子；

A_i、A_s——组分 i 和内标物 s 的峰面积，也可以用峰高代替峰面积；

$m_{样}$——样品的质量。

内标法中，常以内标物为基准，即 $f_s = 1.0$，则

$$w_i = \frac{m_i}{m_{样}} \times 100\% = \frac{m_s \dfrac{f_i A_i}{A_s}}{m_{样}} \times 100\% \tag{7-19}$$

内标法的关键是选择合适的内标物，对于内标物的要求如下：

① 内标物应是试样中不存在的纯物质；

② 内标物的性质应与待测组分性质相近，以使内标物的色谱峰与待测组分色谱峰靠近，并与之完全分离；

③ 内标物与样品应完全互溶，但不能发生化学反应；

④ 内标物加入量应接近待测组分含量，与待测物的峰面积比为 0.7～1.3 最好。内标物峰与试样中所有成分的峰完全分离。

内标法的优点：进样量、色谱条件的微小变化对内标法定量结果影响不大。若要获得很高精度的结果，可以加入数种内标物，以提高定量分析的精度。其缺点是：选择合适的内标物比较困难，内标物的称量要准确，操作较复杂。

【本章小结】

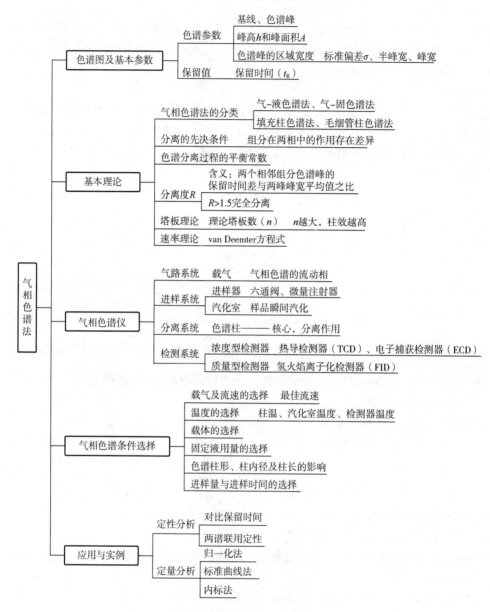

【实践项目】

实训7-1　气相色谱法测定混合物中环己烷含量

一、实验的目的和要求

1.掌握气相色谱仪的基本构成及基本操作；

2. 了解气相色谱柱分离化学物质的原理；

3. 掌握气相色谱中保留值定性与内标法定量的分析方法。

二、实验仪器与试剂

1. 仪器

气相色谱仪；FID；色谱工作站；HP-5 毛细管色谱柱；微量进样器。

2. 试剂

正己烷（分析纯），环己烷（分析纯），无水乙醇（分析纯），庚烷（分析纯）。

三、实验步骤

1. 样品的配制

称取 3.00g 正己烷、2.00g 环己烷，用无水乙醇定容至 50mL，称定样品总质量。精密称取 3.00g 庚烷（内标），加入已称重的待测样品中，混合均匀供实验用。

2. 内标物和组分定性分析

① 取环己烷和庚烷（内标）分别进样进行气相色谱测定，记录其保留时间和峰面积。

② 取配好的样品在相同的色谱条件下进样测定，分别记录各色谱峰的保留时间。

③ 将①和②中测定的保留时间相对照，确定样品中环己烷和庚烷（内标）在谱图中的位置。

3. 校正因子的测定

利用步骤 2. 中①测出的峰面积计算环己烷的校正因子。

$$f_i = \frac{f_i'}{f_s'} = \frac{m_i A_s}{m_s A_i}$$

4. 样品中环己烷的定量测定

取实验样品进样做气相色谱测定，记录环己烷和内标物庚烷的峰面积。

5. 仪器操作条件

检测器：FID

柱温：100℃

进样口温度：200℃

检测器温度：200℃

载气流速：30mL/min

进样量：1μL

6. 气相色谱仪操作步骤

① 打开载气钢瓶总阀，观察载气压力是否到达预定值。

② 开启主机电源，设置相应参数。

③ 打开计算机电源，启动色谱工作站。

④ 打开氢气发生器开关，观察压力是否显示至预定值。

⑤ 打开空气压缩机开关，观察压力是否显示至预定值。

⑥ 点燃 FID 火焰。

⑦ 待主机显示"就绪"，观察记录仪信号，待基线平稳后，开始测试。

⑧ 测试完毕后，先在主机上设置进样器、柱温和检测器温度至 50℃，当进样器、柱温和检测器温度降至 60℃以下时，关闭主机电源，退出色谱工作站并关闭电源，关闭氢气发生器、

空气压缩机开关，关闭载气钢瓶总阀。

四、数据处理

将实验中测得的内标物庚烷和样品环己烷校正因子、峰面积以及内标物、混合样品的质量代入内标法定量计算公式中，计算出样品中环己烷的含量。

五、检验记录及报告

检验记录

编号：

品名		批号		批量	
规格		来源		取样日期	
检验项目		效期		报告日期	
检验依据					

结论：

检验员：　　　　　复核员：　　　　　审核员：

六、思考与讨论

1. 在内标法定量分析中，内标物的选择是很重要的，你知道内标物的选择原则吗？

2. 内标物与被测样品含量的比例多少比较合适？

3. 什么时候用归一化法？

七、学习效果评价

技能评分

测试项目	分项测试指标	技术要求	分值	得分
准备工作	溶液的配制	会查阅配制方法，设计配制方案 试剂规格选择恰当	15 5	

续表

测试项目	分项测试指标	技术要求	分值	得分
实训操作	各类仪器的操作	天平的使用应符合要求	15	
		移液管的使用应符合要求	10	
		容量瓶的使用应符合要求	10	
		气相色谱仪操作规范	30	
数据记录与分析	检验记录	随时记录并符合要求	5	
	数据分析及结论	正确处理检测数据	5	
		结论正确	5	

【目标检验】

一、填空

1.气相色谱柱的老化温度要高于分析时最高柱温_____℃，并低于_____的最高使用温度，老化时，色谱柱要与_____断开。

2.气相色谱法分析非极性组分时应首先选用_____固定液，组分基本按_____顺序出峰，如为烃和非烃混合物，同沸点的组分中_____大的组分先流出色谱柱。

3.气相色谱分析中等极性组分首先选用_____固定液，组分基本按_____顺序流出色谱柱。

4.一般来说，沸点差别越小、极性越相近的组分其保留值的差别就_____，而保留值差别最小的一对组分就是_____物质对。

5.分配系数也叫_____，是指在一定温度和压力下，气液两相间达到_____时，组分分配在气相中的_____与其分配在液相中的_____的比值。

6.分配系数只随_____、_____变化，与柱中两相_____无关。

7.分配比是指在一定温度和压力下，组分在_____间达到平衡时，分配在液相中的_____与分配在气相中的_____之比值。

8.气相色谱分析中，把纯载气通过检测器时，给出信号的不稳定程度称为_____。

9.气相色谱分析用归一化法定量的条件是_____都要流出色谱柱，且在所用检测器上都能_____。

10.气相色谱分析用内标法定量要选择一个适宜的_____,并要与其他组分_____。

11.气相色谱分析用内标法定量时，内标峰与_____要靠近，内标物的量也要接近_____的含量。

二、选择

1.用气相色谱法定量分析样品组分时，分离度至少为（   ）。

A.0.50　　　　　　　　　　B.0.75

C.1.0　　　　　　　　　　D.1.5

2.表示色谱柱的柱效率，可以用（   ）表示。

A.分配比　　　　　　　　　B.分配系数

C.保留值　　　　　　　　　D.有效塔板高度

3.使用气相色谱仪热导池检测器时，有以下几个步骤:

（1）打开桥电流开关　　（2）打开记录仪开关　　（3）通载气

（4）升高柱温及检测器温度　　（5）启动色谱仪电源开关

次序正确的是（　　）。

A.（1）→（2）→（3）→（4）→（5）　B.（2）→（3）→（4）→（5）→（1）

C.（3）→（5）→（4）→（1）→（2）　D.（5）→（3）→（4）→（1）→（2）

三、判断

1.气相色谱分析时进样时间应控制在1s以内。（　　）

2.气相色谱固定液必须不能与载体、组分发生不可逆的化学反应。（　　）

3.载气流速对不同类型气相色谱检测器响应值的影响不同。（　　）

4.气相色谱检测器灵敏度高并不等于敏感度好。（　　）

5.气相色谱法测定中随着进样量的增加，理论塔板数上升。（　　）

6.用气相色谱分析同系物时，难分离物质对一般是系列第一对组分。（　　）

7.气相色谱分析时，载气在最佳线速度下，柱效高，分离速度较慢。（　　）

8.测定气相色谱法的校正因子时，其测定结果的准确度受进样量影响。（　　）

四、简答

1.对气相色谱固定液有哪些基本要求？

2.气相色谱分析，柱温的选择主要考虑哪些因素？

3.评价气相色谱检测器性能的主要指标有哪些？

4.气相色谱常用的定性方法有哪些？

5.气相色谱常用的定量方法有哪些？

五、计算

1.分析某废水中有机组分，取水样500mL以有机溶剂分次萃取，最后定容至25.00mL供色谱分析用。今进样5μL测得峰高为75.0mm，标准液峰高69.0mm，标准液浓度20mg/L，试求水样中被测组分的含量（mg/L）。

2.气相色谱法测定某试样中水分的含量。称取0.0186g内标物加到3.125g试样中进行色谱分析，测得水分和内标物的峰面积分别是135mm^{2}和162mm^2。已知水和内标物的相对校正因子分别为0.55和0.58，计算试样中水分的含量。

第八章　高效液相色谱法

【学习目标】

知识目标：

　　阐述高效液相色谱法的基本原理；归纳高效液相色谱法的特点；辨认高效液相色谱仪的结构和部件，解释其基本工作原理；说出高效液相色谱法的基本类型及色谱条件。

能力目标：

　　能按照仪器标准操作规程独立进行高效液相色谱仪的基本操作；能开展高效液相色谱仪的日常维护；通过查阅资料，能针对简单化学成分的实际样品和检测要求设计合理的分析方案，完成分析任务。

　　高效液相色谱法（high performance liquid chromatography，HPLC）是色谱法的一个重要分支，是在经典液相色谱法的基础上，于 20 世纪 60 年代引入了气相色谱理论而迅速发展起来的。它与经典液相色谱法的区别在于色谱柱填料颗粒小而均匀，小颗粒具有高柱效，但会引起高阻力，需用高压输送流动相，故又称高压液相色谱法。高效液相色谱法与气相色谱法一样具有选择性高、分离效率高、灵敏度高、分析速度快等优点，但气相色谱法只适合分析较易挥发且化学性质稳定的有机化合物，而高效液相色谱法则适合分析那些用气相色谱难以分析的高沸点有机化合物、高分子和热稳定性差的化合物以及具有生物活性的物质。

　　高效液相色谱法以液体为流动相，采用高压泵将流动相泵入装有固定相的色谱柱中，被分析样品在流动相与固定相之间通过不同的作用力以及作用力大小的细微差别，实现样品移动速度的细微差别，最终完成被分析样品的快速分离。

> **课堂互动**
>
> 　　液相色谱法与气相色谱法应用范围有何不同？

　　高效液相色谱法有"四高一广"的特点：

① 高压：流动相为液体，流经色谱柱时，受到的阻力较大，必须对载液加高压。

② 高速：载液流速快、分析速度快，通常分析一个样品只需 15～30min。

③ 高效：分离效能高。可选择固定相和流动相以达到最佳分离效果，比工业精馏塔和气相色谱的分离效能高出许多倍。

④ 高灵敏度：紫外检测器灵敏度可达纳克级，进样量以微升计。

⑤ 应用范围广：70%以上的有机化合物可用高效液相色谱法分析，特别是对高沸点、大分子、强极性、热稳定性差的化合物的分离分析显示出优势。在化学、医药、食品、工业、农业、商检和法检等领域具有非常广泛的应用，应用范围已经远远超过气相色谱法，居于色谱法之首。

此外高效液相色谱还有色谱柱可反复使用、样品不被破坏、易回收等优点。

高效液相色谱的缺点是有"柱外效应"。在从进样到检测器之间，柱以外的任何死空间（进样器、柱接头、连接管和检测池等）中，如果流动相的流型有变化，被分离物质的任何扩散和滞留都会显著地导致色谱峰加宽、柱效率降低。

第一节　高效液相色谱仪

高效液相色谱仪器结构和流程多种多样，一般都做成一个个单元组件，然后根据分析要求将所需各单元组件组合起来。最基本的组件有输液泵、进样器、色谱柱、检测器和数据处理系统（记录仪、积分仪或色谱工作站），其中输液泵、色谱柱、检测器是关键部件。此外，有的仪器还有梯度洗脱装置、在线脱气装置、自动进样器、预柱或保护柱、柱温控制器等。制备型高效液相色谱仪还备有自动馏分收集装置。图 8-1 是具有基本配置的高效液相色谱仪的工作流程图。

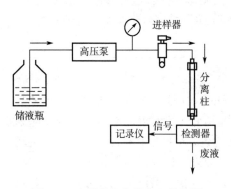

图 8-1　高效液相色谱仪工作流程

高压输液泵将流动相以稳定的流速（或压力）输送至分析体系，在色谱柱之前通过进样器将样品导入，流动相将样品带入色谱柱，在色谱柱中各组分因在固定相中的分配系数或吸附力大小的不同而被分离，并依次随流动相流至检测器，检测到的信号送至数据处理系统记录、处理或保存。

一、高压输液泵

高压输液泵是高效液相色谱仪的关键部件，其作用是将流动相以稳定的流速或压力输送到色谱系统。输液泵的稳定性直接关系到分析结果的重复性和准确性。

1.对输液泵的基本要求

流量准确、可调。对于一般的分析工作而言，流动相的流量在 0.5～2mL/min，输液泵的最大流量一般为 5～10mL/min。输液泵必须能精确地调节流动相流量，其流量控制精度通常要求小于±0.5%。

（1）耐高压　高效液相色谱柱的填料是很细的颗粒，为了保证流动相以足够大的流速通过色谱柱，需要足够高的柱前压。通常要求泵的输出压力达到 30～60MPa。

（2）液流稳定　输液泵输出的液流应无脉动，或配套脉冲抑制器。

（3）泵的死体积小　为便于快速更换溶剂和适于梯度洗脱，输液泵的死体积通常要求小于0.5mL。

（4）泵的结构材料应耐化学腐蚀。

2.输液泵的常用类型

输液泵分为恒压泵和恒流泵。对高效液相色谱分析来说，输液泵的流量稳定性更为重要，这是因为流量的变化会引起溶质的保留值的变化，而保留值是色谱定性的主要依据之一。因此，恒流泵的应用更广泛。

输液泵按工作方式分为气动泵和机械泵两大类。机械泵中又有螺旋传动注射泵、单活塞往复泵、双活塞往复泵和隔膜往复泵等。几种输液泵的基本性能比较于表8-1。

表 8-1　几种高压输液泵的性能比较

名称	恒流或恒压	脉冲	更换流动相	梯度洗脱	再循环	价格
气动放大泵	恒压	无	不方便	需两台泵	不可	高
螺旋传动注射泵	恒流	无	不方便	需两台泵	不可	中等
单活塞往复泵	恒流	有	方便	可	可	较低
双活塞往复泵	恒流	小	方便	可	可	高
隔膜往复泵	恒流	有	方便	可	可	中等

二、脱气装置

目前，液相色谱流动相脱气使用较多的是离线超声波振荡脱气、在线惰性气体鼓泡吹扫脱气和在线真空脱气。

离线超声波振荡脱气是目前广泛采用的脱气方法。将配制好的流动相连容器放入超声水槽中脱气 10～20min。这种方法比较简便，基本满足日常分析操作的要求。

在线惰性气体鼓泡吹扫脱气：将气体（氦气）缓慢而均匀地通入储液罐的流动相中，氦气分子将其他气体分子置换出去，微量氦气所形成的小气泡对检测无影响。

在线真空脱气：将流动相通过一段由多孔性合成树脂膜制造的输液管，该输液管外有真空容器，真空泵工作时，膜外侧被减压，分子量小的氧气、氮气、二氧化碳就会从膜内进入膜外而被脱除。图8-2是单流路真空脱气装置的原理图。一般的真空脱气装置有多条流路，可同时对多个溶液进行脱气。

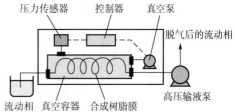

图8-2　单流路真空脱气装置的原理图

三、梯度洗脱装置

液相色谱中的梯度洗脱是指流动相梯度，即在分离过程中改变流动相的组成或浓度。常见的有线性梯度、阶梯梯度、高压梯度、低压梯度。

线性梯度：在某一段时间内连续而均匀增加流动相强度。

阶梯梯度：直接从某一低强度的流动相改变为另一较高强度的流动相。

梯度洗脱根据溶液混合的方式可以将梯度洗脱分为高压梯度和低压梯度。

高压梯度一般只用于二元梯度，用两个高压泵分别按设定的比例输送 A 和 B 两种溶液至混合器，混合器是在泵之后，即两种溶液是在高压状态下进行混合的，其装置结构如图 8-3 所示。高压梯度系统的主要优点是，只要通过梯度程序控制器控制每台泵的输出，就能获得任意形式的梯度曲线，而且精度很高，易于实现自动化控制。其主要缺点是使用了两台高压输液泵，使仪器变得更昂贵，故障率也相对较高，而且只能实现二元梯度操作。

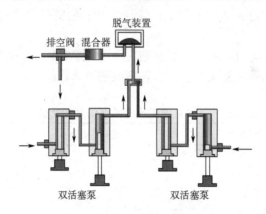

图8-3　高压梯度装置结构

低压梯度只需一个高压泵，与等度洗脱输液系统相比，就是在泵前安装了一个比例阀，混合就在比例阀中完成。因比例阀在泵之前，所以混合是在常压（低压）下完成，容易形成气泡，所以低压梯度通常配置在线脱气装置，如图 8-4 所示，来自四种溶液瓶的四根输液管分别与真空脱气装置的四条流路相接，经脱气后的四种溶液进入比例阀，混合后从一根输出管进入泵体。多元梯度泵的流路可以部分空置。

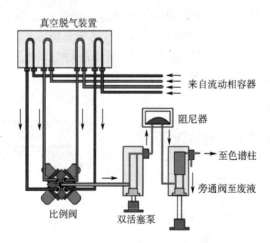

图8-4　四元低压梯度系统结构

四、进样器

进样器是将样品溶液准确送入色谱柱的装置，分手动和自动两种方式。

进样器要求密封性好、死体积小、重复性好，进样时引起色谱系统的压力和流量波动要很小。现在的液相色谱仪所采用的手动进样器几乎都是耐高压、重复性好和操作方便的。对于多样品的连续分析，可以采用自动进样系统，在软件的控制下，自动逐个进样。

【知识链接】六通阀进样器

六通阀进样器的工作原理（图8-5）：手柄位于取样（load）位置时，样品经微量进样针从进样口注射进定量环，定量环充满后，多余样品从放空孔排出；将手柄转动至进样（inject）位置时，阀与液相流路接通，由泵输送的流动相冲洗定量环，推动样品进入液相分析柱进行分析。

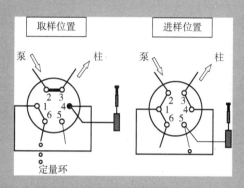

图 8-5 六通阀进样器工作原理

五、色谱柱

色谱柱是实现分离的核心部件，要求柱效高、柱容量大和性能稳定，其结构如图 8-6 所示。

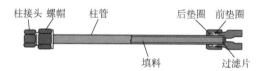

图 8-6 色谱柱的结构

色谱柱性能与柱结构、填料特性、填充质量和使用条件有关。

色谱填料：经过制备处理后，用于填充色谱柱的物质颗粒，通常是 $5\sim10\mu m$ 粒径的球形颗粒。填料的类型决定了色谱柱的用途。

色谱柱管：内部抛光的不锈钢管。柱内径一般为 $1\sim6mm$。常用的标准柱型是内径为 4.6mm 或 3.9mm，长度为 $15\sim30cm$ 的直形不锈钢柱。

六、检测器

检测器是用来连续监测经色谱柱分离后的流出物组成和含量变化的装置。常用的检测器有紫外-可见光检测器、二极管阵列检测器、示差折光检测器、荧光检测器、电导检测器等。

1. 紫外–可见光（UV–VIS）检测器

该检测器基于 Lambert-Beer 定律，即被测组分对紫外光或可见光具有吸收，且吸收强度与组分浓度成正比。

很多有机分子都具有紫外或可见光吸收基团，有较强的紫外或可见光吸收能力，因此 UV-

VIS 检测器既有较高的灵敏度，也有很广泛的应用范围。由于 UV-VIS 检测器对环境温度、流速、流动相组成等的变化不是很敏感，所以还能用于梯度淋洗。一般的液相色谱仪都配置有 UV-VIS 检测器。

用 UV-VIS 检测器检测时，为了得到高的灵敏度，常选择被测物质能产生最大吸收的波长作检测波长，但为了选择性或其他目的也可适当牺牲灵敏度而选择吸收稍弱的波长。另外，应尽可能选择在检测波长下没有背景吸收的流动相。

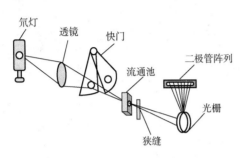

图 8-7　二极管阵列检测器结构

2. 二极管阵列检测器

以光电二极管阵列（或 CCD 阵列、硅靶摄像管等）作为检测元件的 UV-VIS 检测器（图 8-7）。它可构成多通道并行工作，同时检测由光栅分光，再入射到阵列式接收器上全部波长的信号，然后，对二极管阵列快速扫描采集数据，得到的是时间、光强度和波长的三维谱图。普通 UV-VIS 检测器是先用单色器分光，只让特定波长的光进入流通池。而二极管阵列 UV-VIS 检测器是先让所有波长的光都通过流通池，然后通过一系列分光技术，使所有波长的光在接收器上被检测。

直接紫外检测：所使用的流动相为在检测波长下无紫外吸收的溶剂，检测器直接测定被测组分的紫外吸收强度。多数情况下采用直接紫外检测。

间接紫外检测：　使用具有紫外吸收的溶液作流动相，间接检测无紫外吸收的组分。在离子色谱中使用较多，如以具有紫外吸收的邻苯二甲酸氢钾溶液作阴离子分离的流动相，当无紫外吸收的无机阴离子被洗脱到流动相中时，会使流动相的紫外吸收减小。

柱后衍生化光度检测：对于那些可以与显色剂反应生成有色配合物的组分（过渡金属离子、氨基酸等），可以在组分从色谱柱中洗脱出来之后与合适的显色剂反应，在可见光区检测生成的有色配合物。

3. 示差折光检测器

其原理基于样品组分的折射率与流动相溶剂折射率有差异，当组分洗脱出来时，会引起流动相折射率的变化，这种变化与样品组分的浓度成正比。

示差折光检测法也称折射指数检测法。绝大多数物质的折射率与流动相都有差异，所以示差折光检测法是一种通用的检测方法。虽然其灵敏度比其他检测方法相比要低 1～3 个数量级，但对于那些无紫外吸收的有机物（如高分子化合物、糖类、脂肪烷烃）是比较适合的。在凝胶色谱中是必备检测器，在制备色谱中也经常使用。

--- 课堂互动 ---

用示差折光检测器时可以用梯度洗脱吗？为什么？

4. 荧光检测器

许多有机化合物，特别是芳香族化合物、生化物质，如有机胺、维生素、激素、酶等，被一定强度和波长的紫外光照射后，发射出较激发光波长要长的荧光。荧光强度与激发光强度、量子效率和样品浓度成正比。有的有机化合物虽然本身不产生荧光，但可以与荧光物质反应衍生化后检测。

荧光检测器（图8-8）有非常高的灵敏度和良好的选择性，灵敏度要比紫外检测器高2～3个数量级。而且所需样品量很少，特别适合于药物和生物化学样品的分析。

5. 电导检测器

其作用原理是根据物质在某些介质中电离后所产生电导变化来测定电离物质含量。

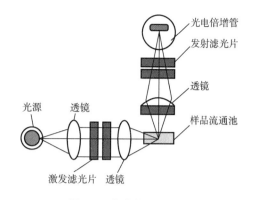

图8-8 荧光检测器结构

七、数据处理系统与自动控制单元

数据处理系统又称色谱工作站。它可对分析全过程（分析条件、仪器状态、分析状态）进行在线显示，自动采集、处理和储存分析数据。

自动控制单元：将各部件与控制单元连接起来，在计算机上通过色谱软件将指令传给控制单元，对整个分析实现自动控制，从而使整个分析过程全自动化。有的色谱仪没有设计专门的控制单元，而是每个单元分别通过控制部件与计算机相连，通过计算机分别控制仪器的各部分。

第二节　高效液相色谱的条件与类型

一、HPLC色谱条件

在色谱分析中，如何选择最佳的色谱条件以实现最理想分离，是色谱工作者的重要工作，也是HPLC分析方法建立和优化的任务之一。接下来着重讨论基质、化学键合相和流动相的性质及其选择。

（一）基质（担体）

HPLC色谱柱填料可以是陶瓷性质的无机物基质，也可以是有机聚合物基质。无机物基质主要是硅胶和氧化铝，基质刚性大，在溶剂中不容易膨胀。有机聚合物基质主要有交联苯乙烯-二乙烯苯、聚甲基丙烯酸酯，基质刚性小、易压缩，溶剂或溶质容易渗入有机基质中，导致填料颗粒膨胀，结果减少传质，最终使柱效降低。

1. 基质的种类

（1）硅胶　硅胶是HPLC色谱柱填料中最普遍的基质。除具有高强度外，还可以通过成熟的硅烷化技术键合上各种配基，制成反相、离子交换、分子排阻色谱用或疏水作用、亲水作用填料。硅胶基质填料适用于广泛的极性和非极性溶剂。缺点是在碱性水溶性流动相中不稳定。通常，硅胶基质的填料推荐的常规分析pH范围为2～8。

（2）氧化铝　具有与硅胶相同的良好物理性质，也能耐较大范围的pH，不会在溶剂中收缩或膨胀。但与硅胶不同的是，氧化铝键合相通常在水性流动相中不稳定。

（3）聚合物　以高交联度的苯乙烯-二乙烯苯或聚甲基丙烯酸酯为基质的填料主要用于普

通压力下的 HPLC，它们的压力限度比无机填料低。苯乙烯-二乙烯苯基质疏水性强，酸碱耐受性好，可以用强碱来清洗色谱柱。聚甲基丙烯酸酯基质本质上比苯乙烯-二乙烯苯疏水性更强，但它可以通过适当的功能基修饰变成亲水性的。这种基质不如苯乙烯-二乙烯苯那样耐酸碱，但也可以承受在 pH 13 下反复冲洗。

所有聚合物基质在流动相发生变化时都会出现膨胀或收缩。用于 HPLC 的高交联度聚合物填料，其膨胀和收缩要有限制。溶剂或小分子容易渗入聚合物基质中，因为小分子在聚合物基质中的传质比在陶瓷性基质中慢，所以造成小分子在这种基质中柱效低。对于大分子像蛋白质或合成的高聚物，聚合物基质的效能比得上陶瓷性基质。因此，聚合物基质广泛用于分离大分子物质。

2. 基质的选择

硅胶基质的填料被用于大部分的 HPLC 分析，尤其是小分子量的被分析物；聚合物填料用于大分子量物质的分析，主要用来制成分子排阻色谱柱和离子交换柱。常见色谱柱填料基质的性能见表 8-2。

表 8-2　常见色谱柱填料基质的性能比较

性能	硅胶	氧化铝	苯乙烯-二乙烯苯	甲基丙烯酸酯
耐有机溶剂	+++	+++	++	++
适用 pH 范围	+	++	+++	++
抗膨胀/收缩	+++	+++	+	+
耐压	+++	+++	++	+
表面化学性质	+++		++	+++
效能	+++	++	+	+

注：+++表示好，++表示一般，+表示差。

（二）化学键合相

将有机官能团通过化学反应键合到硅胶表面的游离羟基上形成的固定相称为化学键合相。这类固定相的突出特点是耐溶剂冲洗，并且可以通过改变键合相有机官能团的类型来改变分离的选择性。

1. 化学键合相的性质

目前，化学键合相广泛采用微粒多孔硅胶为基体，用烷烃二甲基氯硅烷或烷氧基硅烷与硅胶表面的游离硅醇基反应，形成 Si—O—Si—C 键型的单分子膜而制得。由于空间位阻效应和其他因素影响，硅胶表面的硅醇基大约有 40%～50%未反应。残余的硅醇基对键合相的性能有很大影响，特别是对非极性键合相，它可以减小键合相表面的疏水性，对极性溶质（特别是碱性化合物）产生次级化学吸附，从而使保留机制复杂化。为尽量减少残余硅醇基，一般在键合反应后，要用三甲基氯硅烷等进行钝化处理，称封端（或称封尾、封顶，end-capping），以提高键合相的稳定性。另外，也有些 ODS（octadecyl silane，也叫 C_{18} 柱）填料是不封尾的，以使其与水系流动相有更好的"湿润"性能。

pH 值对以硅胶为基质的键合相的稳定性有很大的影响，一般来说，硅胶键合相应在 pH = 2～8 的介质中使用。

2.化学键合相的种类

化学键合相按键合官能团的极性分为极性和非极性键合相两种。

常用的极性键合相主要有氰基（—CN）、氨基（—NH$_2$）和二醇基（diol）键合相。极性键合相常用作正相色谱，混合物在极性键合相上的分离主要是基于极性键合基团与溶质分子间的氢键作用，极性强的组分保留值较大。极性键合相有时也可作反相色谱的固定相。

常用的非极性键合相主要有各种烷基（C$_1$～C$_{18}$）和苯基、苯甲基等，以 C$_{18}$ 应用最广。非极性键合相的烷基链长对样品容量、溶质的保留值和分离选择性都有影响，一般来说，样品容量随烷基链长增加而增大，且长链烷基可使溶质的保留值增大，并常常可改善分离的选择性；但短链烷基键合相具有较高的覆盖度，分离极性化合物时可得到对称性较好的色谱峰。苯基键合相与短链烷基键合相的性质相似。

3.化学键合相的选择

分离中等极性和极性较强的化合物可选择极性键合相。氰基键合相对双键异构体或含双键数不等的环状化合物的分离有较好的选择性。氨基键合相具有较强的氢键结合能力，对某些多官能团化合物如甾体、强心苷等有较好的分离能力；氨基键合相上的氨基能与糖类分子中的羟基产生选择性相互作用，故被广泛用于糖类的分析，但它不能用于分离羰基化合物，如甾酮、还原糖等，因为它们之间会发生反应生成 Schiff 碱。二醇基键合相适用于分离有机酸、甾体和蛋白质。

分离非极性和极性较弱的化合物可选择非极性键合相。利用特殊的反相色谱技术，例如反相离子抑制技术和反相离子对色谱法等，非极性键合相也可用于分离离子型或可离子化的化合物。ODS 是应用最为广泛的非极性键合相，它对各种类型的化合物都有很强的适应能力。短链烷基键合相能用于极性化合物的分离，而苯基键合相适用于分离芳香化合物。

（三）流动相

1.流动相的性质要求

液相色谱流动相溶剂应具有低黏度、与检测器兼容性好、低毒和易于得到纯品等特征。选择流动相时应考虑以下几个方面：

（1）流动相应不改变填料的任何性质　低交联度的离子交换树脂和排阻色谱填料有时遇到某些有机相会溶胀或收缩，从而改变色谱柱填床的性质。碱性流动相不能用于硅胶柱系统。酸性流动相不能用于氧化铝、氧化镁等吸附剂的柱系统。

（2）纯度　流动相所含杂质在柱上积累时会缩短色谱柱的寿命。

（3）必须与检测器匹配　使用 UV 检测器时，所用流动相在检测波长下应没有吸收，或吸收很小。当使用示差折光检测器时，应选择折射率与样品差别较大的溶剂作流动相，以提高灵敏度。

（4）黏度要低　高黏度溶剂会影响溶质的扩散、传质，降低柱效，使分离时间延长。最好选择沸点在 100℃ 以下的流动相。

（5）对样品的溶解度要适宜　如果溶解度欠佳，样品会在柱头沉淀，不但影响了纯化分离，而且会使柱恶化。

（6）利于样品回收　应选用挥发性溶剂。

> 课堂互动
>
> 说一说，高效液相色谱流动相的选择原则。

2. 流动相的选择

在化学键合相色谱法中，溶剂的洗脱能力直接与它的极性相关。在正相色谱中，溶剂的强度随极性的增强而增强；在反相色谱中，溶剂的强度随极性的增强而减弱。

正相色谱的流动相通常采用烷烃加适量极性调整剂。正相色谱常用的流动相及其冲洗强度的顺序是：正己烷＜乙醚＜乙酸乙酯＜异丙醇。其中最常用的是正己烷。

反相色谱的流动相通常以水作基础溶剂，再加入一定量的能与水互溶的极性调整剂，如甲醇、乙腈、四氢呋喃等，其冲洗强度如下：H_2O＜甲醇＜乙腈＜乙醇＜丙醇＜异丙醇＜四氢呋喃。甲醇-水、乙腈-水是反相色谱最常用的流动相。

3. 流动相的pH值

采用反相色谱法分离弱酸（$3 \leq pK_a \leq 7$）或弱碱（$7 \leq pK_a \leq 8$）样品时，通过调节流动相的pH值以抑制样品组分的解离，可增加组分在固定相上的保留并改善峰形，该技术称为反相离子抑制技术。分析弱酸样品时，通常在流动相中加入少量弱酸，常用50mmol/L磷酸盐缓冲液和1%醋酸溶液；分析弱碱样品时，通常在流动相中加入少量弱碱，常用50mmol/L磷酸盐缓冲液和30mmol/L三乙胺溶液。

流动相中加入有机胺可以减弱碱性溶质与残余硅醇基的强相互作用，减轻或消除峰拖尾现象。所以在这种情况下有机胺（如三乙胺）又称为减尾剂或除尾剂。

二、HPLC色谱类型

高效液相色谱按原理分为吸附色谱（AC）、分配色谱（PC）、离子交换色谱（IEC）、分子排阻色谱（SEC，又称分子筛、凝胶过滤、凝胶渗透色谱）等类型。

（一）吸附色谱

1.基本原理

使用固体吸附剂，根据固定相对被分离组分吸附力大小不同而分离。分离过程是一个吸附-解吸附的平衡过程。故也称为液-固吸附色谱。

2.固定相与流动相

（1）固定相　固体吸附剂，如硅胶、氧化铝等，较常使用的是5～10μm的硅胶吸附剂。

（2）流动相　各种不同极性的一元或多元溶剂。极性大的试样，用极性较强的流动相；极性小的则用弱极性流动相。

3.应用

常用于分离同分异构体。适用于分离分子量200～1000的组分，用于大多数非离子型化合物，离子型化合物易产生拖尾。不同的官能团具有不同的吸附能力，因此，吸附色谱可按族分离化合物；对同系物没有选择性。

（二）分配色谱

1.基本原理

分配色谱是利用固定相与流动相对分离组分溶解度的差异来实现分离的，分离过程是一个分配平衡过程。各组分在固定相和流动相上按照其分配系数，很快达到分配平衡，这种分配平衡的总结果导致各组分的差速迁移，从而实现分离，又称液-液分配色谱。

分配系数（K）或分配比（k）小的组分，保留值小，先流出柱。

2.固定相与流动相

（1）固定相　将特定的液态物质涂布于担体表面或化学键合于担体表面而形成的固定相。涂布式固定相很难避免固定液流失，现已很少采用。现在多采用的是化学键合固定相，如C_{18}柱、C_8柱、氨基柱、氰基柱和苯基柱。

（2）流动相　要求与固定液互不相溶。

分配色谱法按固定相和流动相的极性不同可分为正相色谱法（NPC）和反相色谱法（RPC）。反相色谱法一般用非极性固定相（如C_{18}柱、C_8柱）；流动相为水或缓冲液，常加入甲醇、乙腈、异丙醇、丙酮、四氢呋喃等与水互溶的有机溶剂以调节保留时间。适用于分离非极性和极性较弱的化合物。RPC在现代液相色谱中应用最为广泛，据统计，它占整个HPLC应用的80%左右。

随着柱填料的快速发展，反相色谱法的应用范围逐渐扩大，现已应用于某些无机样品或易解离样品的分析。为控制样品在分析过程中的解离，常用缓冲液控制流动相的pH值。但需要注意的是，C_{18}柱和C_8柱使用的pH值通常为2～8，太高的pH值会使硅胶溶解，太低的pH值会使键合的烷基脱落。

表 8-3　正相色谱法与反相色谱法比较表

项目	正相色谱法	反相色谱法
固定相极性	高～中	中～低
流动相极性	低～中	中～高
组分洗脱次序	极性小先洗出	极性大先洗出

从表8-3可看出，当极性为中等时正相色谱法与反相色谱法没有明显的界线（如氨基键合固定相）。

3.应用

既能分析极性化合物，又能分析非极性化合物。

（三）离子交换色谱

1.基本原理

固定相上可电离离子与流动相中具有相同电荷的离子及被测组分的离子进行可逆交换，根据各离子与离子交换基团具有不同的电荷吸引力而分离。

2.固定相与流动相

（1）固定相　固定相是离子交换树脂，常用苯乙烯与二乙烯交联形成的聚合物骨架，在表面末端芳环上连接羧基、磺酸基（称阳离子交换树脂）或季铵基（阴离子交换树脂）。

（2）流动相　缓冲液常用作离子交换色谱的流动相。流动相的盐浓度大，则离子强度高，不利于样品的解离，导致样品较快流出。

3.应用

离子交换色谱法主要用于分析有机酸、氨基酸、多肽及核酸。

（四）分子排阻色谱

1.基本原理

分子排阻色谱法又称空间排阻色谱法、凝胶色谱法，是利用多孔凝胶固定相的独特性产生的一种分析方法，主要根据凝胶孔隙的大小与高分子样品分子尺寸间的相对关系而对溶质进行分离，类似于分子筛。大分子组分不能进入凝胶孔隙，会很快随流动相洗脱，而能够进入凝胶孔隙的小分子组分则需要更长时间的冲洗才能够流出固定相，从而实现了根据分子大小差异对各组分的分离。

2.固定相与流动相

（1）固定相　多孔性凝胶（具有一定大小孔隙分布）。

（2）流动相　可以溶解样品的溶剂。

调整固定相使用的凝胶的交联度可以调整凝胶孔隙的大小；改变流动相的溶剂组成会改变固定相凝胶的溶胀状态，进而改变孔隙的大小，获得不同的分离效果。

3.应用

广泛应用于组织提取物、多肽、蛋白质、核酸等大分子的分离，一般用于分子量在 $10^2 \sim 10^5$ 范围内的化合物按分子大小分离。

第三节　仪器使用及维护

一、高效液相色谱仪的使用

目前常见的高效液相色谱仪生产厂家有很多，不同厂家不同型号的仪器在使用操作上有所不同，但基本步骤大致相同。

基本步骤如下：

① 配制好流动相，过滤、脱气。

② 将吸滤头放入流动相液面下，打开泵和检测器，打开色谱工作站（包括计算机软件和色谱仪），连接好流动相管道，连接检测系统。进入仪器控制面板，设置所需各项参数。

③ 排出气泡，设置流速，用流动相清洗流路，等待色谱柱、系统的平衡，稳定一段时间，让基线跑平。长时间没用或者换了新的流动相，则需要先冲洗泵和进样阀。基线稳定后，可开始进样分析。

④ 选定或设定走样方法，开始进样。用进样针吸取脱气后的待分析溶液，通过进样口注入定量环中，拔出针头后立刻关闭六通阀。

⑤ 全部样品流出色谱柱后，关闭柱温箱和检测器，冲洗色谱柱，关闭泵及整个装置。

⑥ 分析结束，数据处理。

⑦ 关闭总电源，记录使用情况。

二、典型高效液相色谱仪操作步骤实例

以岛津 LC-2010A HT 型高效液相色谱仪为例。

1.准备

① 准备所需的流动相，用合适的 0.45μm 滤膜过滤，超声脱气至少 20min。

② 根据待检样品的需要更换合适的洗脱柱。

③ 配制样品溶液和标准溶液，用 0.45μm 滤膜过滤。

④ 检查仪器各部件的电源线、数据线和输液管道是否连接正常。

2．开机

接通仪器电源，按下系统控制器面板上的电源开关，色谱仪面板画面上显示要输入 login pass-ID-No 的对话框，登录，显示 menu 画面，然后打开电脑显示器、主机，最后打开色谱工作站。

3．更换流动相并排气泡

打开排气阀，按下控制面板 purge 键，选择排气管道，排出管道内气泡，排气完毕后关闭排气阀。

4．设定洗脱参数

（1）等度洗脱方式

① 点击激活泵（和柱温），泵（和柱温）启动，pump（和 oven）指示灯亮，用检验方法规定的流动相冲洗系统，一般最少需 6 倍柱体积（约 30min）的流动相。

② 检查各管路连接处是否漏液，如漏液应予以排除。

③ 观察泵控制屏幕上的压力值，压力波动应不超过 1MPa。

（2）梯度洗脱方式

① 以检验方法规定的梯度初始条件平衡系统。

② 在进样前运行 1～2 次空白梯度。

5．平衡系统

打开"LC solution 色谱工作站"软件，输入实验信息并设定各项方法参数后，等待系统平衡。

6．进样

观察基线变化。如果冲洗至基线漂移＜0.01mV/min，噪声为＜0.001mV 时，可认为系统已达到平衡状态，可以进样。设定好进样的位置、参数，点击确定，系统自动进样。

7．清洗柱及进样系统和关机

① 数据采集完毕后，关闭检测器，继续以工作流动相冲洗 120min 后（如流动相含缓冲盐，换为高水相流动相向高有机相递增的流动相低流速冲洗 120min），最后用甲醇或乙腈冲洗至少 30min。

② 冲洗完成后，清洗整个流路及进样系统。

③ 清洗完成后，先将流速降到 0，关闭电源开关。

8．数据处理

① 选择不同积分方法，选择目标峰。

② 绘制标准曲线。

③ 加载方法参数，选择要处理的峰表，确定最后结果。

9．每次实验完毕，均需更换洗泵液。

10．认真填写仪器使用记录。

三、高效液相色谱仪的维护与保养

（一）高压输液泵的维护与保养

① 在升高流速的时候应梯式式升高，当压力稳定时再升高，如此反复直到升高至所需流速。

② 防止任何固体微粒进入泵体，否则会磨损柱塞、密封环、缸体和单向阀，因此应预先

对流动相进行过滤，可采用 0.22μm 或 0.45μm 滤膜过滤。泵的入口都应该连接砂滤棒（或片），输液泵的滤器应经常更换。

③ 流动相不应含有任何腐蚀性物质，含有缓冲液的流动相不应保留在泵内，尤其是停泵过夜或更长时间。分析工作结束后必须用纯水充分清洗后，再换成适合于色谱柱保存和有利于泵维护的溶剂（对于反相键合固定相，可以是甲醇或甲醇和水）。

④ 泵工作时要留心防止溶剂瓶内的流动相用完，否则空泵运转会磨损柱塞、密封环或缸体，最终产生漏液。

⑤ 输液泵的工作压力不要超过规定的最高压力，否则会使高压密封环变形，产生漏液。

（二）色谱柱的维护与保养

色谱柱是高效液相色谱的心脏，在高效液相色谱仪的使用中，保持色谱柱的柱效、容量，延长色谱柱的使用寿命非常重要。因此对高效液相色谱柱的维护是关键。在色谱操作过程中，需要注意下列问题，以维护色谱柱。

① 装卸、更换色谱柱，动作要轻，接头拧紧要适度。必须防止较强的机械震动，以免柱床产生空隙。

② 对于样品种类有限、分析次数多的常规分析，可为每一类常规分析配置一根专用柱，有助于延长色谱柱的寿命。

③ 避免压力和温度的急剧变化及任何机械震动。温度的突然变化或者色谱柱从高处掉下都会影响柱内的填充状况；柱压突然升高或降低会影响柱内填料的均匀度，因此在调节流速时应缓慢进行，进样时阀的转动不能过缓。

④ 溶剂组成的改变应逐渐进行，特别是反相色谱中，不应直接从有机溶剂改为水，或直接从水改为有机溶剂。

⑤ 使用柱温控制装置时，应注意在通入流动相后才能升温。

⑥ 色谱柱一般不能反冲，除非生产者指明该柱可以反冲，才可以反冲除去留在柱头的杂质。否则反冲会迅速降低柱效。

⑦ 避免破坏固定相。有时可以在进样器前面连接一个预柱，分析柱是键合硅胶时，预柱为硅胶，可使流动相在进入分析柱之前预先被硅胶"饱和"，避免分析柱中的硅胶基质被溶解。所使用的流动相均应为色谱纯或相当于该级别的，在配制过程中所有非色谱纯的试剂或溶液均经 0.45μm 薄膜过滤。而且流动相使用前都经过超声仪超声脱气后才使用。所使用的水必须是经过蒸馏纯化再经过 0.45μm 水膜过滤后使用，所有试液均新用新配。

⑧ 避免将基质复杂的样品尤其是生物样品直接注入柱内，需要对样品进行预处理，样品都必须经过 0.45μm 薄膜针筒过滤后进样。

⑨ 色谱柱使用过程，如果压力升高，一种可能是烧结滤片被堵塞，这时应更换滤片或将其取出进行清洗；另一种可能是大分子进入柱内，使柱头被污染。如果柱效降低或色谱峰变形，则可能柱头出现塌陷，死体积增大。

课堂互动

色谱柱的损坏来源于哪些方面？如何预防？

---

⑩ 完成分离分析工作后，不应立即停机，需及时对色谱分析系统进行冲洗，一般 0.5h 以上，以除去色谱柱内的杂质。在进行清洗时，对流路系统中流动相的置换应以相混溶的溶剂逐渐过渡，每种流动相的体积应是柱体积的 20 倍左右，即常规分析需要 50～

75mL。

⑪ 保存色谱柱时应将柱内充满乙腈或甲醇，柱接头要拧紧，防止溶剂挥发。绝对禁止将缓冲溶液留在柱内静置过夜或更长时间。

（三）检测器的维护与保养

① 禁止拆卸变动仪器内部元件，防止损坏或影响准确度。

② 使用一段时间以后，先用水冲洗流通池和管路，再换有机溶剂冲洗，减少微生物的生长，防止污染流通池。

③ 当仪器检测数据出现明显波动、基线噪声变大时，要冲洗仪器管路，冲洗后仍然没有改善就应该检测氘灯能量，如果能量不足就应更换新的氘灯。

④ 仪器使用完毕，用水和一定浓度的有机溶剂冲洗管路，保证清洁。

（四）常见故障及日常维护

表 8-4 列出了液相色谱常见的一些问题及日常维护的方法。

表 8-4 常见故障及日常维护

项目	常见问题	故障排除与维护
溶剂瓶	进口筛板阻塞	A. 更换筛板（3～6 个月） B. 过滤流动相，0.5μm 滤膜
	气泡	流动相脱气
泵	气泡	流动相脱气
	泵密封损坏	更换（3 个月）
	单向阀损坏	过滤流动相，运用在线过滤，准备备用单向阀
进样阀	转子密封损坏	A. 不要拧得过紧 B. 过滤样品
色谱柱	筛板阻塞	A. 过滤流动相 B. 过滤样品 C. 运用在线过滤或保护柱
	柱头塌陷	A. 避免使用 pH>8 的流动相（针对大部分硅胶柱） B. 使用保护柱 C. 使用预柱（饱和色谱柱）
检测器	灯失效 检测器响应降低、噪声增大	更换（6 个月）或准备备用灯
	流通池有气泡	A. 保持流通池清洁 B. 池后使用反压抑制器 C. 流动相脱气

注：括号中的数字是建议进行维护的时间间隔。

第四节 应用与实例

高效液相色谱法只要求样品能制成溶液，不受样品挥发性的限制，流动相可选择的范围宽，固定相的种类繁多，因而可以分离热不稳定和非挥发性的、离解的和非离解的以及各种分子量范围的物质。该方法几乎在所有领域广泛应用（表 8-5），可用于绝大多数物质成分的分离分析。

表 8-5　　HPLC 在各应用领域的分析对象举例

应用领域	分析对象举例
环境	多环芳烃、多氯联苯、硝基化合物、有害重金属、除草剂、农药等
农业	土壤矿物成分、肥料、饲料添加剂、茶叶等农产品中无机和有机成分等
石油	烃类、石油中微量成分等
化工	无机化工产品、合成高分子化合物、表面活性剂、洗涤剂成分、化妆品、染料等
材料	液晶材料、合成高分子材料等
食品	有机酸、氨基酸、糖、维生素、脂肪酸、香料、甜味剂、防腐剂、人工色素等
生物	氨基酸、多肽、蛋白质、核糖核酸、生物胺、多糖、酶、天然高分子化合物等
医药	人体化学成分、合成药物成分、天然植物和动物药物化学成分等

一、高效液相色谱分析方法的建立

HPLC 分析方法的建立一般要遵循以下四个步骤：

（一）实验准备

1. 了解样品

不同类型的样品，所用的色谱分离条件是不一样的。了解样品的基本情况能够为色谱条件的选择提供有价值的信息。通常要了解的信息包括样品所含化合物的数目、种类、分子量、pH、pK_a 值、紫外光谱图，以及样品基体的性质、化合物在有关样品中的浓度范围、样品的溶解度等。

2. 明确分离目的

弄清是需要进行定性分析还是定量分析。是否有必要解析样品中的所有成分？如果是做定量分析，精密度要求多高？

3. 样品的预处理

高效液相色谱分析的样品必须是均匀而无颗粒的溶液。一般来说，分离前均需对样品进行预处理，通过一些物理方法除去干扰物质或有损色谱柱的物质，溶解或稀释成合适的样品溶液。通常可以：

① 使用流动相溶解或稀释样品，并用超声波使其混合均匀。

② 使用萃取、离心等方法去除样品中的强极性杂质或能与固定相产生不可逆吸附的杂质。

③ 进样前使用微孔滤膜过滤。

（二）检测器及检测条件的选择

根据不同的检测目的选择检测器及检测条件。所选择的检测器及检测条件应能检测到所有样品的被测组分。若只测单一组分，检测器最好仅对所测成分响应。一般 HPLC 都配备有紫外检测器，紫外检测器通常作为高效液相色谱检测器的首选。若被测化合物对紫外检测响应不足时，应考虑使用示差折光检测器、荧光检测器、电化学检测器等其他检测手段，或通过衍生化样品使样品紫外检测信号增强。

（三）分离模式的选择

在充分考虑样品的溶解度、分子量、分子结构和极性差异的基础上，结合各种色谱分离模式的特点和适用范围做出选择。其选择方法可参考图8-9。

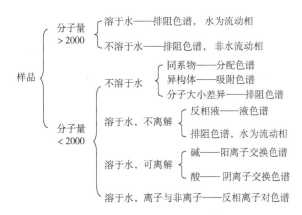

图 8-9　HPLC 分离模式的选择

（四）固定相与流动相的选择

确立了分离模式之后，可以参照本章第二节"高效液相色谱的条件与类型"选择合适的固定相与流动相。

二、高效液相色谱结果的分析

高效液相色谱可用于定性和定量分析。高效液相色谱和气相色谱的定性和定量分析方法（包括测量方法和计算方法）是相同的。在定性分析中，使用纯物质控制的色谱鉴定方法，以及结合化学方法或其他仪器分析方法收集馏分的非色谱鉴定方法；在定量分析中，峰高或峰面积可在内标法、外标法或归一化法中用于量化，并与计算机结合使用作为现代分析工具。

【知识链接】高效液相色谱内标法与外标法的区别

1.方法不同

内标法是在分析样品的混合物中加入一定质量的纯物质作为内标,然后对含有内标的样品进行色谱分析,分别确定内标和待测组分的峰面积和相对校正因子。外标法是在空白溶剂中加入一定量的梯度标准物质制成对照品,并与未知样品平行处理、检测。

2.要求不同

内标法对于内标的选择要有一定的原则,适合小样本量的分析,而且样品中的所有组分都不要求达到峰值,只要内标和有关组分达到峰值并且分离良好;外标法要求仪器具有可重复性,适用于大量分析样品,因为仪器会随着使用而变化,所以应定期进行曲线校正。

3.难易程度不同

内标法必须准确称量样品和内标,否则会影响实验结果,操作困难;外标法不需要测量校正因子。操作简单,计算方便。

三、实例

1.水溶性维生素的分析（图8-10）

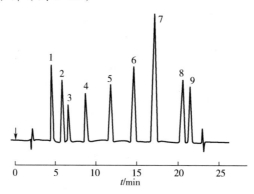

图8-10 反相离子对色谱分离水溶性维生素

1—维生素C；2—维生素 B_1；3—维生素 B_6；4—烟酸；5—维生素 K_3；6—烟酰胺；7—对羟基苯甲酸；8—维生素 B_{12}；9—维生素 B_2

色谱柱：Biophase ODS（5μm，4.6mm×250mm）。

流动相：（A）1%乙酸+0.5%三乙胺溶液（pH = 4.5）；（B）A-甲醇（50∶50）。

梯度洗脱程序：0～10min 内，流动相 B 由 0 增至 80%，再维持 15min。

流量：1mL/min。

检测器：UVD（275nm）。

2.反相离子对色谱分离生物碱（图8-11）

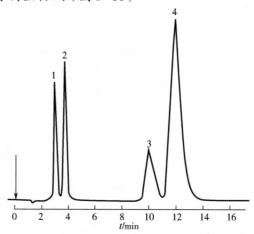

图8-11 反相离子对色谱分离生物碱

1—吗啡；2—可待因；3—那可汀；4—罂粟碱

色谱柱：Lichrosorbsi-60-NH$_2$（5μm，4mm×250mm）。

流动相：乙腈-0.005mol/L 四丁胺磷酸盐溶液（85∶15）。

流量：1mL/min。

检测器：UVD（284nm）。

样品溶于乙腈-0.004mol/L 硫酸（80∶20）中。

进样量：2μL。

3.头孢菌素混合物的分析（图 8-12）

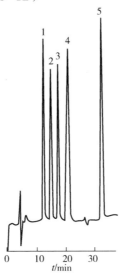

图 8-12　头孢菌素混合物的分析

1—头孢菌素 IV；2—头孢甲氧霉素；3—头孢菌素 VI；4—头孢菌素 II；5—头孢菌素 I

可使用微填充柱：μ-Bondapak C_{18}（10μm，1mm×250mm）。

流动相：0.01mol/L NaH_2PO_4 水溶液-甲醇（75∶25）。

流量：开始至 23min 为 50μL/min，23min 后为 150μL/min。

检测器：UVD（254nm）。

【本章小结】

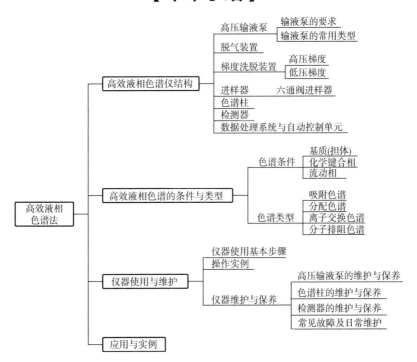

【实践项目】

实训8-1 高效液相色谱仪的操作练习

一、实训目的

1. 认识高效液相色谱仪及其结构。
2. 掌握高效液相色谱仪的操作流程。
3. 初步体验高效液相色谱仪的维护保养。

二、试剂与仪器

1. 试剂

超纯水，色谱级甲醇，0.3mg/mL 的甲醇-水（85∶15）溶液，样品（溶液）。

2. 仪器

高效液相色谱仪，C_{18} 色谱柱（4.6mm×150mm，5μm），流动相真空抽滤装置，0.45μm 一次性微孔滤膜，20μL 平头微量进样针。

三、实训内容

1. 开机前的准备操作

检查设备电源、流路、信号连接是否完好，在确定完好的情况下安装色谱柱。

将流动相用 0.45μm 微孔滤膜真空抽滤并进行相应的脱气处理，装入相应的储液瓶中，更换流动相标签，做好开机准备。

将样品用 0.45μm 一次性微孔滤膜过滤。

2. 开机

按照仪器操作规程依次打开输液泵、紫外检测器、柱温箱的电源开关，1min 后开启计算机，打开色谱工作站，进行自检。

3. 管路冲洗和排气

完成自检后，进行管路的冲洗和排气，操作如下：

① 关闭泵，打开排气阀。选择要排气泡的通道，以 3.0mL/min 的速度自动快速清洗泵内残留的气泡。

② 换其他通道排气泡，操作同上，直至流路中没有气泡。

4. 系统平衡

分析样品前，先用甲醇以 1.0mL/min 的流速冲洗流路约 15min，平衡活化色谱柱。设置检测波长 254nm。停泵调节流动相比例（甲醇∶水为 85∶15），冲洗流路约 20min 后，待基线走平即可进行进样。

5. 进样

将程序文件和方法文件建立好后保存，用清洗和润洗好的进样针吸取 10μL 样品进样。注入样品后，将六通阀从"load"的状态迅速扳下至"inject"状态，同时色谱工作站记录色谱数据。

6.数据处理

完成测定后,用色谱工作站自带的数据处理系统处理数据文件,记录色谱峰相关信息,进行分析。

7.系统冲洗及关机

① 样品检测结束后,调节水相、有机相比例,用水相:有机相为90:10的混合流动相冲洗20min,在30～40min后将有机相比例调至100%,再继续冲洗20min以上直至基线平稳,无杂质峰出现。

② 完成冲洗后,待基线和压力线平稳、没有漂移和杂质峰、压力值稳定后,则可关闭泵,关闭仪器。

四、注意事项

使用快速清洗阀时,只能一个通道一个通道地冲洗和排气,不得几个通道按比例同时冲洗和排气,防止比例阀快速切换导致损坏。

五、思考题

1.在高效液相色谱中,为什么要对流动相进行脱气过滤处理?

2.高效液相色谱仪由哪几部分组成?各部分的主要作用是什么?

实训8-2 高效液相色谱法分析饮料中咖啡因的含量

一、实训目的

1.熟悉高效液相色谱仪的结构,理解反相HPLC的原理和应用。

2.掌握外标定量法。

3.练习高效液相色谱仪的操作。

二、原理

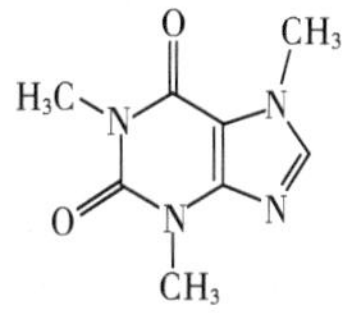

咖啡因又称咖啡碱,属黄嘌呤衍生物,化学名称为1,3,7-三甲基黄嘌呤,是从茶叶或咖啡中提取的一种生物碱。咖啡因在咖啡中的含量约为1.2%～1.8%,在茶叶中约为2.0%～4.7%。可乐饮料、止痛药等均含咖啡因。咖啡因的分子式为$C_8H_{10}O_2N_4$,其化学结构式如图8-13所示。

图8-13 咖啡因结构式

在化学键合相色谱法中,若采用的流动相的极性大于固定相的极性,则称为反相化学键合相色谱法。本项目采用C_{18}键合相色谱柱分离饮料中的咖啡因,用紫外检测器进行检测,以咖啡因标准系列溶液的色谱峰面积对其浓度作标准曲线,再根据试样中咖啡因的峰面积,由标准曲线计算出试样中咖啡因的浓度。

三、仪器与试剂

仪器:高效液相色谱仪、恒流泵、超声波清洗仪、UV检测器等。

试剂:甲醇(分析纯)、咖啡因(分析纯)、二次蒸馏水、市售的可口可乐和百事可乐。

四、实验步骤

（一）色谱条件的选择

① 色谱柱：C_{18}柱，长 250mm、内径 4.6mm、颗粒度 5μm 的固定相。

② 流动相：甲醇-水（60∶40），流量 0.6mL/min。

③ 检测器：UV 检测器，测定波长 254mm。

④ 进样量：10μL。

将配制好的流动相置于超声波清洗仪上脱气 15min；根据色谱条件，按照仪器的操作步骤将仪器调节至进样状态，待仪器流路和电路系统达到平衡时，色谱工作站或记录仪的基线呈平直，即可进样。

（二）标准溶液的配制和测定

① 标准储备液：配制含咖啡因 1000μg/mL 的甲醇溶液，备用。

② 标准系列溶液：用上述储备液配制含咖啡因 20μg/mL、40μg/mL、60μg/mL、80μg/mL、100μg/mL 的甲醇溶液，备用。

③ 仪器基线稳定后，依次分别吸取 10μL 咖啡因系列标准溶液，浓度由低到高，并记录各色谱峰的数据。

（三）样品处理与测定

① 分别将约 20mL 的可口可乐和百事可乐试样置于 100mL 的容量瓶中，用超声波清洗仪脱气 15min。

② 分别吸取试样 5mL，用 0.45μm 的微孔滤膜过滤后，注入 2mL 样品瓶中，备用。

③ 待仪器基线平直后，分别吸取 10μL 的可乐试样进样，根据标准溶液中咖啡因的保留时间确定样品峰的位置，记录各色谱峰的数据。

④ 实验结束后，按要求关好仪器。

五、数据处理

1. 处理色谱数据，将系列对照品溶液与可乐试样的咖啡因色谱峰保留时间及峰面积列于下表中：

序号	标样浓度/（μg/mL）	保留时间 t_R	色谱峰面积 S	色谱峰高度 H
1	20			
2	40			
3	60			
4	80			
5	100			
6	可口可乐			
7	百事可乐			

2. 绘制咖啡因色谱峰面积-对照品溶液浓度的回归曲线，并计算回归方程和相关系数。

3. 根据可乐试样中咖啡因色谱峰面积值，计算可乐试样中的咖啡因浓度。

六、思考题

1. 用标准曲线法定量有什么优缺点？

2. 根据咖啡因的结构特点，咖啡因还可采用其他类型的色谱方法吗？

3. 采用咖啡因浓度与色谱峰高作回归曲线，能给出准确的测试结果吗？与本实验的峰面积-浓度回归曲线相比，哪一种方法更好一些？为什么？

【目标检验】

一、单项选择

1. 在液相色谱法中，按分离原理分类，液固色谱法属于（　　　）。

A. 分配色谱法　　　　　　　　　　B. 排阻色谱法

C. 离子交换色谱法　　　　　　　　D. 吸附色谱法

2. 在高效液相色谱流程中，试样混合物在（　　　）中被分离。

A. 检测器　　　　　　　　　　　　B. 记录器

C. 色谱柱　　　　　　　　　　　　D. 进样器

3. 下列用于高效液相色谱的检测器，（　　　）不能使用梯度洗脱。

A. 紫外检测器　　　　　　　　　　B. 荧光检测器

C. 蒸发光散射检测器　　　　　　　D. 示差折光检测器

4. 在高效液相色谱中，色谱柱的长度一般在（　　　）范围内。

A. 10～30cm　　　　　　　　　　　B. 20～50m

C. 1～2m　　　　　　　　　　　　D. 2～5m

5. 在液相色谱中，某组分的保留值大小实际反映了（　　　）的分子间作用力。

A. 组分与流动相　　　　　　　　　B. 组分与固定相

C. 组分与流动相和固定相　　　　　D. 组分与组分

6. 在液相色谱中，为了改变色谱柱的选择性，可以进行（　　　）的操作。

A. 改变柱长　　　　　　　　　　　B. 改变填料粒度

C. 改变流动相或固定相种类　　　　D. 改变流动相的流速

7. 液相色谱中通用型检测器是（　　　）。

A. 紫外吸收检测器　　　　　　　　B. 示差折光检测器

C. 热导池检测器　　　　　　　　　D. 氢焰检测器

8. 在液相色谱法中，提高柱效最有效的途径是（　　　）。

A. 提高柱温　　　　　　　　　　　B. 降低塔板高度

C. 降低流动相流速　　　　　　　　D. 减小填料粒度

9. 在液相色谱中，不会显著影响分离效果的是（　　　）。

A. 改变固定相种类　　　　　　　　B. 改变流动相流速

C. 改变流动相配比　　　　　　　　D. 改变流动相种类

10. 高效液相色谱仪与气相色谱仪比较，增加了（　　　）。

A. 柱温箱　　　　　　　　　　　　B. 进样装置

C. 程序升温   D. 梯度淋洗装置

11. 在高效液相色谱仪中，保证流动相以稳定的速度流过色谱柱的部件是（   ）。

A. 贮液器   B. 输液泵

C. 检测器   D. 温控装置

12. 液相色谱流动相过滤必须使用（   ）粒径的过滤膜。

A. 0.5μm   B. 0.45μm

C. 0.6μm   D. 0.55μm

13. 在液相色谱中，梯度洗脱适用于分离（   ）。

A. 异构体   B. 沸点相近，官能团相同的化合物

C. 沸点相差大的试样   D. 极性变化范围宽的试样

14. 吸附作用在下面哪种色谱方法中起主要作用？（   ）

A. 液-液色谱法   B. 液-固色谱法

C. 键合相色谱法   D. 离子交换色谱法

15. 在液相色谱中，常用作固定相又可用作键合相基体的物质是（   ）。

A. 分子筛   B. 硅胶

C. 氧化铝   D. 活性炭

二、判断

1. 液相色谱分析时，增大流动相流速有利于提高柱效能。（   ）

2. 高效液相色谱流动相过滤效果不好，可引起色谱柱堵塞。（   ）

3. 高效液相色谱分析的应用范围比气相色谱分析的大。（   ）

4. 反相键合相色谱柱长期不用时必须保证柱内充满甲醇流动相。（   ）

5. 高效液相色谱分析中，使用示差折光检测器时，可以进行梯度洗脱。（   ）

6. 在液相色谱法中，提高柱效最有效的途径是减小填料粒度。（   ）

7. 高效液相色谱仪的色谱柱可以不用恒温箱，一般可在室温下操作。（   ）

8. 液相色谱中，化学键合固定相的分离机理是典型的液-液分配过程。（   ）

9. 高效液相色谱分析中，固定相极性大于流动相极性称为正相色谱法。（   ）

10. 在高效液相色谱仪使用过程中，所有溶剂在使用前必须脱气。（   ）

11. 高效液相色谱分析不能分析沸点高、热稳定性差、分子量大于 400 的有机物。（   ）

12. 检测器、泵和色谱柱是组成高效液相色谱仪的三大关键部件。（   ）

13. 填充好的色谱柱在安装到仪器上时是没有前后方向差异的。（   ）

14. 样品中各组分的出柱顺序与流动相的性质无关的色谱是凝胶色谱。（   ）

15. 高效液相色谱采用高压主要是由于可使分离效率显著提高。（   ）

三、简答

1. 高效液相色谱主要有哪几种类型？

2. 为什么作为高效液相色谱仪的流动相在使用前必须过滤、脱气？

3. 何谓化学键合固定相？它有什么突出优点？

第九章 质谱分析法

【学习目标】

知识目标：

理解质谱分析法的定义及分类；辨认质谱图中常见的离子类型；认识质谱仪的构造，知道其日常维护方法；概述质谱分析法定性和定量分析的应用。

技能目标：

能分清质谱仪的构造和基本部件，会按照仪器的使用说明书或标准操作规程操作质谱仪；会进行质谱仪的日常保养和维护。

第一节 质谱分析基本知识

一、质谱分析法概述

（一）质谱分析法的定义

质谱分析法简称为质谱法 （mass spectrometry，MS），是通过对待测离子的质荷比的分析而实现对样品进行定性和定量分析的一种方法。

质谱法是利用电磁学原理，通过将样品转化为运动的气态离子并按质荷比（m/z）大小进行分离、记录，获得离子的离子流强度或丰度相对于离子质荷比变化的函数关系，这一函数关系可用图表示，即为质谱图（亦称质谱）。质谱法不仅给出了待测物的分子量，还能给出其碎片离子的质量信息以及分子式，根据质谱图提供的信息可以进行多种有机物及无机物的定性和定量分析、复杂化合物的结构分析、样品中各种同位素比的测定及固体表面的结构和组成分析等。

（二）质谱分析法的产生发展

1898 年维恩用电场和磁场使正离子束发生偏转时发现，电荷相同时，质量小的离子偏转得多，质量大的离子偏转得少。1912 年，英国物理学家约瑟夫·约翰·汤姆逊研制出一台简易质谱仪，为后来质谱的发展奠定了基础。1919年，弗朗西斯·威廉·阿斯顿研制出第一台能分辨百分之一质量单位的精密质谱仪，用来测定同位素的相对丰度，鉴定了许多同位素，制作了第一张同位素表。但到1940年以前，质谱仪还只用于气体分析和测定化学元素的稳定同位素。后来质谱法用来对石油馏分中的复杂烃类混合物进行分析，并证实了复杂分子能产生确定的能够重复的质谱之后，才将质谱法用于测定有机化合物的结构，开拓了有机质谱的新领域。

近年来，随着科学仪器技术、智能仪器设备的不断问世，质谱仪也得到了极大的发展。随着计算机的深入应用，用计算机控制操作、采集、处理数据和谱图，大大提高了分析速度；高精密度、高分辨率的质谱仪也不断地被开发出来，极大地提高了质谱仪在化学工业、石油工业、环境科学、医药卫生、生命科学、食品科学、地质科学的应用。

（三）质谱法的分类

根据质谱法的用途可分为同位素质谱法、无机质谱法和有机质谱法。同位素质谱分析法主要用于测定同位素丰度，其特点是测试速度快、结果精确、样品用量少、能精确测定元素的同位素比值，被广泛用于核科学、地质年代的测定。无机质谱的研究对象是无机化合物，主要用于无机元素微量分析和同位素分析等方面。有机质谱主要用于有机化合物的结构鉴定，它能提供化合物的分子量、元素组成及官能团等结构信息，成为有机结构分析的重要手段。这里主要讨论的就是有机质谱。

二、质谱法基本理论

（一）质谱法的基本原理

质谱法是对样品中成分的质荷比（m/z）进行分析从而实现对样品定性和定量分析的方法。样品经汽化，在加速电场的作用下形成离子束，进入质量分析器，再利用电场和磁场使其发生色散，最后被质量分析器捕捉到。由于在磁场中质量能发生分离（图9-1），这样就使具有同一质荷比的离子聚焦在同一点上，不同质荷比的离子聚焦在不同的点上，将它们分别聚焦而得到质谱图，从而确定不同离子的质量，通过解析，可获得有机化合物的分子式，提供其一级结构的信息。

分子电离后形成的离子经电场加速从离子源引出，加速电场中获得的电离势能 zV 转化成动能 $1/2mv^2$，两者相等，即

$$zV = 1/2mv^2 \tag{9-1}$$

式中　m——离子质量；

　　　　v——离子速度；

　　　　z——离子电荷数；

　　　　V——加速电压。

在离子源中离子获得的动能与其质量无关，而只与其所带电荷和加速电压有关。而从离子源引出的离子运动速度的平方与其质量成反比，质量越大，其速度越小。

当离子进入质谱分析器的电磁场中，在磁力的作用下，其运动轨道将发生偏转，进入半径为 R 的径向轨道，做匀速圆周运动。这时它所受到的向心力为 HzV，离心力为 mv^2/R，二者相互作用，达到平衡，即

$$mv^2 / R = Hzv \tag{9-2}$$

式中　H——磁感应强度；

R——离子轨道曲线半径。

比较式（9-1）和式（9-2），经过整理得到磁偏转式质量分析器的质谱方程式：

$$m/z = H^2R^2/2V \text{ 或 } R = \sqrt{\frac{2V}{H^2} \times \frac{m}{z}}$$ (9-3)

式中，m/z 为质荷比，当离子带一个正电荷时，它的质荷比就是它的质量数。由式（9-3）可知，离子在磁场中离子轨道半径 R 由 V、H、m/z 决定。当仪器所用的加速电压和磁场强度固定，则离子轨道半径就只与离子的质荷比有关，也就是不同质荷比的离子经过磁场后，离子轨道半径不同（图9-1），因此彼此分离。

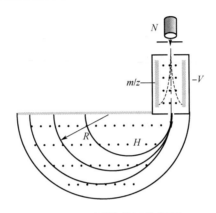

图 9-1 质谱仪的工作原理

（二）质谱的表达方法

质谱的表示方法有很多，除了用紫外记录器记录的原始质谱图以外，常见的是经过计算机处理后的棒图和质谱表。

1.棒图

棒图的横坐标为离子的质量与其所带电荷之比，即质荷比 m/z，纵坐标为离子丰度，即离子数目的多少，如图9-2所示。离子丰度常用相对丰度，又称为相对强度，是把质谱中最强离子峰定为基峰，并规定其强度为100%，其他离子峰强度则以相对于基峰强度的百分数表示。

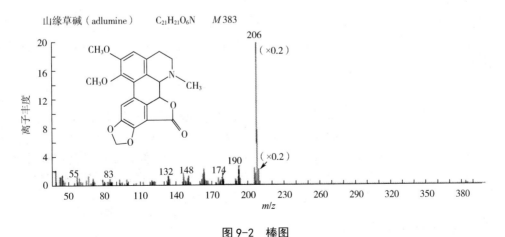

图 9-2 棒图

2.质谱表

质谱表是用表格形式表示的质谱数据，一般由质荷比 m/z 及其相对强度组成。此表可以准确地给出 m/z 值及其相对强度值，有助于做进一步分析。

（三）质谱图中常见的离子类型

在一张质谱图中可以得到许多质谱峰及其相对强度的信息，峰的位置和强度与分子结构有关。质谱峰由各种离子产生，质谱图中出现的离子类型有以下几种：

1.分子离子

分子离子是分子受电子束轰击后，失去一个电子而生成的离子。

$$M - e^- \longrightarrow M^+$$

在质谱图中其对应的质谱峰称为分子离子峰。因此，分子离子峰的 m/z 值是判断化合物分子量的重要依据，一般来说，分子离子峰的值就是该化合物的分子量，而分子量是判断化合物结构的重要参数。

2.碎片离子

当电子轰击的能量超过分子离子电离所需要的能量时，分子离子的化学键可能进一步断裂，产生质量数较低的碎片，称为碎片离子。在质谱图上出现相应的峰称为碎片离子峰。一般碎片离子峰在质谱图上位于分子离子峰的左侧。

3.同位素离子

在组成有机化合物的常见元素中，有几种元素具有天然同位素，如 C、H、N、O、S、Cl、Br 等。在质谱图中除了最轻同位素组成的分子离子所形成的 M^+ 峰外，还会出现一个或多个重同位素组成的分子离子峰，如（M+1）$^+$、（M+2）$^+$、（M+3）$^+$等，这种离子峰叫作同位素离子峰，对应的 m/z 为 $M+1$、$M+2$、$M+3$。人们通常把某元素同位素的原子数与该元素总原子数之比称为同位素丰度，同位素离子峰的强度与同位素的丰度是相对应的。

4.重排离子

分子离子裂解成碎片时，有些碎片离子不是仅仅通过键的简单断裂，有时还会通过分子内某些原子或基团的重新排列或转移而形成，这种碎片离子称为重排离子。质谱图上相应的峰称为重排离子峰。

5.亚稳离子

在电离、裂解、重排过程中有些离子处于亚稳态。若质量为 m_1 的离子在离开离子源受电场加速后，在进入质量分析器之前，由于碰撞等原因很容易进一步分裂失去中性碎片而形成质量 m_2 的离子，即：

$$m_1^+ \longrightarrow m_2^+ + \text{中性碎片}$$

由于一部分能量被中性碎片带走，此时的 m_2 离子比在离子源中形成的 m_2 离子能量小，在磁场中产生更大的偏转，观察到的 m/z 较小。这种峰称为亚稳离子峰，用 m^* 表示。

亚稳离子峰具有离子峰宽大（2~5 个质量单位）、相对强度低、m/z 不为整数等特点，很容易从质谱图中观察。通过亚稳离子峰可以获得有关裂解信息，通过对 m^* 峰观察和测量，可找到相关母离子的质量与子离子的质量 m_2 从而确定裂解途径。

（四）分子的裂解类型

质谱上有许多离子峰，无规律的离子峰在结构研究中没有多大价值，但大多数离子峰的产生是有规律的，裂解类型和功能团之间有着密切的联系。所以，掌握有机分子的裂解方式和规律、熟悉碎片离子和碎片游离基的结构、了解有机化合物的断裂图像，对确定分子的结构很有价值。

裂解类型大体上分为单纯裂解、重排裂解、复杂裂解和双重重排四种。这里简单介绍一下单纯裂解和重排裂解。

1. 单纯裂解

一个键发生裂解称为单纯裂解。有机化合物的键断裂方式有三种类型：均裂、异裂和半均裂。

均裂是指键断裂后，两个成键电子分别保留在各自的碎片上的裂解过程。每个碎片上各保留一个电子。

异裂又称为非均裂，键断裂后，两个成键电子全部转移到一个碎片离子上的裂解过程。

半均裂是离子化的断裂过程。

2. 重排裂解

有些离子不是由单纯裂解产生，而是通过断裂两个或者两个以上的键，结构重新排列而形成，这种裂解称为重排。重排裂解得到的离子也称为重排离子，离子的电子数目和离子质量有一定的关系，据此也可以判断碎片离子的类型。

第二节　质谱仪及维护

一、质谱仪的介绍

（一）质谱仪的工作原理

质谱仪利用带电粒子在电磁场中能够偏转的原理，在真空系统中将样品分子离解成带电离子，根据带电离子的质量差异进行分离和检测物质的组成。

质谱分析的一般过程（图9-3）为：样品通过合适的进样装置将样品引入并进行汽化，进入离子源进行电离，被电离成离子和碎片离子，由质量分析器分离并按不同的质荷比（m/z）依次抵达检测器，信号经放大、记录得到质谱图。

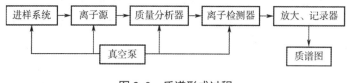

图9-3　质谱形成过程

为了获得被测离子的良好分析，避免离子损失，凡有样品分子及离子存在和通过的地方，必须处于真空状态。

（二）质谱仪的基本构造

质谱仪一般由进样系统、离子源、质量分析器、检测器和记录系统等组成（图9-4），还包括真空系统和自动控制数据处理等辅助设备。

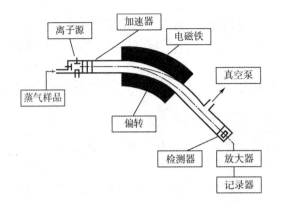

图9-4 质谱仪

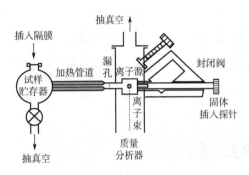

图9-5 质谱仪直接进样

1.进样系统

进样系统将样品通过一定的方法进行转化或直接输送到离子源中，由于质谱仪是高真空装置，因此要求进样系统既能高效重复地将样品引入离子源中，又不造成真空度的降低。为了适应不同样品进入离子源，目前有机质谱仪的进样方式有直接进样（图9-5）、直接探针进样和色谱联用导入样品。

（1）直接进样　对于气体或挥发性液体，可以直接导入离子源，不需要专用设备或器件，类似于气相色谱中的样品进样，又称为气体扩散进样。它是通过可拆卸的试样管将少量样品导入试样贮存器。由于贮存器内压力比电离室内压力高，因此，部分试样便从贮存器通过分子漏孔而进入电离室。

（2）直接探针进样　对于固体及高沸点液体，通常将试样放在不锈钢杆或探针杆末端的小杯内，将探针通过样品加入口插入电离室，快速加热使之挥发，被离子源离子化。此方法的优点是引入样品量小、样品蒸气压低，可以分析复杂有机物，应用更广泛。

（3）色谱联用导入样品　适用于多组分分析。色谱法将多组分分离成单体，通过"接口"导入离子源进行质谱分析，这种方法称为色谱-质谱联用。"接口"的作用是使经过气相色谱分离出的各组分依次进入质谱仪的离子源。"接口"一般应满足如下要求：不破坏离子源的真空，也不影响色谱分离的柱效；使色谱分离后的组分尽可能多地进入离子源，流动相尽可能少进入离子源；不改变色谱分离后各组分的组成和结构。

2.离子源

离子源是质谱仪的心脏，其作用是使被分析物质电离成带电的离子，并使这些离子在离子光学系统的作用下，汇聚成有一定几何形状和一定能量的离子束，然后进入质量分析器被分离。目前，质谱仪的离子源种类很多，原理和用途各不相同，其中常见的有电子轰击电离源、化学电离源、场致电离源、快速原子轰击离子源、电喷雾离子源等。

（1）电子轰击电离源　电子轰击电离源又称EI源，是通用的电离法，是使用高能电子束冲击样品，从而产生电子和正离子。它主要用于挥发性样品的电离。图9-6是电子轰击电离源的原理图，由GC或直接进样杆进入的样品，以气体形式进入离子源，与用钨或铼制作的灯丝在高真空中发射出的电子发生碰撞，使样品分子电离。

　　一般情况下，灯丝与接收极之间的电压为70eV，所有的标准质谱图都是在70eV下作出的。在70eV电子碰撞作用下，有机物分子被打掉一个电子形成分子离子，也可能会发生化学键的断裂形成碎片离子，由分子离子可以确定化合物分子量，由碎片离子可以得到化合物的结构。但对于一些分子量较大或不稳定的化合物，在70eV的电子袭击下很难得到分子离子。为了得到分子量，可以采用更高的电子能量，不过此时仪器灵敏度将大大降低，需要加大样品的进样量，而且得到的质谱图不再是标准质谱图。

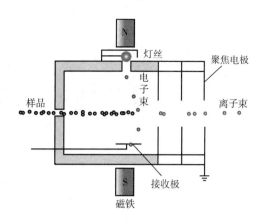

图9-6　电子轰击电离源原理

　　电子轰击电离源电离效率高、结构简单、操作方便，在质谱分析中应用最为广泛。在一些计算机内存文件中已积累了大量采用电子轰击电离源得到的已知化合物质谱数据，为质谱分析化合物结构提供了十分可靠的依据。

　　（2）化学电离源　化学电离（chemical ionization，CI）源，适用于一些稳定性差的有机化合物。CI源和EI源在结构上没有多大差别，主体部件共用，主要差别是CI源工作过程中要引进一种反应气体。反应气体可以是甲烷、异丁烷、氨等。样品分子在承受电子轰击之前，反应气先被电离（以甲烷为例）：

$$CH_4 \xrightarrow{\text{电离}} \cdot CH_4^+ + CH_3^+ + \cdot CH_2^+ + CH^+ + C^+ + \cdot H_2^+ + H^+$$

　　在该过程中，生成的碎片离子主要是CH_4^+和CH_3^+，它们又与反应气（甲烷分子）进行反应，生成加合离子：

$$\cdot CH_4^+ + CH_4 \longrightarrow CH_5^+ + \cdot CH_3$$

$$CH_3^+ + CH_4 \longrightarrow C_2H_5^+ + H_2$$

加合离子与样品分子反应：

$$CH_5^+ + XH \longrightarrow XH_2^+ + CH_4$$

$$C_2H_5^+ + XH \longrightarrow X^+ + C_2H_6$$

反应生成的离子也可能再发生分解：

$$XH_2^+ \longrightarrow X^+ + H_2$$

$$XH_2^+ \longrightarrow A^+ + C$$

$$X^+ \longrightarrow B^+ + D$$

　　样品（XH）经过反应，产生XH_2^+、X^+、A^+碎片离子和B^+碎片离子，检测这些离子，就可得到样品的质谱。

　　化学电离源的优点是图谱简单，峰的数目比较少，其质谱图还可以提供标准分子离子峰，以此来判断分子量。

　　（3）快速原子轰击离子源　快速原子轰击离子源（fast atomic bombardmention source，FAB）

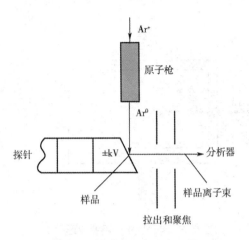

图9-7　快速原子轰击离子源

是20世纪80年代以来，被广泛利用的电离技术，它主要用于对热不稳定、难挥发、高极性的有机化合物，如氨基酸、多肽、糖类等。其工作原理如图9-7所示，快速原子轰击是利用重的原子如Ar、Xe，将其电离后再加速成为具有较大动能的快速离子，然后在原子枪内进行电荷交换反应，快速离子与静止的中性原子发生碰撞并进行离子交换，形成中性快速原子。原子枪中有一偏转电极，使未发生碰撞的快速离子被偏转引出，快速原子则打在靶上。当快速原子打在含有样品的基质时，部分能量能导致样品的蒸发及解离，然后被送入分析系统测量。常用的基质有甘油、硫代甘油、3-硝基苄醇等，所选择的基质应具有流动性、低蒸气压、化学惰性和好的溶解能力。

　　（4）电喷雾离子源　电喷雾离子源（electron spray ionization，ESI）是一种新发展起来的电离质谱技术，主要用于液相色谱-质谱联用仪。它既作为液相色谱和质谱之间的接口装置，同时又是电离装置。它的主要部件是一个多层套管组成的电喷雾喷嘴，被带了高电压的半圆柱体电极环绕，内层是液相色谱流出物，外层是喷射气，喷射气常采用大流量的氮气。其作用是使喷出的液体溶液分散成微滴，微滴在电场的作用下，飞向毛细管，加热的氮气干燥气的反向流动（见图9-8），带走液滴中的中性溶剂分子，从而使液滴收缩，直到排斥的静电力超过液滴表面张力，引起库仑爆炸（图9-9），离子就从表面蒸发出来，这个过程不断重复，直到待分析物离子最终变成气态进入毛细管。

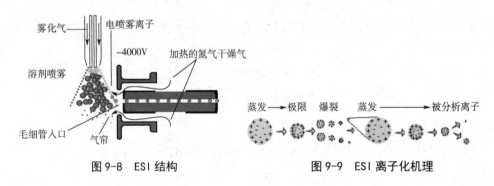

图9-8　ESI结构　　　　　　　　　图9-9　ESI离子化机理

　　ESI属于浓度敏感型离子化技术，样品浓度越高，灵敏度越高，适合分析中等极性到极性的小分子。另外，由于ESI具有可产生多电荷离子的特性和相对较低的离子化温度，因而也适合分析生物大分子，比如蛋白质和多肽的分析。

　　3.　质量分析器

　　质量分析器是依据不同方式将离子源中生成的样品离子按质荷比m/z的大小分开的装置，是质谱仪的重要组成部件，位于离子源和检测器之间，由质量分析器的不同构成了不同种类的质谱仪。

　　质量分析器的主要类型有：磁分析器（单聚焦、双聚焦）、飞行时间分析器、四极滤质器、离子阱分析器和离子回旋共振分析器等。

　　（1）磁分析器　扇形磁分析器是磁分析器中最常用的分析器类型之一。离子源中生成的离子通过扇形磁场和狭缝聚焦形成离子束，离子束离开离子源后，进入垂直于其前进方向的磁场。不同质荷比的离子在磁场的作用下，前进方向产生不同的偏转，从而使离子束发散。由于不同质荷比的离子在扇形磁场中有其特有的运动曲率半径，通过改变磁场强度，检测依次通过狭缝出口的离子，从而实现离子的空间分离，形成质谱。

(2) 飞行时间分析器 具有相同动能、不同质量的离子，因其飞行速度不同而分离。如果固定离子飞行距离，则不同质量离子的飞行时间不同，质量小的离子飞行时间短而先到达检测器。飞行时间分析器具有大的质量分析范围和较高的质量分辨率，尤其适合蛋白质等生物大分子的分析。

(3) 四极滤质器 又称四极杆质量分析器。由四根平行的圆柱形金属极杆组成，相对的极杆被对角地连接起来，构成两组电极，如图 9-10 所示。在两电极间加有数值相等方向相反的直流电压和射频交流电压，四根金属极杆内所包围的空间便产生双曲线形电场。从离子源入射的加速离子穿过四极杆双曲线形电场时，会受到电场作用，只有选定的 m/z 离子以限定的频率稳定地通过四极滤质器，其他离子则碰到极杆上被吸滤掉，不能通过四极杆滤质器，即达到"滤质"的作用。碎片离子的共振频率与四支电极的频率相同时，

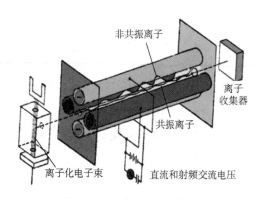

图 9-10 四极杆质量分析器

才可通过电极孔隙到达检测器，改变扫描频率可使不同质荷比的离子通过。

四极滤质器结构紧凑、体积小、扫描速度快、使用方便，适用于色谱-质谱联用仪器。常用于分析皮克级的样品，而且分析结果的重复性很高，RSD 一般小于 5%。

(4) 离子阱分析器 离子阱分析器的结构示意图见图 9-11。其主体是一对环形电极和上下两个呈双曲面形的端盖电极围成一个离子捕集室。离子阱工作时，在环形电极上施加射频电压，端盖电极均接地，离子阱内部就有交变的四极场产生，具有相应质荷比的离子就能被捕获并留在离子阱内稳定地振荡，当改变环形电极上的射频电压后，激发离子在离子阱的振荡，不同质量的离子逐渐变得不稳定，按质荷比大小顺序依次离开离子阱，被检测器检测。

离子阱的优点在于，它可以采集多级质谱而不需要增加额外的质量分析器。单一的离子阱可实现多级串联质谱，结构简单，性价比高，灵敏度高，比四极杆质量分析器高 10～1000 倍，质量范围大。

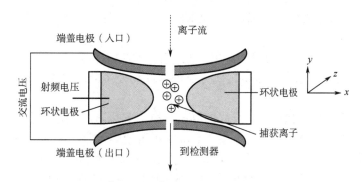

图 9-11 离子阱分析器的结构

4.离子检测器

质谱仪的检测器主要使用电子倍增器，也有的使用光电倍增管。电子倍增器直接装在磁场质量分析器后面，引出的离子具有足够的能量，在转换级上溅射出电子，电子经电子倍增器产生电信号，这些信号经计算机处理后可以得到质谱图、色谱图等。

5.真空系统

为了保证离子源中灯丝的正常工作，保证离子在离子源和质量分析器中正常运行，消减不必要的离子碰撞、散射效应、复合反应、本底与记忆效应等，质谱仪的离子源和质量分析器都必须处在优于 $10^{-3}Pa$ 的真空中才能工作。也就是说，质谱仪必须配置真空系统。

二、质谱仪的维护

质谱仪具有很高的灵敏度和分辨率，在定性和定量分析方面很有优势，应用越来越广。在使用过程中，除了对环境的要求高，其操作和维护也相当繁琐，不同型号不同系列的质谱仪维护也不尽相同，但日常维护操作基本相同。

（一）质谱仪维护周期

质谱仪的建议维护周期见表 9-1。

表 9-1　质谱仪的建议维护周期

任务	推荐周期
清洗离子源	每天
检查泵油液面	每周
检查质谱废液桶	每月
冲洗雾化器组件	每天
清洗毛细管	3~6 个月
清洗光学组件	每年
更换泵油	6 个月
更换气体净化管	每年
更换喷雾针	1~2 次/年

（二）清洗维护雾化器组件

每天或一个批次的样品运行结束后，可以使用乙腈-水（90：10）冲洗，设置泵的流量为 2mL/min，把质谱仪置于 ON 的状态，LC 流出的流动相切换到质谱，冲洗雾化器（nebulizer）3min。

乙腈-水（90：10）是一个良好的通用冲洗溶剂，可以有效除去雾化器以及质谱切换阀内痕量的样品残留。实际应用中也可根据所分析的样品和使用的流动相来调整冲洗用的溶剂及其比例。

当雾化器外表面比较脏的时候，最好的办法是取下雾化器，使用合适的、可以充分溶解可能残留的样品的溶剂来超声清洗。注意超声清洗时不可使雾化器的尖端接触到容器壁，防止损坏喷雾针。比较简单的办法是直接用手拿着雾化器的顶部，使雾化器悬浮在溶剂中进行超声；或者往雾化器的顶部套一个小的移液枪枪头，然后剪掉枪头的尖端（图 9-12），把雾化器竖着放入烧杯超声清洗。

图 9-12　超声清洗雾化器

（三）清洗电喷雾雾化室

每天或每次轮班结束时，或是在从一种样品到另一种样品分析的转换过程中怀疑存在残留物污染时，对电喷雾雾化室进行清洗。

清洗步骤：

① 准备好清洗溶剂；

② 将仪器置于 standby 状态，离子源雾化室于高温下作业，在清洗前应留出足够时间让它冷却，防止烫伤；

③ 卸下雾化器；

④ 打开离子源；

⑤ 使用异丙醇-水（50∶50）的混合溶剂冲洗雾化室内部，用干净的无尘布擦拭；

⑥ 冲洗喷雾挡盖周边区域，用无尘布擦拭雾化护罩、喷嘴及其周边区域（图 9-13）；

⑦ 关闭离子源。

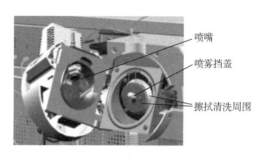

图 9-13　ESI 内部结构

喷嘴
喷雾挡盖
擦拭清洗周围

第三节　应用与实例

一、定性分析

通过质谱图中分子离子峰和碎片离子峰的解析可提供许多有关分子结构的信息，因而定性分析能力强是质谱分析的重要特点。根据质谱图可对纯化合物提供如下信息：①分子量；②分子式；③通过裂解的质谱图可以提供有关各种功能基团存在或不存在的信息；④与已知化合物的质谱图相比较，能够确认该化合物。

（一）分子量的测定

通常情况下，单电荷分子离子峰的质荷比即分子量。因此分子离子峰的确认是测定分子量的首要问题。

一般来说，质谱图上最右侧出现的质谱峰为分子离子峰。但是有些化合物的分子离子不稳定，在质谱图上观察不到分子离子峰，因此在实际分析时必须加以注意。在纯样品质谱中，识别分子离子峰时应该注意：

① 分子离子含奇数个电子，含偶数个电子的离子不是分子离子。

② 原则上图谱中除同位素峰以外，分子离子峰是最高质量数的离子峰。

③ 分子离子峰质量数必须符合氮律。由 C、H、O、N 组成的有机化合物，不含 N 原子或含偶数个 N 原子的分子离子的质量数是偶数，含奇数个 N 原子的分子离子的质量数是奇数，此规律称为氮律。凡是不符合氮律，就不是分子离子峰。

④ 所假定的分子离子峰与相邻的质谱峰间的质量数差要有意义。如果该质量数差在 3～14 个，则该峰不是分子离子峰。

（二）分子式的测定

1. 用高分辨率质谱仪确定分子式

高分辨率质谱仪可以测得分子离子及其他各种离子的精密质量，经计算机运算、对比，可以给出分子式及其他各种离子的可能化学组成。

2. 由同位素比求分子式

Beynon 根据同位素峰强比与离子的元素组成之间的关系，编制了按照离子质量数为序，含 C、H、O、N 的分子离子和碎片离子的（M+1）M 和（M+1）M 数据表，称为 Beynon 表。使用时，根据质谱所得 M 峰的质量数、（M+1）M 和（M+1）M 数据，查表即可得出分子式或碎片离子的元素组成。

二、定量分析

有机质谱仪可以用于定量测定一种或多种混合物的组分分析，如石油工业、制药工业及在环境中遇到的有机污染物等。

质谱仪检测离子时，其信号强度(在一定范围内)与离子数目成线性相关，通过信号强度即可进行定量分析。实现质谱定量分析一般有两种方法：外标法与内标法。

1. 外标法

将待测物质 i 的标准品用适宜的有机溶剂配制成一系列不同浓度的标准溶液，分别取等体积的系列标准溶液进行质谱分析，由此可以得到一组样品量和信号值一一对应的数据。以质谱仪信号值为纵坐标、标准溶液样品量为横坐标，绘制得到标准曲线。将待测样品溶液用质谱仪分析，得到待测样品的信号强度，在标准曲线上可以查出对应的样品含量。

2. 内标法

将已知量待测物质 i 的同位素标记物加入样品中，然后进行质谱分析。根据两者信号的比值和同位素标记物的实际加入量就能推算出待测物质的质量。

三、色质联用技术

质谱法可以进行有效的定性分析，但无法对复杂有机化合物分析。而色谱法对有机化合物是一种有效的分离和分析方法，特别适合进行有机化合物的定量分析，但定性分析比较困难，因此两者的有效结合提供了有效的定性定量分析方法。这种将两种或多种方法结合的技术称为联用技术。利用联用技术的有气相色谱-质谱（GC-MS）、液相色谱-质谱（LC-MS）、毛细管电泳-质谱（CE-MS）、质谱-质谱（MS-MS）等。联用技术分析速度快、分离效果好、应用范围广，在环保、医药等领域起着越来越重要的作用。

（一）GC-MS 联用

气相色谱-质谱联用（GC-MS）是利用结合气相色谱和质谱的特性，在试样中鉴别不同物质的方法。主要应用于工业检测、食品安全、环境保护等众多领域，如农药残留、食品添加剂等；纺织品检测如偶氮染料、含氯苯酚检测等；化妆品检测如二噁烷、香精香料检测等；电子电器产品检测，如多溴联苯、多溴联苯醚检测等；物证检验中可能涉及各种各样的复杂化合物，气质联用仪器对于这些司法鉴定过程中复杂化合物的定性定量分析提供强有力的支持。

GC-MS 由气相色谱仪、接口（GC 和 MS 之间的连接装置）、质谱仪和计算机四大部件组成，其中接口是解决 GC 和 MS 联用的关键部件，担负着组分的传输任务并保证 GC 和 MS 两者的气压匹配。由于使用不大于 0.32mm 口径的毛细管柱，现常用"直接导入型接口"，其结构相当简单，色谱柱流出的所有流出物全部导入 MS 的离子源内，试样中各组分在离子源中发生电离，生成的离子经加速电场的作用，形成离子束，进入质量分析器得到质谱图，从而确定其质量。

GC-MS 具有极强的分离能力，对未知化合物具有独特的鉴定能力，灵敏度极高，是分离和检测复杂化合物的最有力工具之一。

（二）LC-MS 联用

液相色谱-质谱联用仪（liquid chromatograph-mass spectrometer），简称 LC-MS，是液相色谱与质谱联用的仪器。它结合了液相色谱仪有效分离热不稳定及高沸点化合物的能力与质谱仪很强的组分鉴定能力，是一种分离分析复杂有机混合物的有效手段。

LC-MS 主要可解决如下几方面的问题：不挥发性化合物分析测定；极性化合物的分析测定；热不稳定化合物的分析测定；大分子量化合物（包括蛋白质、多肽、多聚物等）的分析测定。目前，它已成为中药制剂分析、药代动力学、食品安全检测和临床医药学研究等不可缺少的手段。

高效液相色谱和质谱连接，可以增加额外的分析能力，能够准确鉴定和定量细胞和组织裂解液、血液、血浆、尿液和口腔液等复杂样品基质中的微量化合物。高效液相色谱-质谱系统提供了一些独特的优势，包括：快速分析和流转所需的最少样品准备；高灵敏度并结合可分析多个化合物的能力，甚至可以跨越化合物的种类；高精确度、高分辨率鉴定和量化目标分析物。

（三）质谱-质谱联用

质谱-质谱联用技术是 20 世纪 70 年代发展起来的一种新的分析技术，它由二级以上质谱仪串联组成，又称为串联质谱法。MS-MS 联用实现了分离和鉴定融合为一体的分析方法，特别适用于痕量组分的分离和鉴定。

仪器由两台质谱仪经碰撞室串联组成。首先第一级质谱仪对由离子源中加速射出的正离子进行质量分析，从中选出感兴趣的离子作为母离子，然后该离子被导入碰撞室，并在碰撞室中与碰撞气发生碰撞，使其部分动能转化为热力学能，提高了其活化能，从而导致该离子进一步发生裂解，这些裂解离子（子离子）最后全部导入另一质谱仪中，在第二级质谱仪中进行质量分析，便可得到母离子的质谱。

在 MS-MS 中，对样品的稳定性、挥发性和热稳定性的要求不高，同时所需样品量少，大大缩短了分析时间。但 MS-MS 的定量分析尚不如色谱-质谱法完善，不过应用重氢标记的内标或校准曲线，在微克水平上的准确度可达±（20%～30%）。

【本章小结】

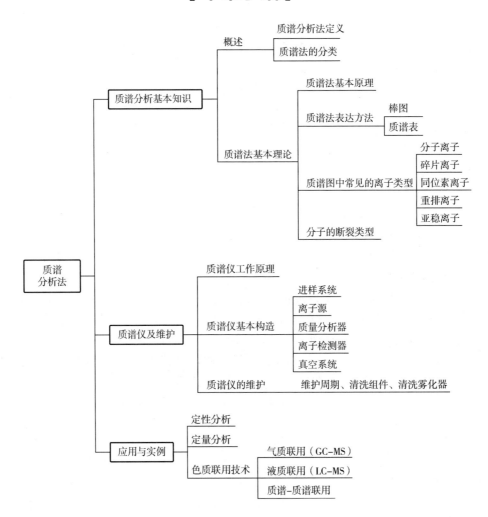

【目标检验】

一、名词解释

1. 亚稳离子峰

2. 分子离子峰

3. 碎片离子峰

4. 重排离子峰

二、简答

1. 质谱仪的结构构造有哪些？

2. 请谈谈电喷雾离子源的日常使用及维护。

3. 请说说质谱仪有哪些联用方式，应用于哪些方面。

第十章 电化学分析法

【学习目标】

知识目标:

　　阐述电位分析法的基本原理;分析不同电极的使用条件,对电极进行选择,归纳电极的作用及使用注意事项;描述电位分析法的应用。

能力目标:

　　会熟练使用电位分析仪检测;能正确配制 pH 标准缓冲溶液;会按照仪器使用说明书或标准操作规程操作电位分析仪;会对设备和电极进行日常保养和维护。

　　电化学分析法是基于物质在电化学池中的电化学性质及其变化规律进行分析的方法。通常是使待分析的试样溶液构成化学电池(原电池或电解池),然后以电位、电流、电荷量和电导等电学参数与被测物质的量之间的关系作为计量基础。因而电化学分析法可以分成三种类型:

　　第一类是通过试液的浓度在某一特定实验条件下与化学电池中某些物理量的关系进行分析。这些物理量包括电极电位(电位分析等)、电阻(电导分析等)、电荷量(库仑分析等)、电流-电压曲线(伏安分析等)等。

　　第二类是以上述这些物理量的突变作为滴定分析中终点的指示,又称为电容量分析法。属于这一类的方法有:电位滴定法、电流滴定法、电导滴定法。

　　第三类是将试液中某一待测组分通过电极反应转化为固相(金属或其氧化物),然后由工作电极上析出的金属或其氧化物的质量来确定该组分的量。这种方法的实质是重量分析法,所以也称为电重量分析法,俗称电解分析法。

　　电化学分析法的灵敏度和准确度高,手段多样,分析浓度范围宽,能进行组成、状态、价态和相态分析,适用于各种不同的体系,应用广泛。而且,测定得到的是电信号,易于实现自动化和连续分析,目前广泛应用于电化学基础理论、有机化学、药物化学、生物化学、环境生态等领域。

第一节 电位分析法

电位分析法简称电位法，它是利用化学电池内电极电位与溶液中某种组分浓度的对应关系实现定量测定的一种电化学分析法。电位分析法分为直接电位法和电位滴定法两类。直接电位法是通过测量电池电动势来确定物质浓度的方法；电位滴定法是通过测量滴定过程中电池电动势的变化来确定终点的滴定分析法。

一、电位分析法基本原理

1.原电池

电极：将金属放入对应的溶液后所组成的系统。

化学电池：由两支电极构成的系统，是化学能与电能的转换装置。电化学分析法中涉及两类化学电池：原电池和电解池。

原电池：将化学能转化成电能，在外接电路接通的情况下，反应可以自发地进行，并向外电路供给电能。

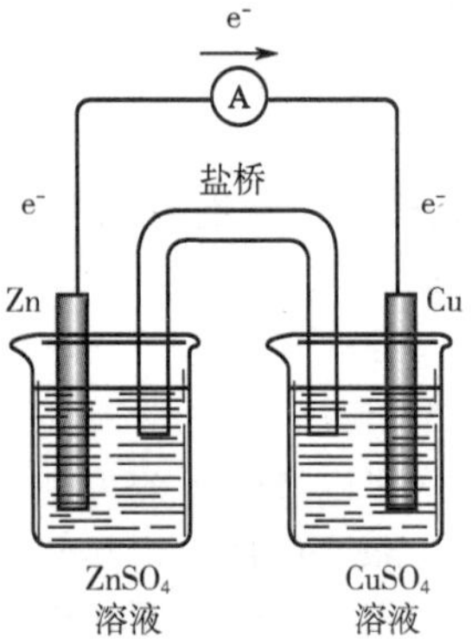

构成原电池的必备条件：在两个电极上，电极与其周围的电解质溶液形成的界面上，分别发生氧化反应或还原反应，从而有电荷在两相（固相电极和液相的电解质溶液）之间转移；两个电极周围的电解质溶液之间要有接界，能允许离子通过，从而实现电荷在溶液中的输送；两电极的外电路要有导线相连接，以实现电子在两极间的转移。

阳极：发生氧化反应的电极（负极）。阴极：发生还原反应的电极（正极）。

化学反应：$Cu^{2+}+Zn{=\!=\!=}Zn^{2+}+Cu$。

两个半反应可表示为：$Cu^{2+}+2e^-{=\!=\!=}Cu$（还原半反应），$Zn{=\!=\!=}Zn^{2+}+2e^-$（氧化半反应）。

图 10-1 的原电池可以书写如下：

$$(-)\ Zn\mid Zn^{2+}\ (1.0mol/L)\ \parallel Cu^{2+}\ (1.0mol/L)\mid Cu\ (+)$$

图 10-1 铜锌原电池

【知识链接】原电池的书写规则：

① 负极"–"在左边，正极"+"在右边，盐桥用"‖"表示。

② 半电池中两相界面用"｜"分开，同相不同物种用","分开，溶液、气体要注明溶液的浓度、气体的压强。

③ 纯液体、固体和气体写在惰性电极一边用","或"‖"分开。

2.电解池

电解池是由外电源提供电能，使电流通过电极，在电极上发生电极反应的装置。电解池工作时，电流从电解池内部和外部流过，构成回路。溶液中的电流产生于正、负离子的移动。电解池的组成及结构与原电池一样，只是使用条件不同，因而其作用和性质也不一样。当将一外电源反向接在原电池的两个电极上，并且外加电压大于原电池的电动势时，由于此时的电极反应是电能转为化学能，这时的电池就称为电解池，因此可以认为电解池是原电池反应的逆过程的装置。

二、电位分析法的理论依据

能斯特方程（Nernst equation）表示了电极电位 φ 与溶液中对应离子的活度 a 之间存在的关系，例如，对于氧化还原体系：

$$Ox+ne^- = Red$$

$$\varphi = \varphi_{Ox/Red}^{\ominus} + \frac{RT}{nF}\ln\frac{a_{Ox}}{a_{Red}} \qquad (10\text{-}1)$$

式中　　R——摩尔气体常数[8.31441J/（mol·K）]；

　　　　F——法拉第常数（96485.34C/mol）；

　　　　T——热力学温度；

　　　　n——电极反应中传递的电子数；

a_{Ox} 和 a_{Red}——氧化态 Ox 和还原态 Red 的活度；

　　$\varphi_{Ox/Red}^{\ominus}$——标准电极电位。

【知识链接】离子活度 a 的概念

离子活度是指电解质溶液中参与电化学反应的离子的有效浓度。在电解质溶液中，离子相互作用使得离子通常不能完全发挥其作用。离子实际发挥作用的浓度称为有效浓度，或称为活度（activity），显然活度的数值通常比其对应的浓度数值要小些。

对于金属电极（还原态为金属，活度定为 1）：

$$\varphi = \varphi_{M^{n+}/M}^{\ominus} + \frac{RT}{nF}\ln a_{M^{n+}} \qquad (10\text{-}2)$$

从式(10-2)中看出：测定了电极电位，就可以确定离子活度（或在一定条件下确定其浓度），这就是电位测定法的依据。实际应用时，可使待测组分的标准溶液与被测溶液的离子强度相等，此时，活度系数可视为不变，就可以用浓度代替活度。

在电化学滴定分析中，滴定进行到化学计量点附近时，将发生浓度的突变（滴定突跃）。在滴定过程中，在滴定的溶液中放入一对合适的电极，在化学计量点附近可以观察到明显的电极电位的突变（电位突跃），根据电极电位的突跃确定反应的终点，这就是电位滴定法的原理。

【知识链接】

当电对处于标准状态[即物质皆为纯净物，组成电对的有关物质的浓度（活度）为1.0mol/L，涉及气体的分压为1.0×10^5Pa]时，该电对的电极电位为标准电极电位，用符号 φ 表示。通常温度为298.15K。电极电位的大小，不仅取决于电对本身的性质，还与反应温度、有关物质浓度、压力等有关。

三、参比电极和指示电极

按电极的用途将电极分成参比电极和指示电极。

（一）参比电极

参比电极的电极电位不受溶液组成变化的影响，电位值基本固定不变，在实际工作中用作比较标准。作为参比电极应该满足下列要求：

① 电极电位已知、稳定，且较靠近零电位，不易极化或钝化；
② 可逆性好；
③ 重现性好；
④ 温度系数小，即电位随温度变化小；
⑤ 装置简单，使用和维护方便，经久耐用。

能满足上述要求的参比电极有氢电极、甘汞电极、硫酸亚汞电极、氧化汞电极、氯化银电极等。

1.标准氢电极

由于单个电极的电位无法确定，故规定任何温度下标准状态的氢电极的电位为0，任何电极的电位就是该电极与标准氢电极所组成的电池的电位。标准状态是指氢电极的电解液中的氢离子活度为1，氢气的压强为0.1MPa（约1大气压）的状态（标准状态时温度为298.15K）。

氢电极是各电极电位的基准，但是使用不方便，在实际测量时需用电位已知的参比电极代替。实际应用的参比电极有甘汞电极和银-氯化银电极，它们的电位是以标准氢电极为比较标准测得的。

【知识链接】

电极按照是否具有可逆性，可分为可逆电极和不可逆电极。对于电极反应是可逆的、交换电流很大的电极体系称为"可逆电极"。凡是电极反应为不可逆的或交换电流小的电极均称为"不可逆电极"。

2.甘汞电极

甘汞电极是金属汞和甘汞（Hg_2Cl_2）及氯化钾溶液组成的电极。

电极反应：$Hg_2Cl_2+2e^- \Longrightarrow 2Hg+2Cl^-$。

半电池组成：Hg，Hg_2Cl_2（固）|KCl。

其电极电位：

$$\varphi = \varphi^\ominus - 0.059\lg a_{Cl^-} = \varphi^\ominus - 0.059\lg c_{Cl^-}。$$

25℃，KCl 为饱和溶液时，$\varphi = 0.2412V$。

甘汞电极（图 10-2）属于金属-金属难溶盐电极。甘汞电极有两个玻璃套管，内套管封接一根铂丝，铂丝插入厚度为 0.5～1.0cm 的纯汞中，汞下装有甘汞（Hg_2Cl_2）和汞的糊状物；外套管装入氯化钾溶液。电极下端与待测溶液接触处熔接玻璃砂芯或陶瓷芯等多孔物质。

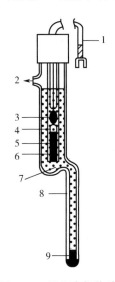

图 10-2 甘汞电极构造

1—电极阴线；2—测管；3—汞；4—甘汞糊；5—石棉或纸浆；
6—玻璃管；7—氯化钾溶液；8—电极玻璃壳；9—素烧瓷片

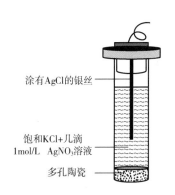

涂有AgCl的银丝

饱和KCl+几滴
1mol/L AgNO₃溶液

多孔陶瓷

图 10-3 银-氯化银电极结构

当温度一定时，甘汞电极的电极电位与氯化钾溶液的浓度有关，当氯化钾溶液的浓度一定时，其电极电位是个定值。电位分析中最常用的参比电极是饱和甘汞电极，其电位稳定，结构简单，保存和使用都很方便。饱和甘汞电极在使用时需要注意：①氯化钾溶液必须是饱和的，在甘汞电极的下部一定要有固体氯化钾存在，否则要补加氯化钾；②内部电极必须浸泡在饱和的氯化钾溶液中，且无气泡；③使用时将橡皮帽去掉，不用时戴上。

3.银-氯化银电极

银-氯化银电极（图 10-3），属于金属-金属难溶盐电极。将表面镀有氯化银层的金属银丝，浸入一定浓度的氯化钾溶液中，即构成银-氯化银电极，银-氯化银电极的电位也取决于氯化钾溶液的浓度。

在温度较高（>80℃）条件下，银-氯化银电极的电位较甘汞电极稳定，但需要进行温度校正。

（二）指示电极

在电化学分析中，电极电位随溶液中待测离子活（浓）度的变化而变化并指示出待测离子活度（或浓度）的电极，称为指示电极。常用的指示电极可分成金属基电极和离子选择性电极

（ISE）两种。

1.金属基电极

金属基电极是以金属为基体的电极，电极电位的形成是基于离子交换，通常有以下三种类型：

（1）金属-金属离子电极　将金属浸于含有该金属离子的盐溶液中所构成，这类电极又称为第一类电极。电极电位取决于溶液中金属离子的活度(或浓度)，故用于测定金属离子浓度。例如，将银丝插入银离子溶液中，电极电位仅与银离子浓度有关。

（2）金属-金属难溶盐电极　由涂有金属难溶盐的金属浸入该难溶盐的阴离子溶液中组成，又称为第二类电极，电极电位取决于溶液中阴离子的浓度。例如，将表面涂有氯化银的银丝插入到氯离子溶液中，组成银-氯化银电极。

（3）惰性金属电极　将惰性金属浸于含有某可溶性氧化态或还原态物质的溶液中组成的电极体系，又称零类电极。惰性电极并不参与反应，仅供传递电子之用。电极电位取决于溶液中氧化态和还原态的浓度比，用于测定氧化态或还原态物质的浓度。例如，将铂丝插入含有 Fe^{3+}、Fe^{2+} 的溶液中组成的电极。

　内参比电极
　内参比溶液
　电极腔体
　选择性敏感膜

图 10-4　离子选择性电极的构造

2.离子选择性电极

是国际纯粹与应用化学联合会(IUPAC)推荐使用的专业术语，它是一类电化学传感器。它是以固体膜或液体膜为传感体来指示溶液中某特定离子浓度的电极(如图 10-4 所示)，是一类特殊的电极。这类电极上没有电子转移，电极电位的产生是离子交换和扩散的结果，其值也随溶液中特定离子的浓度(或活度)而改变。测定微量浓度的各种离子选择性电极和测定溶液 pH 值的玻璃电极都属于膜电极。

作为指示电极，应该符合以下要求：

① 电极电位与有关离子浓度之间，符合能斯特方程；
② 对有关离子的响应要快且能重现；
③ 结构简单，便于使用。

四、电位分析法的特点

① 仪器设备简单，操作方便，测试费用低，易于普及。相对于其他仪器分析方法，电位分析仪器造价低，便于携带，适合现场操作。

② 选择性好，测定简便快速。使用离子选择性电极，对于有色、浑浊和黏稠溶液，也可直接用电位分析法来测；电极响应快，多数情况下是瞬时的，即使在不利条件下也能在几十分钟内得到读数；对于其他方法难以测定的某些离子如氟离子、硝酸根离子、碱金属离子等，用离子选择性电极可得到满意的测定结果。

③ 样品用量少。若使用特定的电极，所需试液可少至几微升。近年研制的微电极在某些特殊的样品测定中得到成功应用。

④ 自动化程度高。由于电位分析所测的电位变化信号可以连续显示和自动记录，因而这种方法更有利于实现连续和自动分析，目前在环境监测中已得到广泛使用。

⑤ 精密度较差。当精密度要求优于 2%时，一般不宜采取此法，采用电位滴定法可以提高精密度，但在一定程度上将失去快速、简便的优点。另外，电极电位值的重现性受实验条件的

影响较大，标准曲线不及光度法稳定。

第二节 直接电位法

一、直接电位法的基本原理

用离子选择性电极直接测定溶液中的 pH 和离子活度的方法，称为直接电位法。

直接电位法通常是以饱和甘汞电极（SCE）为参比电极，以离子选择性电极为指示电极，插入待测溶液中组成一个化学电池。用精密酸度计、数字毫伏计或离子计测量两电极间的电动势（或直接读取离子活度）。

测量溶液的 pH 时，参比电极为电池的正极，玻璃电极为负极，电池的电动势为：

$$E = \varphi_{SCE} - \varphi_{玻} = \varphi_{SCE} - K + (2.303RT/F)\, pH = K' + (2.303RT/F)\, pH \quad (10\text{-}3)$$

式中　K，K' ——常数。

测量其他离子活度时，离子选择性电极为电池的正极，参比电极为负极，电池电动势为：

$$E = \varphi_{玻} - \varphi_{SCE} = K \pm (2.303RT/nF)\, \lg a_i - \varphi_{SCE} = K' \pm (2.303RT/nF)\, \lg a_i \quad (10\text{-}4)$$

根据以上两式可以测量溶液 pH 或其他的离子活度。

直接电位法测量的是溶液中离子的活度，而分析测试的目的常常是要确定离子浓度。为了将活度和浓度联系起来，必须控制离子强度。为此，在体系中需要加入惰性电解质。一般将含有惰性电解质的溶液称为总离子强度调节剂 TISAB（表 10-1）。目前常用的有醋酸-醋酸钠-氯化钠-柠檬酸钠、磷酸盐-柠檬酸盐-EDTA 等。总离子强度调节剂 TISAB 的作用是：保持较大且相对稳定的离子强度，使活度系数恒定；维持溶液在适宜的 pH 值范围内，满足离子电极的要求；掩蔽干扰离子。

表 10-1　推荐使用的 TISAB

待测离子	ISE	可应用的总离子强度调节剂
$AgNO_3$	硝酸银电极	0.1mol/L KNO_3 或 0.025mol/L 硫酸铝
氨	氨气敏电极	1mol/LNaOH
铵	氨气敏电极	1mol/L KCl
钾	钾离子电极	0.1mol/L 醋酸锂或氯化锂或 1mol/L NaCl 或醋酸镁
氯	氯离子电极	① 一般样品，0.1mol/L KNO_3 ② 0.3mol/L KNO_3 或 1mol/L 醋酸镁
氟	氟离子电极	TISAB:57mL 冰醋酸、58g 氯化钠、4g 柠檬酸钠、加水 500mL，用 5mol/L NaOH 调 pH 值为 5～5.5，定容至 1L
钠	钠玻璃电极	① 1mol/L 氨水与 1mol/L 氯化铵的混合溶液 ② 二异丙胺、三乙醇胺或饱和氢氧化钡
银	Ag_2S 电极	1mol/L KNO_3
硫	Ag_2S 电极	① 2mol/L NaOH（通氮气） ② SAOB（抗氧化缓冲调节剂由抗坏血酸、氢氧化钠配制）

待测离子	ISE	可应用的总离子强度调节剂
钙	钙离子电极	1mol/L 三乙醇胺
铅	铅离子电极	1mol/L NaNO$_3$
铜	铜离子电极	① LIPB（消除配位体干扰缓冲剂）：0.4mol/L 三亚乙基四胺、0.2mol/L HNO$_3$、2mol/L KNO$_3$ 混合液，按 1:1 加入试液 ② 1mol/L NaNO$_3$
镉	镉离子电极	① 1mol/L NaNO$_3$ 或 KNO$_3$

二、测定离子活度的定量分析方法

1.直读法（标准比较法）

直读法是指能够在离子计（或 pH 计）上直接读出待测离子活度的方法。直读法可分为单标准比较法和双标准比较法。单标准比较法是先选择一个与待测离子活度相近的标准溶液，在相同的测试条件下，用同一对电极分别测定标准溶液和待测试液电池的电动势。具体的做法：在标准溶液及待测试液中分别加入等量的总离子强度调节剂，先用标准溶液校正电极和仪器后，调节电位旋钮使仪器的读数与标准溶液的浓度保持一致，再用校正后的电极测定待测试液，从仪器上直接读出被测离子活度。

双标准比较法是通过测量两个标准溶液的离子活度及试液的相应电池的电动势来测定试液中待测离子的活度。具体的做法：分别用两个标准溶液对离子计进行斜率校正及定位，然后用校正后的电极测定未知溶液，从离子计上直接读出被测离子活度。

2.标准曲线法

标准曲线法是直接电位法中最常用的定量分析方法。先用待测离子的纯物质配制一系列不同浓度的标准溶液，其离子强度用惰性电解质进行调节。然后，在相同的测试条件下，按浓度从低到高的顺序分别测定各标准溶液的电池电动势，作 E-lg$c$ 图，在一定范围内它是一条直线。待测溶液进行离子强度调节后，用同种电极测其电动势。从 E-lg$c$ 图上找出与待测溶液相同的电动势，从而求出相对应的浓度 c_x。标准曲线法只适用于测定简单的样品溶液及游离离子的浓度。

3.标准加入法

如果样品组成复杂或溶液中存在配合剂，可以采用标准加入法来测定金属离子总浓度（包括游离的和配合的）。用选定的参比电极和离子选择性电极，先测体积为 V_x、浓度为 c_x 的待测溶液的电池电动势 E_1；然后向溶液中加入浓度为 c_s、体积为 V_s（$V_s << V_x$）的待测离子标准溶液，再测其电动势 E_2，求出离子活度。标准加入法的优点是只需要一种标准溶液，操作简便快速，适用于组成复杂样品的分析，但精密度比标准曲线法低。

三、直接电位法的仪器和使用维护

直接电位法常用 pH 计或离子计测定溶液的 pH 值或电位值。

1.pH 玻璃电极

玻璃电极是由银-氯化银电极、内参比溶液和特制的球形玻璃膜构成，如图 10-5 所示。电极下端是由 SiO$_2$ 基质中加入 Na$_2$O、Li$_2$O 或 CaO 烧结而成的特殊玻璃膜，内装有一定 pH 的内参比溶液，溶液中插有一个银-氯化银内参比电极。

玻璃电极在使用前应先在蒸馏水中浸泡 24h 以上，用水浸泡玻璃膜时，玻璃表面 Na^+ 与水中 H^+ 交换，在玻璃膜表面形成一层水合硅胶层。用水浸泡过的玻璃电极插入待测溶液中，玻璃膜外侧待测溶液中的 H^+ 与膜外水合硅胶层的 Na^+ 进行交换，玻璃膜内侧参比溶液中的 H^+ 与膜内水合硅胶层的 Na^+ 进行交换。当膜内外两侧离子交换分别达到平衡时，由于离子扩散和交换速度不同而出现电位差，这种电位差是膜电位。膜内参比溶液的 H^+ 浓度为定值，因此膜电位由膜外溶液 H^+ 浓度决定。玻璃电极的球形玻璃对 H^+ 具有选择性的响应，因此称为 pH 玻璃电极。

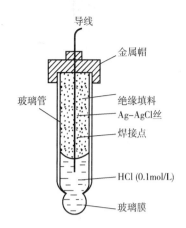

图10-5　玻璃电极结构

2.pH计的使用和维护注意事项

（1）安装　pH 计安装时要用手指夹住电极导线插头安装，切勿使球泡与硬物接触。玻璃电极下端要比饱和甘汞电极高 2～3mm，防止触及杯底而损坏。

（2）温度　仪器的 pH 示值仅适用于 25℃ 情况下的测量。在使用标准缓冲溶液对仪器进行 pH 校正（定位）之前，先应借助"温度补偿"旋钮调节至待测溶液的温度。

（3）测定　进行待测溶液 pH 值的测定时，其"定位调节"旋钮和"斜率调节"旋钮在进行校正时已调好，无需再旋动，直接读取所显示的数据即可。读取数据时，电极连线及溶液均应保持静止，以免造成读数不稳定。

平行测定两份溶液，若两份溶液测定的结果相差大于 3 个 pH 单位，则应重新校正仪器。

（4）电极　pH 玻璃电极使用前应先用去离子水浸泡 24h 使之活化，平时也应浸泡在蒸馏水中以备随时使用。如果在 50℃ 蒸馏水中浸泡 2h，冷却至室温后可当天使用。玻璃电极不宜在 5℃ 以下使用。由于玻璃电极的球泡很薄，其厚度小于 0.1mm，使用和保存时要避免高温，当温度过高时（>60℃）球泡会因为内部气体膨胀而损坏。

玻璃电极不要与强吸水溶剂接触太久，在强碱性溶液中使用应尽快操作，用毕立即用水洗净。玻璃电极球泡膜很薄，不能与玻璃杯及硬物相碰。玻璃膜沾上油污时，应先用乙醇，再用四氯化碳或乙醚，最后用乙醇浸泡，再用蒸馏水洗净。测量胶体溶液、染料溶液时，用后必须用棉花或软纸蘸乙醚小心地擦拭，然后用乙醇清洗，最后用蒸馏水洗净。如电极表面被蛋白质污染，可将电极浸泡在稀盐酸中 4～6min。电极清洗后只能用滤纸轻轻吸干，切勿用织物擦拭，防止电极产生静电而导致读数错误。

第三节　电位滴定法

一、电位滴定法的基本原理

电位滴定法是基于滴定过程中电极电位的突跃变化来指示滴定终点的一种容量分析方法。滴定时，在待测溶液中插入指示电极和参比电极，组成一个化学电池。随着滴定剂的加入，由于发生化学反应，溶液中待测离子的浓度不断发生变化，指示电极的电位也相应发生变化。在化学计量点附近，离子浓度发生突跃，指示电极的电位也相应发生突跃。因此，测量电池电动势的变化，就可确定滴定终点，待测组分的含量仍通过消耗滴定剂的量来计算。

二、滴定终点的确定方法

电位滴定法可以通过绘制曲线来确定滴定终点，具体方法有三种，即 $E\text{-}V$ 曲线法、$\Delta E/\Delta V\text{-}\bar{V}$ 曲线法和 $\Delta^2 E/\Delta V^2\text{-}V$ 曲线法。

1. $E\text{-}V$ 曲线法

以加入的滴定液的体积（V）为横坐标，电动势（E）为纵坐标，绘制的曲线称为 $E\text{-}V$ 曲线（图10-6），曲线的拐点为滴定反应的化学计量点，其相应的体积 V_e 即为滴定到达化学计量点时所需滴定剂（标准溶液）的体积（mL）。$E\text{-}V$ 曲线法简单，但准确性稍差。

2. $\Delta E/\Delta V\text{-}\bar{V}$ 曲线法（一阶微商法）

以滴定液的平均体积 $\bar{V}$ 为横坐标、一阶微商值 $\Delta E/\Delta V$ 为纵坐标绘制的曲线称为 $\Delta E/\Delta V\text{-}\bar{V}$ 曲线（图10-7），曲线中的极大值即为滴定终点。该点对应的体积 V_e 为终点时所消耗的标准溶液的体积（mL）。

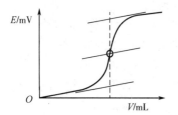

图10-6　电位滴定法的 $E\text{-}V$ 曲线

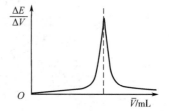

图10-7　电位滴定法的 $\Delta E/\Delta V\text{-}\bar{V}$ 曲线

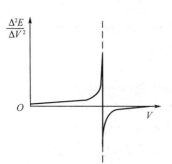

图 10-8　电位滴定法的 $\Delta^2 E/\Delta V^2\text{-}V$ 曲线

3. $\Delta^2 E/\Delta V^2\text{-}V$ 曲线法（二阶微商法）

以二阶微商值 $\Delta^2 E/\Delta V^2$ 对体积 V 作出的曲线（图10-8），该曲线最高点与最低点连线和横坐标的交点即为滴定终点。$\Delta^2 E/\Delta V^2$ 值由下式计算：

$$\frac{\Delta^2 E}{\Delta V^2}=\frac{\left(\dfrac{\Delta E}{\Delta V}\right)_2-\left(\dfrac{\Delta E}{\Delta V}\right)_1}{V_2-V_1} \qquad (10\text{-}5)$$

三、电位滴定法的仪器

电位滴定法所用的仪器称为电位滴定仪（图10-9），基本装置包括滴定管、滴定池、指示电极、参比电极、搅拌器、测量电动势用的电位计等。在滴定过程中，每加一次滴定剂，测定一次电动势，直到超过化学计量点为止，这样就得到一系列滴定剂用量（V）和相应的电动势（E）的数值。电位滴定法又分为手动滴定法和自动滴定法。手动滴定法所需仪器简单，为前面所述 pH 计或离子计，但是操作不方便。随着计算机技术与电子技术的发展，各种自动电位仪也相应出现，使滴定更加准确、快速和方便。

图 10-9 电位滴定法的手动滴定装置　　图 10-10 自动电位滴定仪

　　自动电位滴定仪是借助于电子技术以实现电位滴定自动化的仪器（图 10-10）。这样既可简化操作和数据处理的步骤，又可减小误差，提高分析的准确度。

四、电位滴定法的特点和应用

1.电位滴定法的特点

① 不受被测溶液有色、浑浊等因素的影响。

② 适用于找不到合适指示剂的滴定分析。

③ 可用于浓度较稀的溶液或滴定反应进行不够完全的情况（如滴定很弱的酸或碱时）。

④ 灵敏度和准确度高。如化学容量法中的酸碱滴定使用指示剂时，要求滴定终点 pH 的突跃范围应有 2 个 pH 以上，而电位滴定法的滴定终点的突跃范围小于 1 个 pH。

⑤ 灵敏度和准确度都较高，可实现自动的连续滴定。

2.电位滴定法的应用（表10-2）

表 10-2　电位滴定法应用实例

欲测离子	适用的滴定剂	反应类型	指示电极
Fe^{2+}	$KMnO_4$、$K_2Cr_2O_7$	氧化还原	铂电极
Fe^{3+}	EDTA	络合	$Pt \mid Fe^{3+}$, Fe^{2+}电极
I^-	$KMnO_4$、$K_2Cr_2O_7$	氧化还原	铂电极
Sn^{2+}	$KMnO_4$、$K_2Cr_2O_7$	氧化还原	铂电极
X^-	$AgNO_3$	沉淀	Ag 电极或 AgI 晶体膜电极
S^{2-}	$AgNO_3$、$Pb(NO_3)_2$	沉淀	Ag 电极或 Ag_2S 晶体膜电极
CNS^-	$AgNO_3$	沉淀	Ag 电极或 AgBr 晶体膜电极
Ag^+	$MgCl_2$	沉淀	Ag 电极
F^-	$La(NO_3)_3$	沉淀	LaF_3 单晶膜电极
SO_4^{2-}	$BaCl_2$	沉淀	$PbSO_4$ 晶体膜电极
K^+	$Ca[B(C_6H_5)_4]_2$	沉淀	K 玻璃膜或中性载体电极
CN^-	$AgNO_3$	络合	Ag 电极或 Ag|晶体膜电极
M^{n+}	EDTA	络合	汞滴电极（Hg/HgY^{2-}电极）

续表

欲测离子	适用的滴定剂	反应类型	指示电极
Ca^{2+}	EDTA	络合	Ca^{2+}液体膜电极
Al^{3+}	NaF	络合	LaF_3单晶膜电极

注：表中 X^-表示卤素离子。

第四节　永停滴定法

一、永停滴定法的基本原理

永停滴定法是根据滴定过程中电流的变化确定滴定终点的电化学分析方法。测定时，将两个相同的铂电极插入样品溶液中，在两电极间外加一个低电压，并连上一个电流计，组成电解池，然后进行滴定（装置图如图 10-11 所示），根据滴定过程中电流的变化确定终点。滴定过程中用电磁搅拌器搅拌溶液。

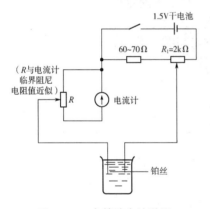

图 10-11　永停滴定法装置

铂电极是一个惰性金属电极，其电极电位仅取决于溶液中电对的氧化态和还原态的浓度。当溶液中存在可逆电对时，如 I_2/I^-电对，其电位为：

$$\varphi = \varphi^\ominus + \frac{0.059}{2}\lg\frac{c_{I_2}}{c_{I^-}^2} \tag{10-6}$$

若溶液中有两个铂电极，其电极电位相等，电极间无电位差，无电流通过。比如 I_2 与 I^-溶液中插入铂电极，若在电极间外加一个电压，组成电解池，则在接正极的铂电极上发生氧化反应：

$$2I^- \rightleftharpoons I_2 + 2e^-$$

接负极的铂电极上发生还原反应：

$$I_2 + 2e^- \rightleftharpoons 2I^-$$

由于两个电极都发生了电极反应，系统中有电流通过。这种电对称为可逆电对。当反应电对的氧化态和还原态的浓度相等时，电流最大；若不相等，电流的大小取决于浓度小的形态的浓度。

若电解池溶液的电对是 $S_4O_6^{2-}/S_2O_3^{2-}$电对，同样插入铂电极，外加一个很小的电压，只能发生反应 $2S_2O_3^{2-} \longrightarrow S_4O_6^{2-}+2e^-$，不能发生反应 $S_4O_6^{2-}+2e^- \longrightarrow 2S_2O_3^{2-}$，所以不能发生电解作用，无电流产生。这种电对称为不可逆电对。

永停滴定法就是依据在外加小电压下，通过可逆电对产生电流、不可逆电对不产生电流的现象来确定滴定终点的方法。其中，电流的突变点就是滴定终点。

二、永停滴定法的滴定类型

1. 可逆电对滴定不可逆电对

比如用碘滴定硫代硫酸钠，滴定开始至化学计量点前，溶液中只有 $S_4O_6^{2-}/S_2O_3^{2-}$电对（不可逆电对），无电流通过，电流几乎为 0。过了化学计量点后，加入的滴定剂不再反应，产生可逆电对，有电流产生，随着滴定剂的增加，电流逐渐增大。在滴定曲线（I-V 曲线）上，电流的转折点所对应的体积即为滴定终点的体积，见表 10-3。

2.不可逆电对滴定可逆电对

比如用硫代硫酸钠滴定碘，滴定开始至化学计量点前，溶液中存在 I_2/I^- 电对（可逆电对），有电流产生。但滴定越来越接近化学计量点，被滴定的物质浓度越来越小，电流逐渐减小，达到化学计量点时，溶液中无电对存在，电流为 0。在化学计量点后，虽然有滴定剂的电对存在，但它是不可逆电对，也不产生电流。所以这种滴定在化学计量点后，电流始终为 0。在 I-V 曲线上，电流转变为 0（或几乎为 0）的一点所对应的体积即为终点体积。

3.可逆电对滴定可逆电对

比如用 Ce^{4+} 滴定 Fe^{2+}，在滴定开始时，溶液中只有 Fe^{2+}，滴定产物 Fe^{3+} 浓度很小，产生的电解电流很小；随着滴定的进行，滴定剂和被测物发生氧化还原反应，使被测电对产物 Fe^{3+} 浓度逐渐增大，从而使电流也逐渐增大；当滴定到被测物电对的两种形态 Fe^{3+} 与 Fe^{2+} 浓度相等时，电流达到最大值。随着滴定的进行，被测物的浓度逐渐减小，电流也逐渐减小，达到化学计量点，电流几乎为 0。过了化学计量点后，加入的滴定剂碘（I_2）不再反应，溶液中有了 I_2/I^- 电对（可逆电对），有电流产生，随着溶液中 I_2 浓度的增加，电流逐渐增大。在 I-V 曲线上，电流转变为 0（或几乎为 0）时所对应的体积就是滴定终点的体积。

表 10-3 永停滴定法的滴定类型比较

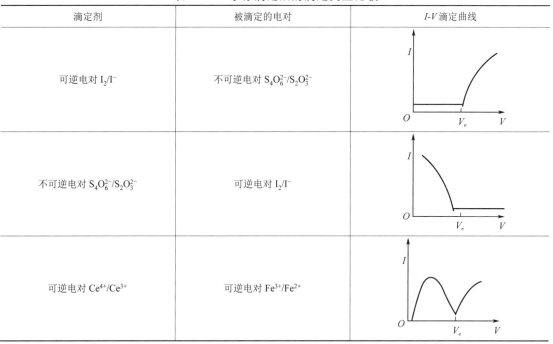

滴定剂	被滴定的电对	I-V 滴定曲线
可逆电对 I_2/I^-	不可逆电对 $S_4O_6^{2-}/S_2O_3^{2-}$	
不可逆电对 $S_4O_6^{2-}/S_2O_3^{2-}$	可逆电对 I_2/I^-	
可逆电对 Ce^{4+}/Ce^{3+}	可逆电对 Fe^{3+}/Fe^{2+}	

三、永停滴定法的应用

永停滴定法装置简单，准确度高，尤其自动永停滴定仪能够实现自动滴定，准确指示终点，简便易行。因此有不少可逆或不可逆电对采用这种方法进行测定。

例如磺胺嘧啶的含量测定可用亚硝酸钠作滴定液，永停法指示终点。

具体操作为：精密称取适量样品，置于烧杯中，除另有规定外，加入 10mL 水和 15mL 盐酸，烧杯置于电磁搅拌器上，搅拌使样品溶解，加入溴化钾 2g。安装好滴定装置，将滴定管和两支铂电极分别装入相应位置，滴定管中加入亚硝酸钠滴定液，按照仪器说明书排气泡、调零点，按下"滴定开始"键，仪器自动滴定，至终点时滴定仪自动锁定，读取消耗滴定液体积。

其原理为：在化学计量点前，溶液中无可逆电对存在，电流表指针停留在零位，化学计量点后，亚硝酸钠滴定液稍微过量，溶液中的 HNO_2 及其微量分解产物 NO 作为可逆电对 HNO_2/NO，使两个电极上发生电解反应，产生电流，指针发生偏转，并且不再回零，提示终点到达。

【本章小结】

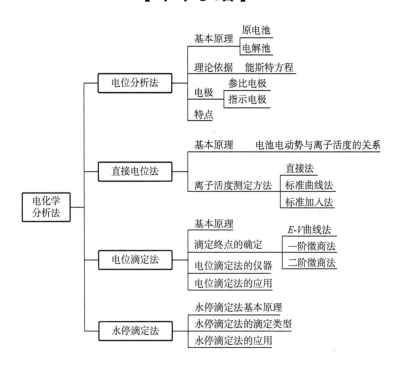

【实践项目】

实训10-1　pH计的基本操作——实验用水的pH值测定

一、实训目的

1. 掌握电位分析法测定溶液 pH 值及电极电位的原理。
2. 掌握 pH 计及电极的基本操作和使用方法。
3. 学习直接电位分析法测定 pH 值的方法。

二、基本原理

在生产、科研及检验分析过程中，对其所用水质均有严格的要求。通常对水或配制的溶液需精确测定其 pH 值，一般用 pH 计来完成测定。pH 计常采用 pH 玻璃电极为工作电极（指示电极）、饱和甘汞电极为参比电极（亦可使用二者复合的电极），与待测溶液组成工作电池。则25℃时有：

$$E_{池} = K' + 0.0592 pH$$

式中，K' 在一定条件下为定值，但由于 K' 的数值不能准确测定或通过计算获得。因此，在实际测量中是根据 pH 实用定义，采用标准缓冲溶液对仪器进行校正（定位）后，再于相同条件下用于溶液 pH 值测定。

三、仪器与试剂

仪器：

pH 计（精密 pH 计）、pH 复合电极（pH 玻璃电极和饱和甘汞电极）、温度计（0~100℃）。

试剂：

① pH = 4.0 的标准缓冲溶液配制方法：称取已在 110℃ 干燥 1h 的邻苯二甲酸氢钾 5.11g，用无 CO_2 的去离子水溶解并稀释定容至 500mL，摇匀后转入聚乙烯试剂瓶中保存。

② pH = 6.86 的标准缓冲溶液配制方法：称取已在（115±5）℃ 干燥 2h 的磷酸二氢钾 1.70g 和磷酸氢二钾 1.78g，用无 CO_2 的去离子水溶解并稀释定容至 500mL，摇匀后转入聚乙烯试剂瓶中保存。

③ pH = 9.18 的标准缓冲溶液配制方法：称取 1.91g 四硼酸钠，用无 CO_2 的去离子水溶解并稀释定容至 500mL，摇匀后转入聚乙烯试剂瓶中保存。

④ 广泛 pH 试纸。

四、操作步骤

1. 准备

① 配制 pH 标准缓冲溶液。

② 将仪器接通电源，预热 20min。

③ 将电极与 pH 计连接。

在使用 pH 复合电极时，可将该电极直接与 pH 计后端的接口连接，并固定在电极夹上。（若用 pH 玻璃电极和饱和甘汞电极，使用时，应使饱和甘汞电极下端略低于 pH 玻璃电极小球泡下端）。

④ 仪器的校正。实际测定时，应依据待测溶液的 pH 值范围，分别选用两种 pH 标准缓冲溶液，采用两点校正法来校正 pH 计。

2. 水样 pH 值的测定

水样 pH 值的测定应在完成仪器校正后进行。

① 取另一只洁净塑料试杯，倒入少量待测 pH 的溶液荡洗，重复三次，弃去。

② 再倒入待测溶液，将复合电极插入其中，轻摇试杯以使电极平衡，记录测定的结果。

③ 测定结束后，应先关闭电源，取出电极并用水吹洗、滤纸吸干电极头表面的水，套上保护帽，妥善保存。

五、检验记录及报告

记录：

pH 计的型号：

水样的来源和 pH 测量值：

六、思考与讨论

1. 本实验中对 pH 标准缓冲溶液有何要求？

2. 使用 pH 计时需要注意哪些事项？

七、学习效果评价

技能评分表

测试项目	分项测试指标	技术要求	分值	得分
准备工作	溶液的配制	会查阅配制方法，设计配制方案	15	
		试剂规格选择恰当	10	
实训操作	各类仪器的操作	天平的使用应符合要求	10	
		量筒的使用应符合要求	10	
		容量瓶的使用应符合要求	20	
		pH 计操作规范	20	
数据记录与分析	检验记录	随时记录并符合要求	5	
	数据分析及结论	正确处理检测数据	5	
		结论正确	5	

实训 10-2 $K_2Cr_2O_7$ 电位滴定法测亚铁

一、实训目的

1. 学会用 $K_2Cr_2O_7$ 电位滴定法测亚铁的原理和方法；

2. 进一步熟练掌握离子计的使用；

3. 掌握计算滴定终点的方法。

二、基本原理

用 $K_2Cr_2O_7$ 溶液滴定 Fe^{2+} 的反应为：

$$Cr_2O_7^{2-} + 6Fe^{2+} + 14H^+ \Longrightarrow 2Cr^{3+} + 6Fe^{3+} + 7H_2O$$

用铂电极作指示电极、饱和甘汞电极作参比电极组成原电池。在滴定过程中，由于滴定剂（$Cr_2O_7^{2-}$）的加入，待测离子氧化态（Fe^{3+}）和还原态（Fe^{2+}）的活度（或浓度）比值发生变化，铂电极的电位亦发生变化，在等量点附近产生电位突跃，用二阶微商法确定终点。

三、仪器与试剂

仪器：

酸度计（或离子计、电极电位仪）、电磁搅拌器、铂电极、饱和甘汞电极、50mL 酸式滴定管、25mL 移液管。

试剂：

① $K_2Cr_2O_7$ 标准溶液（0.0168mol/L）。

② H_2SO_4-H_3PO_4 混酸：150mL 浓 H_2SO_4 加入 700mL 水中，充分搅拌，冷却后再加 150mL H_3PO_4，混匀即得。

③ 硫酸亚铁铵待测溶液。

四、操作步骤

① 准确移取 15.00mL 硫酸亚铁铵待测溶液于 250mL 烧杯中，加入 H_2SO_4-H_3PO_4 混酸 15mL，并用蒸馏水稀释至约 100mL。

② 用预处理了的铂电极与饱和甘汞电极及待测液构成电池，同时开始搅拌，以离子计测定其电动势并记录。预滴定一次，确定大致的终点体积。

③ 再另取同样两份试样，进行正式滴定。一份加入适量体积 $K_2Cr_2O_7$ 标准溶液（0.0168mol/L），测电动势、记录；另一份再加 $K_2Cr_2O_7$ 标准溶液，测电动势、记录。如此连续操作。

④ 当电动势变化较大时，改为每加 0.1mL $K_2Cr_2O_7$ 标准溶液读一次电位值。

⑤ 用二阶微分计算法求出 V_{ep}，计算待测液中 Fe 的浓度（g/L）。

五、检验记录及报告

标准溶液名称及浓度＿＿＿＿＿＿＿＿＿　　取样体积＿＿＿＿＿＿＿＿＿＿＿

仪器型号＿＿＿＿＿＿＿＿＿＿　　参比电极＿＿＿＿＿　　指示电极＿＿＿＿＿

V/mL	电位 E/mV	ΔE	$\Delta E/\Delta V$	$\Delta^2 E/\Delta V^2$

终点体积计算（mL）：1.＿＿＿＿＿＿＿＿＿＿

　　　　　　　　　　2.＿＿＿＿＿＿＿＿＿＿

结果计算公式：

结果计算（ρ_{Fe}，g/L）：1.＿＿＿＿＿＿＿＿＿

　　　　　　　　　　　 2.＿＿＿＿＿＿＿＿＿

结果计算平均值：＿＿＿＿＿＿＿＿＿＿＿＿＿＿＿＿

相对平均偏差：＿＿＿＿＿＿＿＿＿＿＿＿＿＿＿＿

结论：样品溶液的浓度为

检验员：　　　　　　　　　　　　　复核员：

六、思考与讨论

1. 实验中哪些因素会影响实验数据？如何减小误差？
2. 电极使用的注意事项有哪些？

七、学习效果评价

技能评分表

测试项目	分项测试指标	技术要求	分值	得分
准备工作	溶液的配制	仪器、试剂规格选择恰当	5	
实训操作	各类仪器的操作	天平的使用应符合要求	15	
		移液管的使用应符合要求	10	
		容量瓶的使用应符合要求	10	
		电极的操作规范	10	
		酸度计（或离子计、电极电位仪）操作规范	20	
数据记录与分析	检验记录	数据记录准确、及时、规范	5	
	数据分析及结论	数据处理正确	10	
		样品溶液浓度计算正确	10	
		结论正确	5	

【目标检验】

一、填空

1. 直接电位法测定溶液 pH，常用_____作为指示电极，_____作为参比电极。采用的测量方法是_____。

2. 玻璃电极使用前必须在水中充分浸泡，其主要目的是_____。

3. 永停滴定中使用的电极是_____，是以_____判断终点。

4. 普通玻璃电极测定 pH 值大于 10 的溶液，测得的 pH 值比实际值偏_____；而测 pH 值小于 1 的溶液时，测得的 pH 值比实际值偏_____。

5. 电位法测定时，溶液搅拌的目的是_____。

二、选择（请根据题目选择最佳答案）

1. 测定溶液 pH 时，用标准缓冲溶液进行校正的主要目的是消除（　　）。

A. 不对称电位　　　　　　　　　　B. 液接电位

C. 不对称电位和液接电位　　　　　D. 温度

2. pH 玻璃电极产生的不对称电位来源是（　　）。

A. 内外玻璃膜表面特征不同　　　　B. 内外溶液中 H^+ 浓度不同

C. 内外溶液中 H^+ 活度系数不同　　D. 内外参比电极不一样

3. 下列对永停滴定法的叙述错误的是（　　）。

A. 滴定曲线是电流-滴定剂体积的关系图

B. 滴定装置使用双铂电极系统

C. 滴定过程中存在可逆电对产生的电解电流的变化

D. 要求滴定剂和待测物至少有一个为氧化还原电对

4. 电位滴定法中，以 $\Delta E/\Delta V\text{-}V$ 作图绘制滴定曲线，滴定终点为（　　　）。

A. 曲线的拐点　　　　　　　　　　　B. 曲线的最高点

C. 曲线的最大斜率点　　　　　　　　D. $\Delta E/\Delta V$ 为 0 时点

5. 用 pH 玻璃电极测定 pH 值约为 12 的碱性试液，测得的 pH 值比实际值（　　　）。

A. 大　　　　　　　　　　　　　　　B. 小

C. 两者相等　　　　　　　　　　　　D. 难以确定

6. 在 $M_1|M_1{}^{n+}||M_2{}^{m+}|M_2$ 电池的图解表示式中，规定左边的电极为（　　　）。

A. 正极　　　　　　　　　　　　　　B. 参比电极

C. 阴极　　　　　　　　　　　　　　D. 阳极

7. 玻璃膜钠离子选择电极对氢离子的电位选择性系数为 100，当钠电极用于测定 1×10^{-5} mol/L Na^+ 时，要满足测定的相对误差小于 1%，则试液的 pH 值应当控制在大于（　　　）。

A. 3　　　　　　　　　　　　　　　　B. 5

C. 7　　　　　　　　　　　　　　　　D. 9

8. 在电位滴定中，以 $E/V\text{-}V$（E 为电位，V 为滴定剂体积）作图绘制滴定曲线，滴定终点为（　　　）。

A. 曲线的最大斜率（最正值）点

B. 曲线的最小斜率（最负值）点

C. 曲线的斜率为 0 时的点

D. E/V 为 0 时的点

9. 在电导滴定中，通常滴定液的浓度比被测液的浓度大 10 倍以上，这是为了（　　　）。

A. 防止温度影响　　　　　　　　　　B. 使终点明显

C. 防止稀释效应　　　　　　　　　　D. 使突跃明显

10. 在实际测定溶液 pH 时，都用标准缓冲溶液来校正电极，目的是消除（　　　）。

A. 不对称电位　　　　　　　　　　　B. 液接电位

C. 不对称电位和液接电位　　　　　　D. 温度影响

三、简答

1. 在 25℃时，下列电池的电动势为，$Ag|AgAc（s）||Cu(Ac)_2L|Cu$，写出电极反应和电池反应。

2. 酸度计使用中有哪些注意事项？

3. 根据测量电化学电池的电学参数不同，将电化学分析方法可以分为哪几类不同的方法？

4. 为什么普通玻璃电极不能用于测量 pH>10 的溶液？

四、计算

用下面电池测量溶液 pH：

（−）玻璃电极 $|H^+$（x mol/L）$\|$SCE（+）

用 pH 值为 4.00 缓冲溶液，25℃ 时测得电动势为 0.209V。改用未知溶液代替缓冲溶液，测得电动势为 0.312V，计算未知溶液的 pH 值。

附录一　国际原子量表

原子序数	元素名称	化学符号	原子量
1	hydrogen 氢	H	[1.00784; 1.00811]
2	helium 氦	He	4.002602 (2)
3	lithium 锂	Li	[6.938; 6.997]
4	beryllium 铍	Be	9.012182 (3)
5	boron 硼	B	[10.806; 10.821]
6	carbon 碳	C	[12.0096; 12.0116]
7	nitrogen 氮	N	[14.00643; 14.00728]
8	oxygen 氧	O	[15.99903; 15.99977]
9	fluorine 氟	F	18.9984032 (5)
10	neon 氖	Ne	20.1797 (6)
11	sodium 钠	Na	22.98976928 (2)
12	magnesium 镁	Mg	24.3050 (6)
13	aluminium (aluminum) 铝	Al	26.9815386 (8)
14	silicon 硅	Si	[28.084; 28.086]
15	phosphorus 磷	P	30.973 762 (2)
16	sulfur 硫	S	[32.059; 32.076]
17	chlorine 氯	Cl	[35.446; 35.457]
18	argon 氩	Ar	39.948 (1)
19	potassium 钾	K	39.0983 (1)
20	calcium 钙	Ca	40.078 (4)
21	scandium 钪	Sc	44.955912 (6)
22	titanium 钛	Ti	47.867 (1)
23	vanadium 钒	V	50.9415 (1)
24	chromium 铬	Cr	51.9961 (6)
25	manganese 锰	Mn	54.938045 (5)
26	iron 铁	Fe	55.845 (2)
27	cobalt 钴	Co	58.933195 (5)
28	nickel 镍	Ni	58.6934 (4)
29	copper 铜	Cu	63.546 (3)
30	zinc 锌	Zn	65.38 (2)
31	gallium 镓	Ga	69.723 (1)
32	germanium 锗	Ge	72.63 (1)
33	arsenic 砷	As	74.92160 (2)
34	selenium 硒	Se	78.96 (3)
35	bromine 溴	Br	79.904 (1)
36	krypton 氪	Kr	83.798 (2)

续表

原子序数	元素名称	化学符号	原子量
37	rubidium 铷	Rb	85.4678（3）
38	strontium 锶	Sr	87.62（1）
39	yttrium 钇	Y	88.90585（2）
40	zirconium 锆	Zr	91.224（2）
41	niobium 铌	Nb	92.90638（2）
42	molybdenum 钼	Mo	95.96（2）
43	technetium^① 锝	Tc	
44	ruthenium 钌	Ru	101.07（2）
45	rhodium 铑	Rh	102.90550（2）
46	palladium 钯	Pd	106.42（1）
47	silver 银	Ag	107.8682（2）
48	cadmium 镉	Cd	112.411（8）
49	indium 铟	In	114.818（3）
50	tin 锡	Sn	118.710（7）
51	antimony 锑	Sb	121.760（1）
52	tellurium 碲	Te	127.60（3）
53	iodine 碘	I	126.90447（3）
54	xenon 氙	Xe	131.293（6）
55	caesium（cesium）铯	Cs	132.9054519（2）
56	barium 钡	Ba	137.327（7）
57	lanthanum 镧	La	138.90547（7）
58	cerium 铈	Ce	140.116（1）
59	praseodymium 镨	Pr	140.90765（2）
60	neodymium 钕	Nd	144.242（3）
61	promethium^① 钷	Pm	
62	samarium 钐	Sm	150.36（2）
63	europium 铕	Eu	151.964（1）
64	gadolinium 钆	Gd	157.25（3）
65	terbium 铽	Tb	158.92535（2）
66	dysprosium 镝	Dy	162.500（1）
67	holmium 钬	Ho	164.93032（2）
68	erbium 铒	Er	167.259（3）
69	thulium 铥	Tm	168.93421（2）
70	ytterbium 镱	Yb	173.054（5）
71	lutetium 镥	Lu	174.9668（1）
72	hafnium 铪	Hf	178.49（2）
73	tantalum 钽	Ta	180.94788（2）
74	tungsten 钨	W	183.84（1）
75	rhenium 铼	Re	186.207（1）

原子序数	元素名称	化学符号	原子量
76	osmium 锇	Os	190.23（3）
77	iridium 铱	Ir	192.217（3）
78	platinum 铂	Pt	195.084（9）
79	gold 金	Au	196.966569（4）
80	mercury 汞	Hg	200.59（2）
81	thallium 铊	Tl	[204.382; 204.385]
82	lead 铅	Pb	207.2（1）
83	bismuth 铋	Bi	208.98040（1）
84	polonium① 钋	Po	
85	astatine① 砹	At	
86	radon① 氡	Rn	
87	francium① 钫	Fr	
88	radium① 镭	Ra	
89	actinium① 锕	Ac	
90	thorium① 钍	Th	232.03806（2）
91	protactinium① 镤	Pa	231.03588（2）
92	uranium① 铀	U	238.02891（3）
93	neptunium① 镎	Np	
94	plutonium① 钚	Pu	
95	americium① 镅	Am	
96	curium① 锔	Cm	
97	berkelium① 锫	Bk	
98	californium① 锎	Cf	
99	einsteinium① 锿	Es	
100	fermium① 镄	Fm	
101	mendelevium① 钔	Md	
102	nobelium① 锘	No	
103	lawrencium① 铹	Lr	
104	rutherfordium① 𬬻	Rf	
105	dubnium① 𬭊	Db	
106	seaborgium① 𬭳	Sg	
107	bohrium① 𬭛	Bh	
108	hassium① 𬭶	Hs	
109	meitnerium① 鿏	Mt	
110	darmstadtium① 𫟼	Ds	
111	roentgenium① 𬬭	Rg	
112	copernicium① 鿔	Cn	
113	nihonium① 鿭	Nh	
114	Flerovium① 𫓧	Fl	

续表

原子序数	元素名称	化学符号	原子量
115	moscovium①镆	Mc	
116	Livermorium①铊	Lv	
117	tennessine①础	Ts	
118	oganesson①氮	Og	

①表示没有稳定同位素的元素。

注：1. 在原子量中，（ ）表示最后一位的不确定性。

2.[ ]表示元素的原子量的上下限。比如：氢的原子量是[1.00784；1.00811]，表示在地球上发现的含氢的物质中，氢原子最小的平均质量是 1.00784，最大的平均质量是 1.00811。

附录二　主要基团的红外特征吸收峰

基团	振动类型	波数/cm^{-1}	波长/μm	强度	备 注
1. 烷烃类	CH 伸	3000～2843	3.33～3.52	中、强	分为反称与对称
	CH 伸（反称）	2972～2880	3.37～3.47	中、强	
	CH 伸（对称）	2882～2843	3.49～3.52	中、强	
	CH 弯（面内）	1490～1350	6.71～7.41		
	C—C 伸	1250～1140	8.00～8.77		
2. 烯烃类	CH 伸	3100～3000	3.23～3.33	中、弱	C=C=C 为
	C=C 伸	1695～1630	5.90～6.13		2000～1925 cm^{-1}
	CH 弯（面内）	1430～1290	7.00～7.75	中	
	CH 弯（面外）	1010～650	9.90～15.4	强	
	单取代	995～985	10.05～10.15	强	
		910～905	10.99～11.05	强	
	双取代				
	顺式	730～650	13.70～15.38	强	
	反式	980～965	10.20～10.36	强	
3. 炔烃类	CH 伸	约 3300	约 3.03	中	
	C≡C 伸	2270～2100	4.41～4.76	中	
	CH 弯（面内）	1260～1245	7.94～8.03		
	CH 弯（面外）	645～615	15.50～16.25	强	
4. 取代苯类	CH 伸	3100～3000	3.23～3.33	变	三四个峰，特征
	泛频峰	2000～1667	5.00～6.00		
	骨架振动（$V_{C=C}$）				
		1600±20	6.25±0.08		
		1500±25	6.67±0.10		
		1580±10	6.33±0.04		
		1450±20	6.90±0.10		
	CH 弯（面内）	1250～1000	8.00～10.00	弱	
	CH 弯（面外）	910～665	10.99～15.03	强	确定取代位置

基团	振动类型	波数/cm⁻¹	波长/μm	强度	备 注
单取代	CH 弯（面外）	770～730	12.99～13.70	极强	五个相邻氢
邻位二取代	CH 弯（面外）	770～730	12.99～13.70	极强	四个相邻氢
间位二取代	CH 弯（面外）	810～750	12.35～13.33	极强	三个相邻氢
		900～860	11.12～11.63	中	一个氢（次要）
对位二取代	CH 弯（面外）	860～800	11.63～12.50	极强	二个相邻氢
1,2,3 三取代	CH 弯（面外）	810～750	12.35～13.33	强	三个相邻氢与间双易混
1,3,5 三取代	CH 弯（面外）	874～835	11.44～11.98	强	一个氢
1,2,4 三取代	CH 弯（面外）	885～860	11.30～11.63	中	一个氢
		860～800	11.63～12.50	强	二个相邻氢
1,2,3,4 四取代	CH 弯（面外）	860～800	11.63～12.50	强	二个相邻氢
1,2,4,5 四取代	CH 弯（面外）	860～800	11.63～12.50	强	一个氢
1,2,3,5 四取代	CH 弯（面外）	865～810	11.56～12.35	强	一个氢
五取代	CH 弯（面外）	约 860	约 11.63	强	一个氢
5. 醇类、酚类	OH 伸	3700～3200	2.70～3.13	变	
	OH 弯（面内）	1410～1260	7.09～7.93	弱	
	C—O 伸	1260～1000	7.94～10.00	强	
	O—H 弯（面外）	750～650	13.33～15.38	强	液态有此峰
OH 伸缩频率					
游离 OH	OH 伸	3650～3590	2.74～2.79	强	锐峰
分子间氢键	OH 伸	3500～3300	2.86～3.03	强	钝峰（稀释向低频移动）
分子内氢键	OH 伸（单桥）	3570～3450	2.80～2.90	强	钝峰（稀释无影响）
OH 弯或 C—O 伸					
伯醇（饱和）	OH 弯（面内）	约 1400	约 7.14	强	
	C—O 伸	1250～1000	8.00～10.00	强	
仲醇（饱和）	OH 弯（面内）	约 1400	约 7.14	强	
	C—O 伸	1125～1000	8.89～10.00	强	
叔醇（饱和）	OH 弯（面内）	约 1400	约 7.14	强	
	C—O 伸	1210～1100	8.26～9.09	强	
酚类（φOH）	OH 弯（面内）	1390～1330	7.20～7.52	中	
	φ—O 伸	1260～1180	7.94～8.47	强	
6. 醚类	C—O—C 伸	1270～1010	7.87～9.90	强	或标 C—O 伸
脂链醚	C—O—C 伸	1225～1060	8.16～9.43	强	
脂环醚	C—O—C 伸（反称）	1100～1030	9.09～9.71	强	
	C—O—C 伸（对称）	980～900	10.20～11.11	强	
芳醚	=C—O—C 伸（反称）	1270～1230	7.87～8.13	强	氧与侧链碳相连的芳醚同脂醚
（氧与芳环相连）	=C—O—C 伸（对称）	1050～1000	9.52～10.00	中	
	CH 伸	约 2825	约 3.53	弱	O—CH₃ 的特征峰
7. 醛类	CH 伸	2850～2710	3.51～3.69	弱	一般约 2820cm⁻¹ 及约 2720cm⁻¹ 两个带
（—CHO）	C=O 伸	1755～1665	5.70～6.00	很强	
	CH 弯（面外）	975～780	10.2～12.80	中	

续表

基团	振动类型	波数/cm^{-1}	波长/μm	强度	备注
饱和脂肪醛	C＝O 伸	约 1725	约 5.80	强	
α,β-不饱和醛	C＝O 伸	约 1685	约 5.93	强	
芳醛	C＝O 伸	约 1695	约 5.90	强	
8. 酮类	C＝O 伸	1700～1630	5.78～6.13	极强	
＞C＝O	C—C 伸	1250～1030	8.00～9.70	弱	
	泛频	3510～3390	2.85～2.95	很弱	
脂酮					
饱和链状酮	C＝O 伸	1725～1705	5.80～5.86	强	C＝O 与 C＝C 共
α,β-不饱和酮	C＝O 伸	1690～1675	5.92～5.97	强	轭向低频移动
β-二酮	C＝O 伸	1640～1540	6.10～6.49	强	谱带较宽
芳酮类	C＝O 伸	1700～1630	5.88～6.14	强	
Ar—CO	C＝O 伸	1690～1680	5.92～5.95	强	
二芳基酮	C＝O 伸	1670～1660	5.99～6.02	强	
1-酮基-2-羟基（或氨基）芳酮	C＝O 伸	1665～1635	6.01～6.12	强	
脂环酮					
四元环酮	C＝O 伸	约 1775	约 5.63	强	
五元环酮	C＝O 伸	1750～1740	5.71～5.75	强	
六元、七元环酮	C＝O 伸	1745～1725	5.73～5.80	强	
9. 羧酸类	OH 伸	3400～2500	2.94～4.00	中	在稀溶液中，单体
（—COOH）	C＝O 伸	1740～1650	5.75～6.06	强	酸为锐峰在约 3350
	OH 弯（面内）	约 1430	约 6.99	弱	cm^{-1}；二聚体为宽
	C—O 伸	约 1300	约 7.69	中	峰，以约 3000cm^{-1}
	OH 弯（面外）	950～900	10.53～11.11	弱	为中心
脂肪酸					
R—COOH	C＝O 伸	1725～1700	5.80～5.88	强	
α,β-不饱和酸	C＝O 伸	1705～1690	5.87～5.91	强	
芳酸	C＝O 伸	1700～1650	5.88～6.06	强	氢键
10. 酸酐					
链酸酐	C＝O 伸（反称）	1850～1800	5.41～5.56	强	共轭时每个谱带
	C＝O 伸（对称）	1780～1740	5.62～5.75	强	降 20 cm^{-1}
	C—O 伸	1170～1050	8.55～9.52	强	
环酸酐	C＝O 伸（反称）	1870～1820	5.35～5.49	强	共轭时每个谱带
（五元环）	C＝O 伸（对称）	1800～1750	5.56～5.71	强	降 20cm^{-1}
	C—O 伸	1300～1200	7.69～8.33	强	
11. 酯类	C＝O 伸（泛频）	约 3450	约 2.90	弱	
—C(O)—O—R	C＝O 伸	1770～1720	5.65～5.81	强	多数酯
	C—O—C 伸	1280～1100	7.81～9.09	强	

基团	振动类型	波数/cm⁻¹	波长/μm	强度	备注
C=O 伸缩振动					
正常饱和酯	C=O 伸	1744~1739	5.73~5.75	强	
α,β-不饱和酯	C=O 伸	约 1720	约 5.81	强	
δ-内酯	C=O 伸	1750~1735	5.71~5.76	强	
γ-内酯（饱和）	C=O 伸	1780~1760	5.62~5.68	强	
β-内酯	C=O 伸	约 1820	约 5.50	强	
12. 胺	NH 伸	3500~3300	2.86~3.03	中	伯胺强，中；仲胺
	NH 弯（面内）	1650~1550	6.06~6.45		极弱
	C—N 伸	1340~1020	7.46~9.80	中	
	NH 弯（面外）	900~650	11.1~15.4	强	
伯胺类	NH 伸（反称、对称）	3500~3400	2.86~2.94	中、中	双峰
	NH 弯（面内）	1650~1590	6.06~6.29	强、中	
	C—N 伸	1340~1020	7.46~9.80	中、弱	
仲胺类	NH 伸	3500~3300	2.86~3.03	中	一个峰
	NH 弯（面内）	1650~1550	6.06~6.45	极弱	
	C—N 伸	1350~1020	7.41~9.80	中、弱	
叔胺类	C—N 伸（芳香）	1360~1020	7.35~9.80	中、弱	
13. 酰胺	NH 伸	3500~3100	2.86~3.22	强	伯酰胺双峰
（脂肪与芳香酰胺数据					仲酰胺单峰
类似）	C=O 伸	1680~1630	5.95~6.13	强	谱带 I
	NH 弯（面内）	1640~1550	6.10~6.45	强	谱带 II
	C—N 伸	1420~1400	7.04~7.14	中	谱带 III
伯酰胺	NH 伸　（反称）	约 3350	约 2.98	强	
	（对称）	约 3180	约 3.14	强	
	C=O 伸	1680~1650	5.95~6.06	强	
	NH 弯（剪式）	1650~1620	6.06~6.15	强	
	C—N 伸	1420~1400	7.04~7.14	中	
	NH₂ 面内摇	约 1150	约 8.70	弱	
	NH₂ 面外摇	750~600	1.33~1.67	中	
仲酰胺	NH 伸	约 3270	约 3.09	强	
	C=O 伸	1680~1630	5.95~6.13	强	
	NH 弯+C—N 伸	1570~1515	6.37~6.60	中	两峰重合
	C—N 伸+NH 弯	1310~1200	7.63~8.33	中	两峰重合
叔酰胺	C=O 伸	1670~1630	5.99~6.13		
14. 氰类化合物					
脂肪族氰	C≡N 伸	2260~2240	4.43~4.46	强	
α,β-芳香氰	C≡N 伸	2240~2220	4.46~4.51	强	
α,β-不饱和氰	C≡N 伸	2235~2215	4.47~4.52	强	
15. 硝基化合物					
R—NO₂	NO₂ 伸（反称）	1590~1530	6.29~6.54	强	
	NO₂ 伸（对称）	1390~1350	7.19~7.41	强	
Ar—NO₂	NO₂ 伸（反称）	1530~1510	6.54~6.62	强	
	NO₂ 伸（对称）	1350~1330	7.41~7.52	强	

附录三　质谱中一些常见的碎片离子

m/z	碎片离子	m/z	碎片离子
15	CH_3^+	80	$C_5H_6N^+$
18	H_2O^+	81	$C_5H_5O^+$
26	$C_2H_2^+$	85	$C_4H_9CO^+$, $C_6H_{13}^+$
27	$C_2H_3^+$	86	$CH_2=C(OH)C_3H_7^+$
28	$C_2H_4^+$, CO^+, N_2^+	87	$CH_2=CHC(=OH^+)OCH_3$
29	$C_2H_5^+$, CHO^+	91	$C_7H_7^+$
30	$CH_2NH_2^+$	92	$C_6H_6N^+$, $C_7H_8^+$
31	CH_2OH^+	94	$C_6H_6O^+$
39	$C_3H_3^+$	94	
40	$C_3H_4^+$	95	
41	$C_3H_5^+$	95	$C_6H_7O^+$
42	$C_2H_2O^+$, $C_3H_6^+$	97	$C_7H_{13}^+$, $C_5H_5S^+$
43	$C_3H_7^+$, CH_3CO^+	99	
44	CO_2^+, $O=C=NH_2^+$, $C_2H_6N^+$	99	
45	$CH_3CH=OH^+$, $CH_2=O^+CH_3$	105	$C_6H_5CO^+$
47	CH_2SH^+, CH_3S^+	105	$C_8H_9^+$
50	$C_4H_2^+$	106	$C_7H_8N^+$
51	$C_4H_3^+$	107	$C_7H_7O^+$
55	$C_4H_7^+$	111	
56	$C_4H_8^+$	121	$C_8H_9O^+$
57	$C_4H_9^+$, $C_2H_5CO^+$	122	$C_6H_5CO_2H^+$
58	$CH_2=C(OH)CH_3^+$, $C_3H_8N^+$	123	$C_6H_5CO_2H_2^+$
59	$CH_2=C(OH)NH_2^+$, $CO_2CH_3^+$	127	I^+
61	$CH_2CH_2SH^+$	128	HI^+
68	$CH_2CH_2CH_2CN^+$	130	$C_9H_8N^+$
69	$C_5H_9^+$, CF_3^+, $C_3H_5CO^+$	141	CH_2I^+
70	$C_5H_{10}^+$	147	$(CH_3)_2Si=O^+—Si(CH_3)_3$
71	$C_5H_{11}^+$, $C_3H_7CO^+$	149	
72	$CH_2=C(OH)C_2H_5^+$	160	$C_{10}H_{10}NO^+$
73	$CO_2C_2H_5^+$, $C_4H_9O^+$	190	$C_{11}H_{12}NO_2^+$
74	$CH_2=C(OH)OCH_3^+$		
75	$C_2H_5CO(OH_2)^+$		
76	$C_6H_4^+$		
77	$C_6H_5^+$		
78	$C_6H_6^+$		
79	$C_6H_7^+$		

【目标检验】参考答案

第一章

一、填空

1. 物理　物理化学　精密仪器　定性　定量

2. 电化学分析法　光学分析法　色谱分析法

二、选择（请根据题目选择最佳答案）

1-3. D B C　　4.BCD　　5.ABCD

三、简答

略。

第二章

一、填空

1. A　T　$A = -\lg T$

2. 光源　单色器　吸收池　检测器　信号处理及显示器

3. 红移　紫移（蓝移）

4. 波长　吸光度　浓度　吸光度

5. 单一波长的光　最大吸收波长　最小吸收波长　最大

二、选择（请根据题目选择最佳答案）

1-5.A B D C C　　6-10. B A B B C

三、简答

略。

四、计算

1. 420

2. 0.496

3. 98.81%

4. 93.27%

5. 97.18%

第三章

一、单项选择

1-5.A B B C B　　6-10.A D C D B　　11-12.B C

二、多项选择

1.ACD　　2.ACD　　3.ABCD　　4.ABD　　5.BD　　6.ABCDE　　7.AC

第四章

一、填空

1. 基态原子　共振吸收　朗伯-比尔

2. 自然变宽　多普勒变宽　压力变宽　自吸变宽

3. 光源　原子化器　分光系统　检测系统

4. 火焰　非火焰

5. 标准曲线法　标准加入法　内标法

二、选择（请根据题目选择最佳答案）

1-5.D A B B B　　6-10.B D D C D

三、简答

略。

四、计算

1. 0.0168μg/mL

2. 4×10^{-9}g/mL

3. 10.8μg/mL

4. 2.10μg/mL

第五章

一、填空

1. 透光率　波数

2. 光源　迈克尔逊干涉仪　吸收池　检测器　计算机系统（记录系统）

3. 硅碳棒　能斯特灯

4. 迈克尔逊干涉仪

5. 必须服从 $\nu_L = \Delta V\nu$　$\Delta\mu \neq 0$

二、选择（请根据题目选择最佳答案）

1-5.D A C AB CD

三、简答

略。

四、计算

1. 解：（1）不饱和度 $U = \dfrac{2n_4 + n_3 - n_1 + 2}{2}$

$\qquad\qquad\qquad\quad = \dfrac{2\times6 + 1 - 15 + 2}{2}$

$\qquad\qquad\qquad\quad = 0$

$U = 0$，化合物为饱和烃结构。

（2）解析光谱图的峰。

波数/cm^{-1}	归属	结构
3330、3240	N—H 键伸缩振动	—NH$_2$
2957	—CH$_3$ 的不对称伸缩振动	—CH$_3$
2940	—CH$_2$—的不对称伸缩振动	—CH$_2$—
2857	—CH$_2$—的对称伸缩振动	—CH$_2$—
1606	—NH$_2$ 的剪式振动	—NH$_2$
1473	—CH$_2$—的剪式振动	—CH$_2$—
1362	—CH$_3$ 的弯曲振动	—CH$_3$

根据以上信息可推测该化合物为正己胺，即 $CH_3CH_2CH_2CH_2CH_2CH_2NH_2$。

2. 解：（1）不饱和度 $U = \dfrac{2n_4 + n_3 - n_1 + 2}{2}$

$$= \dfrac{2 \times 8 + 0 - 8 + 2}{2}$$

$$= 5$$

$U = 5$，大于 4，化合物可能含有苯环。

（2）解析光谱图的峰。

波数/cm⁻¹	归属	结构
3060	C—H 键伸缩振动	
2960	—CH₃ 的伸缩振动	—CH₃
2820，2700	—CHO 的费米共振	—CHO
1690	C=O 的伸缩振动，强吸收	—羰基
1600，1580，1510	苯环的骨架振动	苯环
1450，1375	—CH₃ 的弯曲振动	—CH₃
825	苯环上有对位二取代（单峰）	苯环对位取代

根据以上信息可推测该化合物为对甲基苯甲醛 。

第六章

一、填空

1. 柱色谱　平面色谱（薄层色谱、纸色谱）

2. 气相色谱　液相色谱

3. 装柱　加样　洗脱　检出

4. 湿法　干法

5. 硅胶　氧化铝

6. 硬板（湿板）　软板（干板）

7. 制板　点样　展开　检出

8. 光学检出法　蒸气显色法　试剂显色法

9. R_f 值

10. 色谱纸的准备　点样　展开　检出

二、选择（请根据题目选择最佳答案）

1-5. A C C B A　　6-10. B C C B C　　11. B

三、简答

略。

四、计算

1.（1）0.47；（2）6.72cm

2.（1）12.0cm；（2）0.75

3. 1.56cm

第七章

一、填空

1. 5～10　固定液　检测器

2. 非极性　沸点　极性

3. 中极性　沸点

4. 越小　难分离

5. 平衡常数　平衡　平均浓度　平均浓度

6. 柱温　柱压　体积

7. 气液　重量　重量

8. 噪声

9. 样品中所有组分　产生信号

10. 内标物　完全分离

11. 被测峰　被测组分

二、选择

1-3.　C D C

三、判断

1-5.　√ √ √ √ ×　　6-8.　√ √ ×

四、简答

1.（1）蒸气压低；（2）化学稳定性好；（3）溶解度大、选择性高；（4）黏度、凝固点低。

2.（1）被测组分的沸点；（2）固定液的最高使用温度；（3）检测器灵敏度；（4）柱效。

3.（1）灵敏度；（2）检测度；（3）线性范围；（4）选择性。

4.（1）用已知保留值定性；（2）根据不同柱温下的保留值定性；（3）根据同系物保留值的规律关系定性；（4）双柱、多柱定性。

5.（1）外标法；（2）内标法；（3）叠加法；（4）归一化法。

五、计算

1. 1.09mg/L

2. 0.47%

第八章

一、单项选择

1-5. D C D A C　6-10. C B D B D　11-15. B B D B B

二、判断

1-5.　× √ √ √ ×　　6-10.　√ √ × √ √　　11-15.　× √ × √ ×

三、简答

略。

第十章

一、填空

1. 玻璃电极　饱和甘汞电极　二次测量法

2. 活化电极　产生膜电位

3. 双铂电极　电流变化

4. 低　高

5. 缩短电极建立电位平衡的时间

二、选择（请根据题目选择最佳答案）

1-5. C A D B B　6-10. D C C C C

三、简答

略。

四、计算

5.75

参 考 文 献

[1] 国家药典委员会.中华人民共和国药典 2020 年版.四部[M].北京:中国医药科技出版社，2020.

[2] 中国食品药品检定研究院.中国药品检验标准操作规范 2019 年版[M].北京:中国健康传媒集团 中国医药科技出版社，2019.

[3] 张威.仪器分析[M].北京:化学工业出版社，2016.

[4] 于世林，杜震霞.化验员读本.下册，仪器分析[M].北京:化学工业出版社，2019.

[5] 尹华，王新宏.仪器分析[M].北京:人民卫生出版社，2016.

[6] 曾元儿，张凌.仪器分析[M].北京:科学出版社，2016.

[7] 容蓉.仪器分析[M].北京:中国医药科技出版社，2018.

[8] 陈国松，陈昌云.仪器分析实验[M].南京:南京大学出版社，2015.

[9] 胡劲波，秦卫东，谭学才.仪器分析[M].北京:北京师范大学出版社，2017.

[10] 王玉枝，张正奇.分析化学[M].北京:科学出版社，2020.

[11] 严拯宇.分析化学[M].南京:东南大学出版社，2018.

[12] 于晓萍.仪器分析[M].北京:化学工业出版社，2013.

[13] 池玉梅.分析化学（下册）[M].北京:科学出版社，2017.

[14] 李从军，郭丽娜.生物分离与纯化技术[M].成都:四川大学出版社，2018.

[15] 张丽.分析化学与仪器分析习题集[M].北京:科学出版社，20190

[16] 高向阳.新编仪器分析[M].北京:科学出版社，2020.

[17] 李丽华.波谱原理及应用[M].北京:中国石化出版社，2016.

[18] 干宁，沈昊宇，贾志舰，等.仪器分析[M].北京:化学工业出版社，2016.

[19] 栾崇林.仪器分析[M].北京:化学工业出版社，2015.

[20] 罗思宝，甘中东.实用仪器分析[M].成都:西南交通大学出版社，2017.

[21] 许金钩，王尊本.荧光分析法[M].北京:科学出版社，2016.

[22] 杨万龙，李文友.仪器分析实验[M].北京:科学出版社，2019.